Network Analysis and Logistics
網路與物流分析

陳惠國｜著

五南圖書出版公司 印行

序言

　　網路分析的內容大致上涵括樹、最短路徑、匹配與指派、節線途程、節點途程，最大流量、最小成本流量、多商品流量以及區位等問題，是一門暨古老但卻又十分實用的學術領域。近年來，網路分析的發展非常快速，除了傳統求解演算法、巨集式近似演算法以及限制規劃法的效率已有大幅的進展之外，應用對象也更加的廣泛。此外，由於物流應用技術的蓬勃發展，例如：地理資訊系統(GIS)、全球定位系統(GPS)、無線射頻技術(RFID)，以及網際網路(Internet)與資訊平台(Website Platform)等電腦資訊與電訊傳輸技術的引進，從而整合開發出各種實用的輸配送物流系統，也為網路分析這門古老的跨領域學術領域注入斬新的活力。

　　編者近幾年講授運輸網路與物流技術的經驗發現，各大專學校開授之相關課程並不算少，但市面上卻沒有一本完整的中文教科書，目前可以找到的專書僅有一本，係由五南書局出版之的「運輸網路分析」。該書主要是從成功大學林正章教授主辦的「第四屆運輸網路研討會」所發表論文收集編錄而成，內容雖然豐富，但卻不具系統性，並不適合做為大專院校之教學之用，至於在網站上可自由存取的課程講義或投影片也多半過於簡化，一般初學者很難快速吸收窺其全貌。

　　有了這樣的背景與認知，編者就開始嘗試以過去使用之教學講義、英文教科書為基礎，刪除較為艱深的內容，再增加可取得之最新資料，悉心整理編纂，終於完成這本教學使用之專書。這本教科書並非以研究為導向，因此重點放在網路分析的基本內容，但也加上一些先進的運輸與物流科技的應用，例如智慧型運輸系統(ITS)、物流供應鏈運輸系統等，期望這樣的課程內容安排方式，能夠提供讀者一個基本知識但也兼具系統性與前瞻性的概念。

　　本書之編纂過程之中，獲得中央大學土木系博士生王宣及研究助理吳宗昀之協助甚多；舉凡資料收集、初稿編輯、定稿審查、出版聯繫等事務，均有賴他們細心之處理。此外，本書之初稿也承蒙許多專家學者仔細閱讀，提供寶貴的修正意見，在此特申謝誠。最後我還要特別感謝我的家人，特別是陪伴我努力的三位壯丁建宇、建安、建仰以及內人周惠文教授，沒有他們的鼓勵與支持，本書將無法順利完成。

國立中央大學教授
陳惠國　謹誌
2009 年 8 月

目　錄

第一章

網路簡介

第一節 緒論

　　網路(network)係由包含節點(node or vertex)與節線(link, arc or edge)在內所組成的系統，網路分析的主要目的是在有限的資源下，追求利益或效益的最大化，或是成本的最小化，這些基本概念與架構也就形成圖形理論(graph theory)或網路分析(network analysis)的研究範疇。

　　圖形理論可歸類為數學應用上的一種理論科學，一般皆認為圖形理論最早是源自於瑞士數學家歐拉(Euler, 1736)所解決的七橋問題(Könisberg's seven bridge problem)。歐拉成功的將橋樑與道路實質設施轉換為節點與節線實體網路，並據此建立了相關理論與證明，從此以後，許多專業領域上皆有相關廣泛的應用，例如：心理學、化學、工業工程、電子工程學、運輸規劃、管理學、行銷學和教育等方面問題，都嘗試藉由網路表示法(network representation)轉換為網路問題，並利用網路分析方法來加以深入探討。

　　日常生活所見的大部分問題亦皆可以網路表示法轉換為網路問題，並利用網路分析方法做處理，由於網路表示法可以將整個問題的架構與前後關聯性表達得非常清楚，因此網路分析便成為系統管理者思考與制定策略的重要輔助工具，也得以在各實務應用中蓬勃發展，例如：網路系統配置系統及計畫管理、生產分配問題、都市運輸系統、鐵道運輸系統、通信系統、設施規劃、檔案合併系統、途程及排程系統、電路電信網系統、水管配送系統等。

　　網路分析的主要內容包括：最小伸展樹問題(minimum spanning tree problem)、最短路徑問題(shortest path problem)、運輸及轉運問題(transportation and transshipment problem)、匹配與指派問題(matching and assignment problem)、節線途程(arc routing problem)、節點途程(node routing problem)，最大流量問題(maximum flow problem)、最小成本流量問題(minimum cost flow problem)、多商品流量問題(multicommodity flow problem) 以及設施區位問題(facility location problem)，各種不同問題皆包含不同的假設與特性，並開發出許多相對應的求解演算法。

第二節 網路的基本概念與組成元素

　　本節將簡單介紹網路分析的基本概念與組成元素，包括圖形與網路的定義、網路種類以及網路的基本元素。

一、圖形與網路的定義

　　一般說來，圖形與網路兩個名詞經常被交換使用，無需刻意強調彼此之間的差異性，但若採用嚴謹的定義，其實圖形與網路分別為兩個獨立且意涵不同的專有名詞：

1. 圖形(graph)：包括節點、節線兩種基本組成元素在內，節線上並未設定任何長度、高低或大小等之測度單位。圖 1-1(A)為一基本圖形，圖形的基本元素即為節點本身以及節點之間相互連接的節線。圖形可以表示為 **G=(N,A)**，其中 **N** 表示圖形中節點之集合，**A** 表示節線之集合。

2. 網路(network)：若圖形之節線上含有"數字"(numbers)，則稱之為網路。圖 1-1(B)為基本網路，在網路中除節點與節線等基本元素外，五個節點皆有其獨立的編號，而節線上則有數字，數字的意涵為對應的節線權重，因此網路圖形亦可稱為加權圖形(weighted graph)。網路可以表示為 **G=(N,A,D)**，其中 **N** 表示圖形中節點之集合，**A** 表示節線之集合，**D** 表示節線"長度"之集合。在圖 1-1(B)中，節線皆為無向性(或雙向性)，而在現實交通路網中則同時存在雙向道與單行道，所形成之網路問題更為複雜。

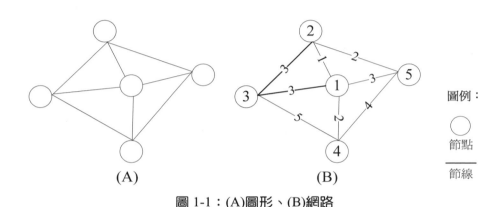

(A)   (B)

圖例：

○
節點

───
節線

圖 1-1：(A)圖形、(B)網路

二、網路的種類

網路可以依照原始網路的特性，可分成實體網路(physical network)與抽象網路(abstract network)兩種類型。

1. 實質網路：實體網路用來表示在現實世界有直接對應之實體系統，也就是說節點(例如十字路口)與節線(例如馬路與隧道)皆為實體。一般常見的實質網路有公路交通網、捷運系統交通網、鐵路交通網、海運交通網、航空交通網、混合都市運輸網路、隧道或管線網路、電信網路以及網際網路封包路由(Internet packet route)等。

2. 抽象網路：抽象網路用來表示虛擬之非實體系統，節點與節線未必皆為實體，多半指的是由因果關係或前後順序所構成的網路，有時更可能是抽象的概念，例如人際之間的從屬關係或婚姻關係網路、供應商與下游廠商的夥件關係之供應鏈網路、電腦間訊息的傳送連結之無線電網際網路等。在供應鏈網路中，可以將各廠商視為節點，廠商間的交易通路(channel)視為節線，便可表示出整個供應鏈系統的先後與橫向關係，利用網路最佳化方法加以分析，有助於管理者掌握整個系統，成為制定決策的參考標的。

以上兩種類型網路，即便原始網路特性不同，皆可以利用網路分析方法加以處理。

三、網路的基本元素、基本結構與樹的種類

　　網路分析經常使用的專有名詞與基礎觀念包含節點、節線、鏈(chain)、迴圈(cycle)/迴路(circuit)、路徑(path)與樹(tree)等專有名詞在內，以下將之分成三個小節，即網路的基本元素與名詞、網路的基本結構與名詞以及樹的種類與相關名詞，分別說明其意涵如下。

(一) 網路的基本元素與名詞

　　網路中最基本的元素與名詞包括下列幾種：

1. 節點：係指兩條或多條節線之交會點。

   節點是網路系統中一個重要的結構要素，在運輸系統中，通常指一群人共同活動的都市、建築或地標。

2. 節線：係指兩節點之間的連線。

   在網路系統中，除節點外，節線為另一項重要元素，節線連結前端(head)與尾端(tail)兩個節點，一般來說，節線可分類為：無向性(undirected)或雙向(bidirected)、有向性(directed)兩大類，圖 1-2 為節線的示意圖。

圖 1-2：(A)無向(雙向)性節線、(B)有向性節線

　　無向網路，如圖 1-2(A)所示，節線並無前端與尾端之分別；相反的，在有向網路中，以圖 1-2(B)為例，便有節線的前端與尾端的區分，節線尾端為節點 i，節線前端為 j(箭頭處)。尾端 i 亦可稱之為節線的前置點(predecessor)，前端 j 亦可稱之為節線的後置點(successor)。以圖 1-3 為例，指向節點 k 的節點 i，稱為 k 的前置點；被節點 k 指到的節點 j，稱為 k 的後置點，以「通訊錄」為例，王小明的通訊錄內所有人，都是王小明的後置點；通訊錄內含有王小明名字的人，都是王小明的前置點。

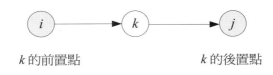

k 的前置點　　　　　　　　　k 的後置點

圖 1-3：前置點與後置點示意圖

3. 指出度數(out-degree)：從一個節點 k 指出去的箭頭個數(k 的後置點個數)，稱做 k 的指出度數，記作 $\deg^-(k)$。

4. 指入度數(in-degree)：指向 k 的箭頭個數(其實也就是 k 的前置點個數)，稱做 k 的指入度數，記作 $\deg^+(k)$。

5. 臨接點(neighbors)：凡是與節點 k 有節線相連的其他節點，都稱做 k 的臨接點，或稱兩點相鄰(adjacent)。

6. 孤立點(isolated node)：獨立(independent)或度數爲 0 的節點稱作孤立點，以「國土接壤」爲例，一個國家的臨接點就是與它接壤的鄰國。

7. 環(loop)：係指兩端點都落在同一個節點上面的節線。這樣的節線對同一個節點的度數貢獻了 2 次，參見圖 1-4。

8. 平行節線(parallel links)：係指兩條節線其前端節點與尾端節點皆相同，參見圖 1-4。

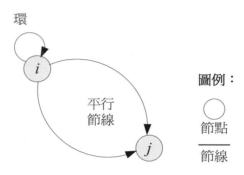

圖 1-4：環與平行節線示意圖

9. 簡單圖(simple graph)：係指沒有任何環與平行節線存在的圖形網路系統。

(二) 網路的基本結構與名詞

　　網路中的基本結構亦包含鏈、迴圈與路徑，其相關之觀念與名詞包括起點(source/original node)、迄(終)點(destination/sink/terminal node)與連通性(connected)等三者在內。

1. 起點：網路系統中，路徑或迴路的起始點或出發點。

2. 迄點：網路系統中，路徑或迴路的結束點或終點。

3. 連通性：連通性爲表達網路節點之間直接或間接的相連關係，假設圖 $\mathbf{G=(N,A)}$ 中任兩點 (r,s) 之間皆可搜尋到一條路徑，則此圖形爲連通，反之爲不連通(disconnected)。圖 1-5(A)兩兩節點間皆可以搜尋到路徑，爲連通圖，圖 1-5(B)兩兩節點間未必可以搜尋到路徑，爲不連通圖。

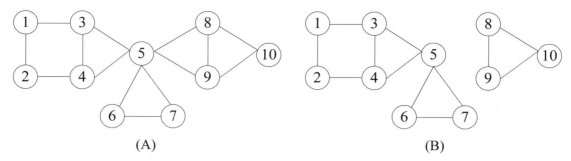

圖 1-5：(A)連通圖、(B)非連通圖

4. 鏈：爲圖形中一連串相連節點的組合。鏈不需考慮方向性，鏈的長度等於所使用節線的數目。若鏈中沒有重複節點出現，稱爲簡單鏈(simple chain)；而起點與終點相同的鏈稱爲封閉鏈(closed chain)。圖 1-6 中虛線節點與虛線構成部分，是一個簡單鏈，但卻不爲一條路徑。

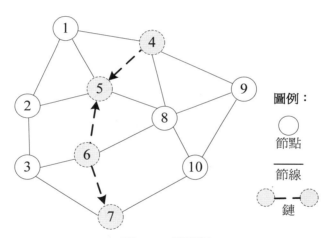

圖 1-6：簡單鏈

5. 迴圈：一條有限的路徑 p，若其起點 r 與迄點 s 相同，即 $r = s$，則稱之爲迴圈。
    而一個網路可依照其是否包含迴圈，分類如下：
(1) 迴圈狀的(cyclic)圖形：至少有一個迴圈的圖形，在圖 1-7(A)的圖形中，包含有多個迴圈，例如{1→4→3→1}及{2→3→5→2}兩個迴圈。
(2) 無迴圈狀的(acyclic)圖形：沒有迴圈的圖形，在圖 1-7(B)的圖形中，無法找到任何迴圈。

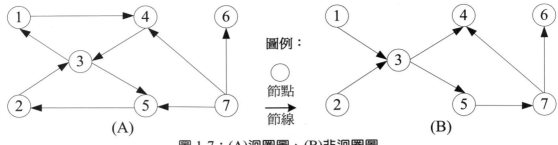

圖 1-7：(A)迴圈圖、(B)非迴圈圖

6. 路徑：路徑為表達網路中任一起迄對的相連關係，路徑由一連串頭尾相連的有向節線組合而成，將起點 r 與迄點 s 連接起來。換句話說，一條路徑可能由一條以上的節線組合而成。

以圖 1-8 為例，{1→3→6→8}為節點 1 到節點 8 的其中一條路徑，需注意的是，在此起迄對(1,8)中，仍可以找到其他不同路徑，因此在任一組起迄對(r,s)中，路徑不一定唯一。

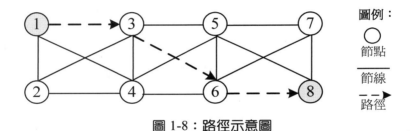

圖 1-8：路徑示意圖

(三) 樹的種類與相關名詞

樹的種類包括樹(tree)、樹枝(arborescence)、伸展樹(spanning tree)與 Steiner 樹(Steiner tree)等在內，以下分別介紹之。

1. 樹的相關專有名詞

樹的相關專有名詞介紹如下(參見圖 1-9)：

(1) 樹：係指連通且不包含任何環或迴圈的無向網路。

(2) 林(forest)：一個以上分開的樹組成之群體。

(3) 根(root)：在一個樹當中，其中一個節點即可為根。

(4) 中間節點(internal vertex)：亦稱分支節點(branch node)，即在有根樹 $G=(N,A)$ 中，指出度數不為 0 的節點，稱為 G 的一個中間節點。

(5) 樹葉(leaf)：亦稱端點(terminal vertex)或是外部節點(external node)，即在一個樹當中，若其中一個節點為根，則其他節點可視為由根長出之樹葉。在有根樹 $G=(N,A)$ 中，指出度數為 0 的端點，$\deg^-(u)=0$，稱為 G 的一樹葉。

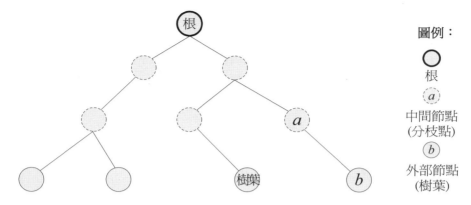

圖 1-9：樹之根、中間節點與樹葉

(6) 有向樹(directed tree)：設 **G=(N,A)** 爲一有向圖，如果在圖 **G** 中不考慮方向性時，所對應的無向圖爲一樹，否則有向圖 **G** 稱爲一有向樹。

(7) 有根樹(rooted tree)：在一有向樹 **G=(N,A)** 中，如果存在唯一的一個節點 $u \in N$，其指入度數爲零，即 $\deg^+(u)=0$；且其他各點的指入度數均爲 1，即 $\deg^+(v)=1$，每一 $v \in N$ 且 $v \neq u$。則將此節點 u 標示爲有向樹 **G** 的根，且有向樹 **G** 亦稱爲一有根樹(Knuth, 1997)。參見圖 1-10。

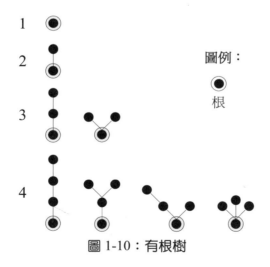

圖 1-10：有根樹

(8) 父代與子代：設 **G=(N,A)** 爲一有根樹，從中選取兩節點元素 $v, w \in N$，若有一有向邊連接 v 至 w，且箭頭指向 w，則 v 稱 w 之父代(parent)，且 w 稱爲 v 的一個子代(child)；以圖 1-9 爲例，節點 a 爲節點 b 之父代，節點 b 則爲節點 a 之子代。

(9) 父元素或前代元素(ancestor)：在有根樹 **G** 中，除了根之外，其他各節點均恰有一個父元素，而一個父元素可以有許多子元素。

(10) 子元素或後代元素(descendant)：當兩元素 $v, w \in \mathbf{N}$ ，且 $v \neq w$，如果存在唯一的一條有向路徑從節點 v 到達節點 w，則 w 稱爲 v 的一個後代元素，v 稱爲 w 的前代元素。

(11) m 元樹(m-ary tree)：若一有根樹之每一節點的指出度數均小於或等於 m，則此類有根樹稱爲一個 m 元樹。最常見的一個 m 元樹($m \le 2$)，稱爲二元樹(binary tree)。

(12) 正則 m 元樹(regular m-ary tree)：若一個 m 元樹之每一個分支點的指出度數均正好爲 m 時，稱此樹爲一個正則 m 元樹，如圖 1-11 爲一正則二元樹。

(13) 層數(level number)：設 $\mathbf{G}=(\mathbf{N}, \mathbf{A})$ 爲一有根樹，對 $\mathbf{N}$ 中每一元素 v 而言，從根到節點 v 所經路徑的邊數稱爲節點 v 的層數，而根的層數爲 0。

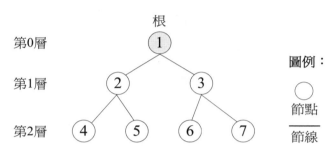

圖 1-11：正則二元樹

2. 樹枝

(1) 樹枝：樹枝爲一有向且有根樹，在一個有向圖中所有節線皆由根指出，沒有兩條節線指向同一節點，每一個節點只能搜尋到唯一一條由根至此節點的有向路徑。此外，所有樹枝都爲無迴圈圖。樹枝在現實世界之應用包括：通訊/信息流葡萄藤(Communication/information flow "grapevine")、管線配置(pipeline distribution)，及旅遊需求分析之最短路徑樹(skim trees for travel demand analysis)。

(2) 最大伸展樹枝(maximum spanning arborescence, MSA)：在一個連通的加權圖中，成本最大的伸展樹枝。

Edmonds(1968)提出一個找尋最大的伸展樹枝的演算法如下：

步驟 0：輸入網路 $\mathbf{G}$ 中之所有節線成本。

步驟 1：執行最大伸展樹演算法。如果確定最大的伸展樹枝並不存在，或已經找到最大的伸展樹枝數目 $l = n-1$，其中 n 爲節點個數，結束；否則，繼續。

步驟 2：將所有節線成本增加一個正數常數成本 M，回到步驟 1。

值得說明的是，當正數常數成本 M 的值逐漸增加時，網路圖 $\mathbf{G}$ 中的最大分枝節線數(maximum "branching")也會隨之增加，直到找到最大的伸展樹枝爲止。茲以數例說明如下。

　　圖 1-12 爲一個包含 3 個節點，3 條節線之網路圖，其節線成本分別爲 $c_{12} = 1$, $c_{23} = 1$, $c_{32} = 5$。

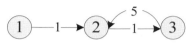

圖 1-12：最大伸展樹枝

　　執行 Edmonds 演算法求解最大的伸展樹枝時：當 M < 4，所找到之伸展樹枝爲{3→2}；只有當 M ≥ 4 時，才能找到最大的伸展樹枝{1→2, 2→3}。

(3) 最小伸展樹枝(minimum spanning arborescence)：在一個連通的加權圖中，成本最小的伸展樹枝。若將網路之所有節線成本乘上負號(-1)，則找尋最小伸展樹枝的演算法與上述最大伸展樹枝的演算法完全相同。

3. 伸展樹

　　伸展樹的相關專有名詞介紹如下(參見圖 1-13)：

(1) 伸展樹：係指連接網路中所有 *n* 個節點的(*n*-1)條節線所形成之樹。設 **G**=(**N**,**A**)爲一連通無向圖，設 **T**=(**N_T**,**A_T**)爲 **G** 之一子圖形，如果 **T** 爲樹，且包含了 **G** 之所有節點，即 **N_T** = **N**，則 **T** 稱爲圖 **G** 的一個伸展樹。

　　圖 1-13(A)爲一原始網路，圖 1-13(B)爲由原始網路中所搜尋之樹(虛線框住部份，共包含 6 個節點與 5 條節線)，圖 1-13(C)爲原始路網之伸展樹(包含所有節點)，而同一網路可能包含多個伸展樹，不一定唯一。

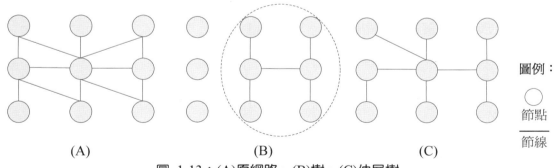

圖例：
○ 節點
── 節線

　(A) (B) (C)

圖 1-13：(A)原網路、(B)樹、(C)伸展樹

(2) 最小伸展樹(minimum spanning tree, MST)：亦稱之爲最短路徑樹(skim tree)，係指從一個節點到其他所有點的最短路徑。詳言之，在一網路上，若將節線上的加權數視爲成本，在所有可能的伸展樹中，其總加權數值最小者即成稱之爲最小伸展樹。最小伸展樹爲網路分析應用上重要的主題，其應用非常廣泛，在探討最小伸展樹時，所要考量的重點通常有兩項：

(a)連通性：要保留多少節線才能保持網路的連通性；

(b)成本：在連通性的要求下，要保留那些節線才能使經費花費最小。

(3) 最大伸展樹(maximum spanning tree)：在一個連通的加權圖(weighted graph)中，成本(或權重)最大的伸展樹。

4. Steiner 樹：在樹的相關應用中，除最小伸展樹外尚有一種 Steiner 樹。Steiner 樹問題類似於最小伸展樹，目的是利用節線將一個節點集合中所有節點連接起來，且使得所有使用的節線權重合最小化。與最小伸展樹不同的是，Steiner 樹可以加入額外的中間點(intermediate vertices)與節線以縮短伸展樹的長度。新加入的節點即為 Steiner 節點，最後產生的圖形為一個樹。對一個網路圖來說，可能存在多個 Steiner 樹。

茲以數例說明 Steiner 樹之求解結果。已知連接四個城鎮 a, b, c, d 之公路網如圖 1-14(A) 所示，其中節線成本 $c(a,b)=1$, $c(b,c)=1$, $c(c,d)=1$, $c(d,a)=1$。假設節線可任意設置在網路平面上，請據此找出最小 Steiner 樹，並與最小伸展樹之成本進行比較。

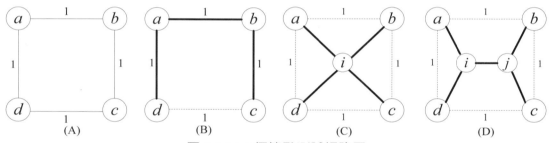

圖 1-14：4 個節點測試網路圖

(1) 最小伸展樹之求解結果：權重和 W = 3，如圖 1-14(B)。

(2) 加入一個虛擬點之 Steiner 樹之求解結果：權重和 $W = \sqrt{2} + \sqrt{2} = 2\sqrt{2}$ ，如圖 1-14(C)。

(3) 加入兩個虛擬點 Steiner 樹之求解結果：權重和 $W = 4 \times \dfrac{\sqrt{3}}{3} + \left(1 - \dfrac{\sqrt{3}}{3}\right) = 1 + \sqrt{3}$ ，如圖 1-14(D)。

第三節　最小伸展樹之求解演算法

最小伸展樹為在一個連通的加權圖(weighted graph)中，成本(或權重)最小的伸展樹，由圖論的定理得知，一個 n 個節點的連通圖至少需要 $n-1$ 條節線，而一個 n 個點的樹則剛好包含 $n-1$ 個節線。如前所述，伸展樹在網路中並非唯一，如何在眾多伸展樹中搜尋出最小伸展樹？若在小型網路中搜尋最小伸展樹，可以嘗試用窮舉法(enumeration method)處理，即搜尋出所有伸展樹，在選擇總加權值最小的一個，但若處理的網路節點數龐大，則要找出網路中所有的伸展樹，Cayley(1889)證明了如下的定理：

定理：假設 $n \geq 2$ ，則路網中所有 n 個點的樹共有 n^{n-2} 個。

由於在大型網路中，伸展樹的數量呈指數增加而過於龐大，因此便必須開發有效率之求解演算法。最小伸展樹演算法可以區分爲兩大類，其一爲以節點爲基礎的演算法，此類演算法以 Prim 演算法(Prim, 1957)爲代表，其次爲以節線爲基礎的演算法，此類演算法以 Kruskal 演算法(Kruskal, 1956)爲代表。

一、求解演算法介紹

1. Prim 演算法(節點爲基礎)

Prim 演算法是以逐次增加節點的觀念找出伸展樹。假設網路具有 n 個節點，首先選取某一節點當作出發點，在與其相連且尚未被選取的節點裏，選擇權重最小的節線，將新的節點加入。如此重覆加入新節點，直到增加了 $n-1$ 條節線爲止。

Prim 演算法之求解步驟如下：

步驟 0：設定起始點，並形成使用節點集合 **U**，其餘節點爲 **N-U**。

步驟 1：由集合 **U** 向外搜尋與 **N-U** 相連的節線，選擇成本最小之節線，並將此節線之後置點加入集合 **U**。

步驟 2：檢查 **U** 是否等於 **N**，若是，則演算法結束；反之，回步驟 1。

由於選擇最小成本節線的動作需要 $n-1$ 次，再乘以內部迴圈次數，因此 Prim 演算法的演算複雜度爲 $O(n^2)$ ，其中 n 爲網路中節點數量。

2. Kruskal 演算法(節線爲基礎)

Kruskal 演算法的主要考慮對象爲節線而非節點。Kruskal 演算法在執行前必須將網路中所有的節線依照成本(權重)作排序的動作。節線排序完後首先將成本最小的節線加入伸展樹，節線排序後依成本由小而大檢查，若發現有節線可以加入伸展樹而不會造成迴圈，便將此節線加入，持續檢查直到找不到可加入的節線爲止。

Kruskal 演算法之求解步驟如下：

步驟 0：初始化，將所有節線依成本由小至大排序，形成候選節線集合 **A**。

步驟 1：選擇節線集合 **A** 中成本最小節線 a，將此節線自 **A** 中剔除(**A**=**A**\a)。

步驟 2：檢查節線 a 加入伸展樹中是否會造成迴圈，若是，到步驟 3；反之，將節線 a 加入伸展樹。

步驟 3：檢查 **A** 是否爲空集合，若是，演算法結束；反之，回到步驟 1。

由於 Kruskal 演算法是以節線爲基礎的演算法，且在求解伸展樹前必須進行節線成本排序，因此若使用快速排序法(quicksort)對節線作排序的話，Kruskal 演算法的演算複雜度爲 $O(n\log n)$ ，其中 n 爲網路中的節線數。

二、數例演算

以下介紹 Prim 演算法及 Kruskal 演算法的最小伸展樹數值範例。

(一) Prim 演算法

Prim 演算法求算最小伸展樹分為(1)矩陣法以及(2)圖示法兩種方式，表 1-1 為 Prim 演算法矩陣、圖 1-18 為 Prim 演算法測試網路圖，以下依次介紹此兩種方法。

1. Prim 矩陣法

第一回合：建構距離矩陣，參見表 1-1(A)。

第二回合：設定起始點 a，選擇成本最低之節點 c，因不可能有任何點到 a，故 a 行須刪除不再運算，參見表 1-1(B)。

表 1-1(A)、1-1 (B)：Prim 演算法矩陣之中間結果

(A) 第一回合

節點	a	b	c	d	e	f	g
a	--	12	8	13	∞	∞	∞
b	12	--	21	∞	32	7	∞
c	8	21	--	∞	∞	2	∞
d	13	∞	∞	--	∞	∞	9
e	∞	32	∞	∞	--	∞	∞
f	∞	7	2	∞	∞	--	∞
g	∞	∞	∞	9	∞	∞	--

→

(B) 第二回合

節點	a	b	c	d	e	f	g
a	--	12	8 (1)	13	∞	∞	∞
b	12	--	21	∞	32	7	∞
c	8	21	--	∞	∞	2	∞
d	13	∞	∞	--	∞	∞	9
e	∞	32	∞	∞	--	∞	∞
f	∞	7	2	∞	∞	--	∞
g	∞	∞	∞	9	∞	∞	--

第三回合：由於已選擇 $a \to c$，為避免迴圈產生，故須將 $c \to a$ 刪除。再由節點 c 出發，選定節點 f，因不可能有任何點到 c，故 c 行須刪除不再運算，參見表 1-1(C)。

第四回合：由於已選擇 $c \to f$，為避免迴圈產生，故須將 $f \to c$ 刪除。再由節點 f 出發，選定節點 b，因不可能有任何點到 f，故 f 行須刪除不再運算，參見表 1-1(D)。

表 1-1(C)、1-1(D)：Prim 演算法矩陣之中間結果

(C) 第三回合

節點	a	b	c	d	e	f	g
a	—	12	8 (1)	13	∞	∞	∞
b	12	--	21	∞	32	7	∞
→ c	✗	21	—	∞	∞	2 (2)	∞
d	13	∞	∞	--	∞	∞	9
e	∞	32	∞	∞	--	∞	∞
f	∞	7	2	∞	∞	--	∞
g	∞	∞	∞	9	∞	∞	--

(D) 第四回合

節點	a	b	c	d	e	f	g
a	—	12	8 (1)	13	∞	∞	∞
b	12	--	21	∞	32	7	∞
c	✗	21	—	∞	∞	2 (2)	∞
d	13	∞	∞	--	∞	∞	9
e	∞	32	∞	∞	--	∞	∞
→ f	∞	7 (3)	✗	∞	∞	--	∞
g	∞	∞	∞	9	∞	∞	--

第五回合：由於已選擇 $f \to b$，為避免迴圈產生，故須將 $b \to f$ 刪除。再由節點 a 出發，選定節點 d，因不可能有任何點到 a，故 a 行需刪除不再運算，參見表 1-1(E)。

第六回合：由於已選擇 $a \to d$，為避免迴圈產生，故須將 $d \to a$ 刪除。再由節點 d 出發，選定節點 g，因不可能有任何點到 d，故 d 行需刪除不再運算，參見表 1-1(F)。

表 1-1(E)、1-1(F)：Prim 演算法矩陣之中間結果

(E) 第五回合

節點	a	b	c	d	e	f	g
→ a	—	12	8 (1)	13 (4)	∞	∞	∞
b	12	--	21	∞	32	✗	∞
c	✗	21	—	∞	∞	2 (2)	∞
d	13	∞	∞	--	∞	∞	9
e	∞	32	∞	∞	--	∞	∞
f	∞	7 (3)	✗	∞	∞	--	∞
g	∞	∞	∞	9	∞	∞	--

(F) 第六回合

節點	a	b	c	d	e	f	g
a	--	12	8 (1)	13 (4)	∞	∞	∞
b	12	--	21	∞	32	✗	∞
c	✗	21	—	∞	∞	2 (2)	∞
→ d	✗	∞	∞	--	∞	∞	9 (5)
e	∞	32	∞	∞	--	∞	∞
f	∞	7 (3)	✗	∞	∞	--	∞
g	∞	∞	∞	9	∞	∞	--

第七回合：由於已選擇 $d \to g$，為避免迴圈產生，故須將 $g \to d$ 刪除。再由節點 b 出發，選定節點 e，因不可能有任何點到 b，故 b 行須刪除不再運算，參見表 1-1(G)。

表 1-1(G)：Prim 演算法矩陣之最終結果

(G) 第七回合

節點	a	b	c	d	e	f	g
a	+	12	8 (1)	13 (4)	∞		∞
b	12	-	21		32 (6)	✕	∞
c	✕	21	-		∞	2 (2)	∞
d	13 ✕			-	∞		9 (5)
e		32		--			∞
f		7 (3)	✕		∞	-	∞
g			✕		∞		--

（→ 指向 b 列）

因此被選出來的節線長度分別為：8,2,7,13,9,32。

2. Prim 圖示法

第一回合：假設從 a 開始，**U**={a}，參見圖 1-18(A)，相鄰節點的節線有三條(a,c),(a,b),(a,d)，成本分別為(8,12,13)，最小的節線成本為 8。

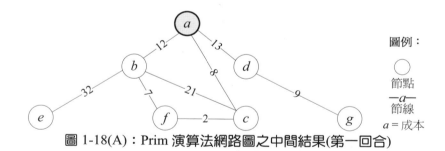

圖 1-18(A)：Prim 演算法網路圖之中間結果(第一回合)

第二回合：選擇加入權重為 8 的節線，將節點 c 加進來，**U**={a,c}，參見圖 1-18(B)。相鄰節點的節線有四條(c,f),(a,b),(a,d),(c,b)，成本分別為(2,12,13,21)，最小的節線成本為 2。

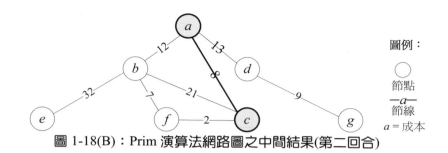

圖 1-18(B)：Prim 演算法網路圖之中間結果(第二回合)

第三回合：選擇加入權重為 2 的節線，將節點 *f* 加進來，**U**={*a,c,f*}，參見圖 1-18(C)。相鄰節點的節線有四條(*f,b*),(*a,b*),(*a,d*),(*c,b*)，成本分別為(7,12,13,21)，最小的節線成本為 7。

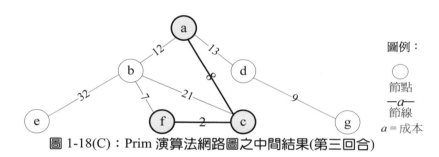

圖 1-18(C)：Prim 演算法網路圖之中間結果(第三回合)

第四回合：選擇加入權重為 7 的節線，將節點 *b* 加進來，**U**={*a,c,f,b*}，參見圖 1-18(D)。相鄰節點的節線有兩條 (*a,d*),(*b,e*)，成本分別為(13,32)，最小的節線成本為 13。

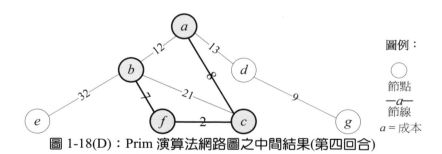

圖 1-18(D)：Prim 演算法網路圖之中間結果(第四回合)

第五回合：選擇加入權重為 13 的節線，將節點 *d* 加進來，**U**={*a,c,f,b,d*}，參見圖 1-18(E)。相鄰節點的節線有兩條(*d,g*),(*b,e*)，成本分別為(9,32)，最小的節線成本為 9。

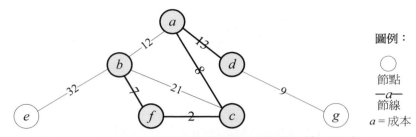

圖 1-18(E)：Prim 演算法網路圖之中間結果(第五回合)

第六回合：選擇加入權重為 9 的節線，將節點 g 加進來，**U**={a,c,f,b,d,g}，參見圖 1-18(F)。
相鄰節點的節線有一條(b,e)，成本為(32)，最小的節線成本為 32。

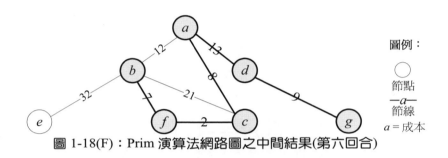

圖 1-18(F)：Prim 演算法網路圖之中間結果(第六回合)

第七回合：選擇加入權重為 32 的節線，將節點 e 加進來，**U**={a,c,f,b,d,g,e}，參見圖 1-18(G)。

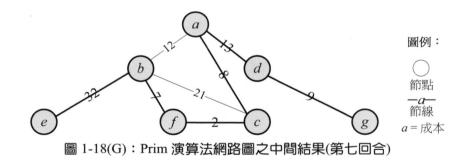

圖 1-18(G)：Prim 演算法網路圖之中間結果(第七回合)

第八回合：此圖形包含有 7 個節點，因為已經新增了 6 條節線，參見圖 1-18(H)，所以 Prim
演算法完成。被選出來的節線成本分別為：8,2,7,13,9,32。

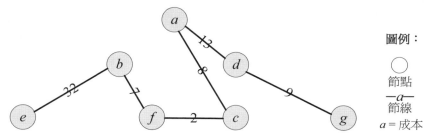

圖 1-18(H)：Prim 演算法網路圖之最終結果(第八回合)

(二) Kruskal 演算法

圖 1-19 為 Kruskal 演算法測試網路圖，表 1-2 為網路節線之排序表。

表 1-2：網路節線排序表

節線 e_k	成本 t	測試	T
--	0	加入	Φ
ab	1	加入	$\{ab\}$
bc	2	加入	$\{ab,bc\}$
de	3	加入	$\{ab,bc,de\}$
fg	3	加入	$\{ab,bc,de,fg\}$
ae	4	加入	$\{ab,bc,de,fg,ae\}$
bd	4	造成迴圈	$\{ab,bc,de,fg,ae\}$
eg	4	加入(n-1 條節線)	$\{ab,bc,de,fg,ae,eg\}$

Kruskal 演算法求算最小伸展樹之步驟可以圖示法表示如下：

第一回合：將節線成本最小之節線(a,b)加入最小伸展樹，不會造成迴圈，參見圖 1-19(A)。

第二回合：將節線成本次小之節線(b,c)加入最小伸展樹，不會造成迴圈，參見圖 1-19(B)。

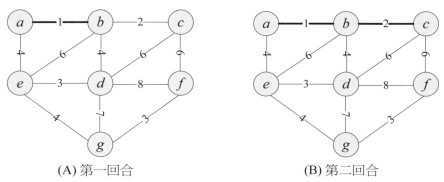

(A) 第一回合 　　　　　　　　　(B) 第二回合

圖 1-19(A)、1-19(B)：7 個節點網路圖中間結果

第三回合：將節線成本排序第三之節線(d,e)加入最小伸展樹，不會造成迴圈，參見圖
　　　　　1-19(C)。

第四回合：將節線成本排序第四之節線(f,g)加入最小伸展樹，不會造成迴圈，參見圖
1-19(D)。

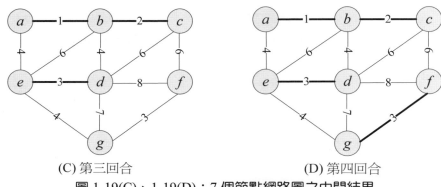

(C) 第三回合　　　　　　　　　　　(D) 第四回合
圖 1-19(C)、1-19(D)：7 個節點網路圖之中間結果

第五回合：將節線成本排序第五之節線(a,e)加入最小伸展樹，不會造成迴圈，參見圖
1-19(E)。

第六回合：將成本排序第六之節線(b,d)加入最小伸展樹，造成迴圈{a,b,d,e}，故無法加入，
　　　　　參見圖 1-19(F)。

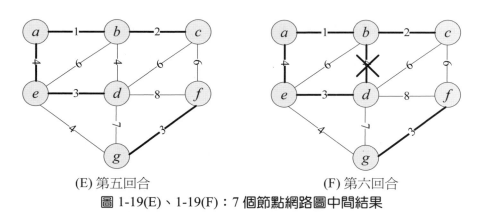

(E) 第五回合　　　　　　　　　　　(F) 第六回合
圖 1-19(E)、1-19(F)：7 個節點網路圖中間結果

第七回合：將節線成本排序第七之節線(e,g)加入最小伸展樹，不會造成迴圈，如圖 1-19(G)
　　　　　所示。

第八回合：此時已加入 6 條節線，總節點數為 7，可得一最小伸展樹，如圖 1-19(H)所示，
　　　　　演算法結束。

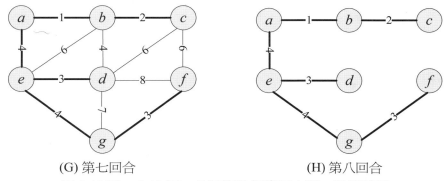

(G) 第七回合　　　　　　　　　　(H) 第八回合

圖 1-19(G)、1-19(H)：7 個節點網路圖中間、最終結果

三、小結

　　求解最小伸展樹可視為在已知網路中找尋一個總節線權重最小的連通圖，而 Prim 演算法與 Kruskal 演算法為求解最小伸展樹時較常應用之兩種近似演算法。一般情況中 Kruskal 演算法效率較 Prim 演算法佳，但若在最差的情況下，也就是網路中的節線數等於 n^2 時(網路中所有節點兩兩相連)，Kruskal 演算法的表現較差，主要的原因在於 Kruskal 演算法必須耗費較多的時間將節線依成本排序。因此，Kruskal 演算法較適用於網路節線稀疏的圖形，而 Prim 演算法較適用於節點完全相連的網路圖。實務應用上，最小伸展樹相關理論常應用於通訊網路的設計、交通運輸系統的設計、電力供應網路系統的設計與水利灌溉工程的設計等實務問題中。

第四節 結論與建議

　　本章首先簡單說明網路的基本概念與組成元素，包括圖形與網路的定義、網路種類以及網路的基本元素圖形與網路定義及架構、網路種類、網路的基本元素等；另介紹了在網路分析應用上極為廣泛的最小伸展樹；然後探討求解最小伸展樹之兩種方法：(1)Prim 演算法以及(2)Kruskal 演算法之步驟及數例。

　　由於日常生活中有許許多多實務問題皆可以建構為網路問題，利用網路分析方法進行深入之分析、比較與評估，然後得以協助各專業領域的系統管理者做最有效率的處理。後續章節將陸續介紹各種重要的網路分析問題，第二章中將先行探討最常應用的最短路徑問題之基本特性與求解方法。

問題研討

1. 名詞解釋：
   (1) 簡單鏈
   (2) 有根樹
   (3) 正則 m 元樹
   (4) 樹枝
   (5) Steiner 樹

2. 試以 Prim 法求解下圖之最小伸展樹。

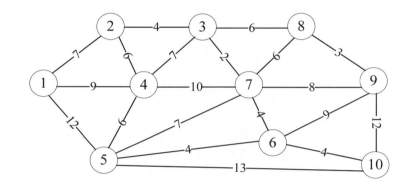

3. 試以 Prim 演算法求解下圖之最小伸展樹。

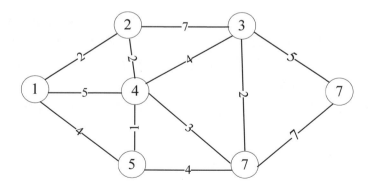

4. 請找出現實生活中的一個實例，將之建構為最小伸展樹的問題。

第二章

最短路徑問題

　　「最短路徑」(shortest path problem, SPP)係指在一個網路中，從「起點」出發到達「迄點」所經過「節線權重」總和最小之一條路徑，而「最短路徑問題」則是指如何在所有從起點到達迄點的可能路徑中，找出節線權重總和最小之一條路徑。這裡所指的權重，可以是距離、時間等實質度量單位，也可以是效用、服務水準等抽象觀念。最短路徑問題在交通運輸領域的應用非常廣泛，包括：

1. 路徑導引之電子地圖；
2. 物流行銷通路網路的設計；
3. 消防車緊急路線的規劃；
4. 用路人均衡(user equilibrium)的子問題等。

　　以下第一節先劃分最短路徑問題的種類；第二節說明求算最短路徑之資料輸入格式(input data format)與三角運算(triangular operation)公式；第三節探討一對一最短路徑(one-to-one shortest path)問題；第四節介紹一對多最短路徑(one-to-all shortest path)問題；第五節闡述多對多最短路徑(all-to-all shortest path)問題；第六節則探討多條最短路徑問題；第七節則提出結論與建議。

第一節 最短路徑問題的種類

　　一般說來，最短路徑問題的種類大致可以劃分為四種，如下：

1. 一對一最短路徑：單一起迄對間的最短路徑；
2. 一對多最短路徑：單一起點對多迄點的最短路徑。求解一對多最短路徑的演算法，同時也可完成求解一對一最短路徑問題；
3. 多對多最短路徑：多起點對多迄點的最短路徑；
4. K 條最短路徑問題：起迄對間之第一條最短路徑、第二條短路徑、第三條短路徑以至於第 k 條最短路徑。

　　處理最短路徑問題均必須先行輸入網路結構(network structure)並且具備從起點開始逐漸往外遞移計算到達迄點的最短路徑之能力。因此，在正式討論各種最短路徑問題之前，先行針對資料輸入格式與基本的三角運算等前置作業與基本運算觀念加以介紹。

第二節 資料輸入格式與三角運算

一、資料輸入格式

　　路網結構是由節點與節線所組合而成的圖形，它是網路問題之主要輸入資料之一。一般常用之資料輸入格式有兩種：(1)傳統之節線輸入格式以及(2)前星法(forward star)輸入格式。

1. 傳統之節線輸入格式

　　傳統之網路資料結構表示法係將每一條節線(i,j)以尾端 i 與前端 j 的方式表示之，今假設已知一個包含 6 個節點 10 條節線之網路如圖 2-1 所示。

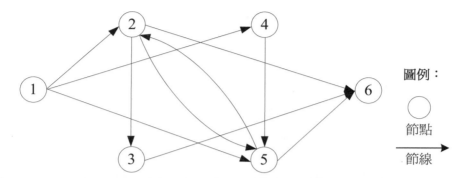

圖 2-1：6 個節點 10 條節線之網路資料結構輸入範例

圖 2-1 之傳統之網路資料結構可以表示如表 2-1 所示。

表 2-1：傳統之網路資料結構表示法

節線尾端	節線前端	節線尾端	節線前端
1	2	1	2
2	3	1	4
3	6	1	5
1	4	2	3
4	5	2	6
5	6	2	5
1	5	3	6
5	2	4	5
2	6	5	2
2	5	5	6

　　由上表可知，若一個路網有 **A** 條節線 **N** 個節點，那麼在電腦內部用來儲存網路資料結構的陣列(array)長度就會佔用 2**A**(=**A**+**A**)個記憶體位址。

2. 前星法之輸入格式

　　前星法如表 2-2 所示，係為了在計算機語言中提高資料存取之效率，並節省記憶體空間，所發展出來以指標(pointer)方式表達網路資料結構的輸入格式，目前已經廣為運輸界所採用。前星法也是以兩條陣列來表示網路資料結構，第一條陣列包含 **N** 個節點位址長度，依節點編號順序排列，每一個節點位址儲存其"指出節線"之數目，第二條陣列對應第一條陣列節點編號順序，依序儲存每一個節點之"指出節線"之前端節點編號。

表 2-2：前星網路資料結構表示法

節線尾端	指標	節線前端
1	1	5
		4
		2
2	4	6
		3
		5
3	7	6
4	8	5
5	9	2
		6

由表 2-2 可知，前星法儲存網路資料結構的陣列長度為 **N+A** 個記憶體位址，由於大型網路之節線數均遠大於節點數，因此，前星法所使用之 **N+A** 記憶體空間要比傳統輸入法所使用之 **2A** 記憶體空間節省許多。

二、三角運算

從起點開始求算到達迄點之最短路徑過程中，會使用到三角運算的觀念，俾能不斷用以比較、更新從起點到其它節點之最小成本(權重)標記值。最短路徑演算法三角運算過程可以圖 2-2 為例說明如下。

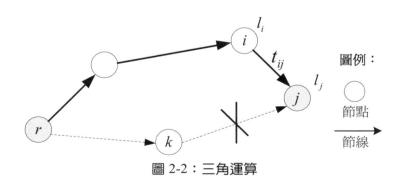

圖 2-2：三角運算

假設已知到達 j 點之最小成本標籤值為 l_j，且 j 點之前置點為 k。現從候選名單中選取

節點 i 開始，計算到達鄰近點 j 之標籤爲 $l_i + t_{ij}$。假如 $l_i + t_{ij} < l_j$ 之三角不等式成立，j 點之標籤就必須修正爲 $l_j = l_i + t_{ij}$，j 點之前置點亦須從 k 點更新爲 i 點；但假如三角不等式成立，即 $l_i + t_{ij} \geq l_j$，則節點 j 之標籤值與前置點等資訊維持不變。

　　以下將依序介紹四種不同類型最短路徑問題。每一種類型的最短路徑問題之內容都包括：(1)模型架構，(2)求解演算法步驟，以及(3)數例演算說明等三項內容。雖然搜尋最短路徑也可使用窮舉法，但由於大型網路中，路徑組合數量過於龐大，因此必須開發具有效率的演算法。

第三節　一對一最短路徑問題

　　一對一最短路徑問題，如圖 2-3 所示，在於找尋單一起迄對 (r,s) 間的最短路徑，爲最短路徑問題中之最基本的類型。

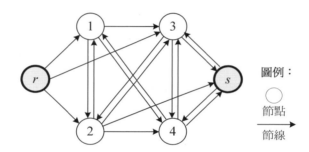

圖 2-3：單一起迄對 (r,s) 網路圖

一、一對一最短路徑模型架構

　　一對一最短路徑問題可建構爲如下之數學規劃模型：

$$\min_{\mathbf{x}} \quad z = \sum_{i,j \in N} c_{ij} x_{ij} \tag{1a}$$

subject to

$$\sum_{j=1}^{N} x_{ij} - \sum_{j=1}^{N} x_{ji} = \begin{cases} 1, & i = r \\ 0, & i \in 中間節點 \\ -1, & i = s \end{cases} \tag{1b}$$

$$x_{ij} = \begin{cases} 1: 路段上有流量 \\ 0: 路段上無流量 \end{cases} \quad \forall i,j \tag{1c}$$

符號定義如下：

$c_{ij}、d_{ij}$：節點 i 至節點 j 之節線成本(權重)；除非另有說明，一般均假設節線成本爲非負；

x_{ij}：節點 i 至節點 j 之流量；

r：起點；

s：迄點。

目標式(2a)爲最小化路網總成本。式(2b)爲節點流量守恆，起點的供給量爲 1；中間節點之淨流量爲 0；迄點的供給量爲-1。式(2c)界定流量變數 x_{ij} 爲{0,1}整數。

二、一對一最短路徑演算法

一對一最短路徑演算法可以按照網路節點可否重覆訪問之性質而劃分成標籤設定法(label setting method)與標籤修正法(label correcting method)兩大類，分別敘述如下。

(一) 標籤設定演算法

標籤設定法以 Dijkstra 演算法(1959)爲代表。其求算過程係先將所有節點標籤(label)設定爲一極大值，節點標籤在此之定義爲從起點至該節點之暫時最短成本。然後將所有節點分爲兩個集合，其中一集合爲永久標籤集合 **P**，另一集合爲暫時標籤集合 **N**。演算法一開始便將集合 **P** 設定爲空集合，其他所有節點爲集合 **N**。接下來選擇集合 **N** 中標籤值最小的節點 *i*，將節點 *i* 加入永久標籤集合 **P**。利用節點 *i* 來更新後置點 *j* 之標籤值，節點 *j* 之前置點亦更新爲 *i*，如此反覆求解直到迄點被放入永久標籤集合爲止。此演算法有簡單易懂且容易執行之優點，但缺點爲每一節點最多只能被訪問一次，因此無法處理負成本節線問題，換句話說，所處理網路中所有節線(*i,j*)成本 d_{ij} 必須大於等於 0。

令起點爲 *r*，節點 *i* 之標籤爲 d_i，前置點記作 p_i，**N** 爲所有節點集合，**P** 爲永久標籤(permanent label)集合，Dijkstra 演算法的求解步驟可描述如下：

步驟 0：設定 **P** = {*r*}，$d_r = 0$，p_i = -- 、令 $y = r$ 、令 c_i = M ，p_i = --, $\forall\ i \neq r$。其中 M 爲一極大值。

步驟 1：更新標籤與距離：

對所有節點，更新 $d_i = \min[d_i, d_y + d_{y,i}]$ ，若 *y* 與 *i* 間無節線相連，則 $d_{y,i}$ = M。

若節點 *i* 之 d_i 有進行更新，則亦須更新其前置點爲 $p_i = y$，在暫時標籤集合中選擇 $d_i, i \notin P$ 最小之 $\bar{i}$ ，令 $y = \bar{i}$ ，並將 $\bar{i}$ 加入永久標籤集合 **P**。

步驟 2：若 $y = s$ (迄點)，演算法結束(一對一)。

若 **P** 爲空集合，演算法結束(一對多)。

反之回到步驟 1。

一對多及多對多最短路徑之最佳解，均可重覆利用 Dijkstra 演算法求算而得。

(二)標籤修正演算法

標籤修正法可求解單起點至其他所有點的最短路徑，其和標籤設定法最大之不同爲可以重覆訪問已被訪問過的節點，亦可處理負成本節線問題(Moore, 1959；Bellman, 1958)。

標籤修正法在每一回合中均是從當時之"起點"出發，計算其到達所有鄰近節點(adjacent node)之最短路徑，並更新、儲存該鄰近節點上的：(1)標籤，以及(2)前置點兩種節點資訊。

再將所有鄰近節點按照雙尾等候陣列的概念排序置入等待處理的節點集合之中或稱之為候選排序名單(sequence list, SL)，並刪除其出發節點。然後從候選名單中選取第一順位節點作為新的出發節點，利用三角演算法計算到達其所有鄰近節點之最短路徑，並更新、儲存兩種節點資訊，將所有鄰近節點按照雙尾等候陣列的概念排序置入候選排序名單中，並刪除其出發節點。重覆上述演算過程，直到排序名單內沒有任何節點存在且迄點之標籤與前置點資訊確定為止，即得到起點至路網中所有節點之最短旅行成本。藉由前置點紀錄，便可反向追溯最短路徑所經過的所有節點與節線。

　　雙尾等候陣列為標籤修正法中非常重要的模組，一般說來，過去常用來建立陣列的方式有兩種：(1)先進先出(first-in first-out, FIFO)及(2)先進後出(first-in last-out, FILO)。這兩種陣列都有其應用之對象，但均有其限制，在交通量指派之應用上不是很有效率，因此，結合兩者優點之雙尾等候陣列(double-ended queue)就成為交通量指派可行的資料儲存方式。

　　以公車上下旅客為例，「先進先出」類似嚴格規定旅客從後門上車前門下車(或相反順序)雙門之公車，，而「先進後出」則類似單門之公車，先上車之旅客必須等到後上車之所有旅客都下車後才得以下車。雙尾等候陣列也可以雙門之公車上下旅客為例加以說明，但規定"正常之旅客"必須從後門上車前門下車，而"短程或緊急之旅客"也允許從前門上車前門下車，以提高公車之營運效率與服務水準。

　　當雙尾等候陣列的概念應用到前述之等候排序名單時，就變成將一個未曾進入過名單的新節點會被依序置於等候排序名單的最尾端，但若該節點過去曾經進入等候排序名單，則將其置於名單之最前端。在利用雙尾等候陣列之觀念建立等候排序名單時，排序名單 **SL** 為儲存節點陣列，陣列長度為路網中節點數量，排序名單中每一個節點 i 都必須包含以下四種資訊之一：

$$\mathbf{SL}(i) = \begin{cases} -1 & \text{若節點 } i \text{ 曾進入名單但已不在名單內} \\ 0 & \text{若節點 } i \text{ 不曾進入過名單} \\ +j & \text{若節點 } i \text{ 在名單中且 } j \text{ 為名單中下一點} \\ +\infty & \text{若節點 } i \text{ 為名單中最後一點} \end{cases} \tag{2}$$

依據上述資訊 **SL**(i)，等候排序名單可建立雙尾等候陣列如圖 2-4 所示。

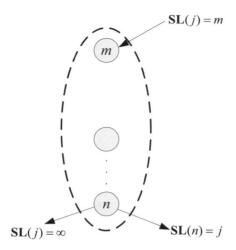

$$\mathbf{SL}(j) = m$$

$$\mathbf{SL}(j) = \infty \qquad \mathbf{SL}(n) = j$$

圖 2-4：雙尾等候陣列

　　節點 j 插入雙尾等候陣列之方法為：

(1) 若將節點 j 置於名單最前端，即設定 $\mathbf{SL}(j) = m$ (若 m 為前一個置於名單最前端的節點)，且將指標指向 j。

(2) 若將節點 j 置於名單最後端，即設定 $\mathbf{SL}(j) = \infty$, $\mathbf{SL}(n) = j$ (若 n 為前一個置於名單最後端的節點)。

　　根據上述說明，並令 d_i 表當前起點 r 至節點 i 的最短距離，p_i 表在當前最短路徑中，節點 i 的前置點，$\mathbf{SL}$ 表排序名單，M 表一極大值，則標籤修正法之演算步驟可以描述如下：

步驟 0：初始化。

　　　　設定起點標籤 $d_r = 0$ ，前置點 $p_i = --$ ；對其他所有節點令 $d_i = \mathrm{M}$ ， $p_i = --$ 。

　　　　將起點加入排序名單，$\mathbf{SL} = \{r\}$ 。

步驟 1：處理排序名單。

　　　　取排序名單中第一個節點 i 自排序名單移除，並測試節點 i 的後置點：

　　　　若 $d_i + d_{ij} < d_j$ ，則更新節點標籤 $d_j = d_i + d_{ij}$ ，更新前置點 $p_j = i$ ，並將節點 j 加入排序名單。

　　　　若節點 j 為第一次進入排序名單，置於排序名單最後方。

　　　　若節點 j 非第一次進入排序名單，置於排序名單最前方。

　　　　反覆執行直至排序名單為空集合。

步驟 2：從迄點開始，根據前置點資訊回溯達起點而獲得完整之最短路徑資料。

　　　　一般說來，尋找最短路徑其運算成本大致可概估為：

(運算成本) $= K \times$ (起點數量) $\times$ (節點數量)   (3)

三、一對一最短路徑數例演算

　　以下依序介紹 Dijkstra 演算法的最短路徑數值範例、Dijkstra 演算法之負成本節線問題、以及標籤修正演算法的最短路徑數值範例。

(一) Dijkstra 演算法的最短路徑數值範例

　　Dijkstra 演算法分為列表算法及圖示法兩種方式。圖 2-5 為包含 6 個節點、8 條節線之測試網路，試利用 Dijkstra 演算法求解節點 1 至節點 4 之最短路徑。

1. 列表算法：Dijkstra 演算法之列表算法結果如表 2-3 所示，藉前置點的紀錄，可反推最短路徑。

表 2-3：　Dijkstra 演算法之列表算法結果

回合數	$d_1(P_1)$	$d_2(P_2)$	$d_3(P_3)$	$d_4(P_4)$	$d_5(P_5)$	$d_6(P_6)$
0	0(1')	∞(0)	∞(0)	∞(0)	∞(0)	∞(0)
1		4(1)	7(1)			3(1)
2		4(1)	7(1)		6(6)	
3			7(1)		6(6)	
4			7(1)	8(5)		
5				8(5)		

2. 圖示法：

　　Dijkstra 演算法之圖示算法如下所示：

第一回合：初始化，起點標籤為 0，其餘節點標籤為 M，且無前置點，參見圖 2-5(A)。

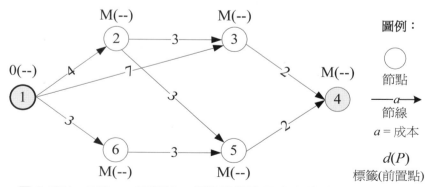

圖 2-5(A)：Dijkstra 演算法 6 個節點網路圖之中間結果(第一回合)

第二回合：將起點 1 加入永久標籤集合，並更新節點 2、節點 3 與節點 6 之標籤。

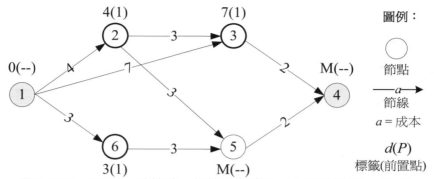

圖 2-5(B)：Dijkstra 演算法 6 個節點網路圖之中間結果(第二回合)

第三回合：將節點 6 加入永久標籤集合，並更新節點 5 之標籤，參見圖 2-5(C)。

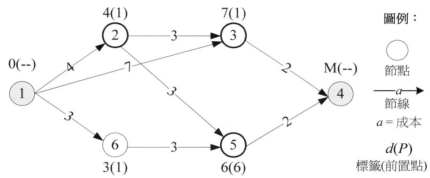

圖 2-5(C)：Dijkstra 演算法 6 個節點網路圖之中間結果(第三回合)

第四回合：將節點 2 加入永久標籤集合，參見圖 2-5(D)。

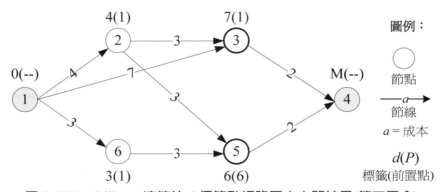

圖 2-5(D)：Dijkstra 演算法 6 個節點網路圖之中間結果(第四回合)

第五回合：將節點 5 加入永久標籤集合，並更新迄點 4 之標籤，參見圖 2-5(E)。

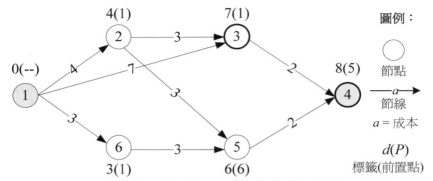

圖 2-5(E)：Dijkstra 演算法 6 個節點、8 條節線網路圖之中間結果(第五回合)

第六回合：將節點 3 加入永久標籤集合，參見圖 2-5(F)。

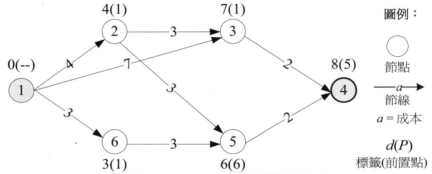

圖 2-5(F)：Dijkstra 演算法 6 個節點、8 條節線網路圖之中間結果(第六回合)

第七回合：將迄點 4 加入永久標籤集合，演算法結束，回推得最短路徑，參見圖 2-5(G)。

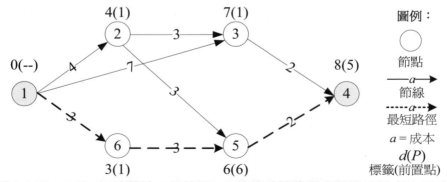

圖 2-5(G)：Dijkstra 演算法 6 個節點、8 條節線網路圖之最終結果(第七回合)

在利用 Dijkstra 演算法求解結束後，藉由前置點 p_i 的紀錄，便可往前反推最短路徑，若以數例結果說明，迄點 4 之前置點為 5，節點 5 之前置點為 6，節點 6 前置點為起點 1，因此可倒推出最短路徑為：1→6→5→4。

(二) Dijkstra 演算法之負成本節線問題

當網路出現負成本節線時，Dijkstra 演算法會造成「錯誤結果」，這種情況可以圖 2-6 所示之測試數例加以說明。圖 2-6 為單起點至單迄點的最短路徑問題，網路中包括起迄對 (r,s)，6 個節點、7 條節線、其中節線(2,3)為負成本節線。

Dijkstra 演算法會造成「錯誤結果」之過程可逐步說明如下：

第一回合：初始化，參見圖 2-6(A)。

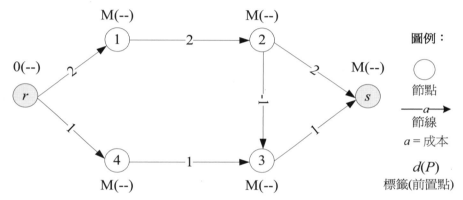

圖 2-6(A)：Dijkstra 演算法含負成本節線網路圖之中間結果(第一回合)

第二回合：$y = r$，更新節點 1、節點 4 成本，參見圖 2-6(B)。

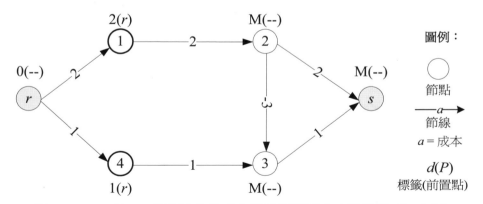

圖 2-6(B)：Dijkstra 演算法含負成本節線網路圖之中間結果(第二回合)

第三回合：$y = 4$，更新節點 3 成本，參見圖 2-6(C)。

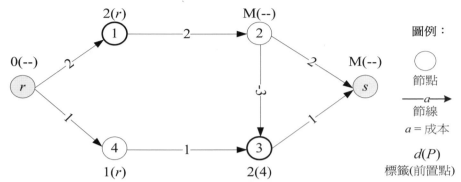

圖 2-6(C)：Dijkstra 演算法含負成本節線網路圖之中間結果(第三回合)

第四回合：$y = 1$，更新節點 2 成本，參見圖 2-6(D)。

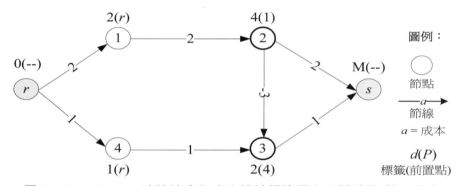

圖 2-6(D)：Dijkstra 演算法含負成本節線網路圖之中間結果(第四回合)

第五回合：$y = 3$，更新節點 s 成本，參見圖 2-6(E)。

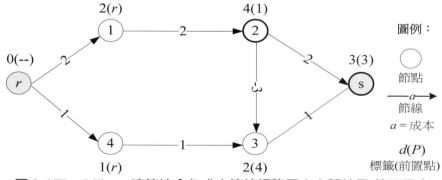

圖 2-6(E)：Dijkstra 演算法含負成本節線網路圖之中間結果(第五回合)

第六回合：$y = s$，演算法結束，最短路徑為 $r \to 4 \to 3 \to s$，成本為 3，如圖 2-6(F)所示：

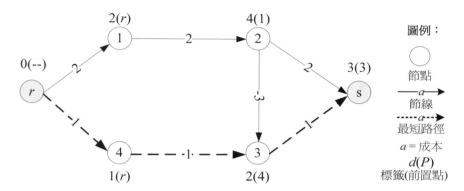

圖 2-6(F)：Dijkstra 演算法含負成本節線網路圖之最終結果(第六回合)

本數例由 Dijkstra 演算法求解所得之最短路徑為 $r \to 4 \to 3 \to s$，但真正最短路徑為：$r \to 1 \to 2 \to 3 \to s$，成本為 2，如圖 2-7 所示：

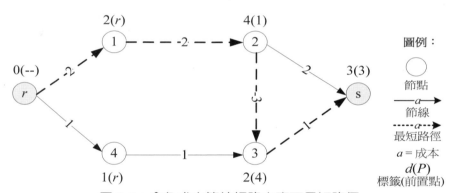

圖 2-7：含負成本節線網路之真正最短路徑

由以上數例可得知，以 Dijkstra 演算法求解包含負成本節線之網路，將得到錯誤之結果，原因為 Dijkstra 演算法不可回溯已處理完畢之節點，因此若節線上成本為負將導致演算法判斷錯誤。過往學者便提出標籤修正法以修正此問題，標籤修正法可有效的處理負成本節線問題，適用性較高，因此被廣泛的應用，以下將介紹標籤修正法的演算方法與步驟。

(三) 標籤修正法數例演算

　　圖 2-8 為一個包括 6 個節點、9 條節線之測試網路圖。求解節點 1 至節點 4 之最短路徑的標籤修正法如下：

第一回合：初始化，將起點標籤 d_1 設為 0，其餘節點標籤皆為一極大值 M。設定所有節點之前置點為無(--)，並將起點 1 置入排序名單 SL，參見圖 2-8(A)與表 2-4(A)。

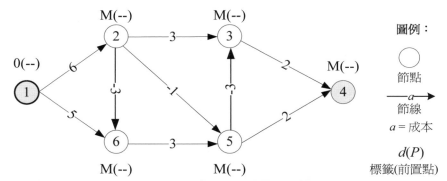

圖 2-8(A)：標籤修正法 6 個節點網路圖之中間結果(第一回合)

表 2-4(A)：6 個節點排序名單(第一回合)

SL	節點 1	節點 2	節點 3	節點 4	節點 5	節點 6
{1}	0(--)	M(--)	M(--)	M(--)	M(--)	M(--)

第二回合：處理排序名單中第一位元素(節點 1)，並將其自排序名單中刪除，搜尋其後置點 (節點 2 與節點 6)。對節點 2 與節點 6 進行三角運算，將節點 2 之標籤 d_2 更新 為 6，前置點更新為節點 1；節點 6 之標籤 d_6 更新為 5，前置點更新為節點 1。 將節點 2 與節點 6 加入排序名單後端，此時排序名單 **SL** 更新為{2,6}，參見圖 2-8(B)與表 2-4(B)。

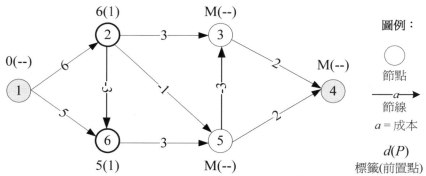

圖 2-8(B)：標籤修正法 6 個節點網路圖之中間結果(第二回合)

表 2-4(B)：6 個節點排序名單(第二回合)

SL	節點 1	節點 2	節點 3	節點 4	節點 5	節點 6
{2,6}	0(--)	6(1)	M(--)	M(--)	M(--)	5(1)

第三回合：處理排序名單中第一位元素(節點 2)，將其自排序名單中刪除，搜尋其後置點(節 點 3、節點 5 與節點 6)。對節點 3、節點 5 與節點 6 進行三角運算，將節點 3

之標籤 d_3 更新爲 9，前置點更新爲節點 2；節點 5 之標籤 d_5 更新爲 5，前置點更新爲節點 2；節點 6 之標籤 d_6 更新爲 3，前置點更新爲節點 2。

節點 6 已在排序名單，將節點 3 與 5 加入排序名單後端，此時 **SL** 更新爲 {6,3,5}。

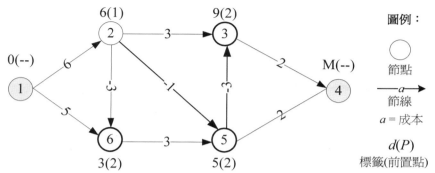

圖 2-8(C)：標籤修正法 6 個節點網路圖之中間結果(第三回合)

表 2-4(C)：6 個節點排序名單(第三回合)

SL	節點 1	節點 2	節點 3	節點 4	節點 5	節點 6
{6,3,5}	0(--)	6(1)	9(2)	M(--)	5(2)	(2)

第四回合：處理排序名單中第一位元素(節點 6)，將其自排序名單中刪除，搜尋其後置點(節點 5)。對節點 5 進行三角運算，無法更新成本。此回合成本皆無更新，因此不需加入節點至排序名單 **SL**，參見圖 2-8(D)與表 2-4(D)。

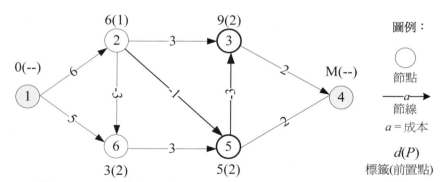

圖 2-8(D)：標籤修正法 6 個節點網路圖之中間結果(第四回合)

表 2-4(D)：6 個節點排序名單(第四回合)

SL	節點 1	節點 2	節點 3	節點 4	節點 5	節點 6
{3,5}	0(--)	6(1)	9(2)	M(--)	5(2)	3(2)

第五回合：處理排序名單中第一位元素(節點 3)，並將其自排序名單中刪除，搜尋其後置點 (節點 4)。對節點 4 進行三角運算，將節點 4 之標籤 d_4 更新為 11，前置點更新 為節點 3。將節點 4 加入排序名單後端，此時排序名單 **SL** 更新為{5,4}，參見 圖 2-8(E)與表 2-4(E)。

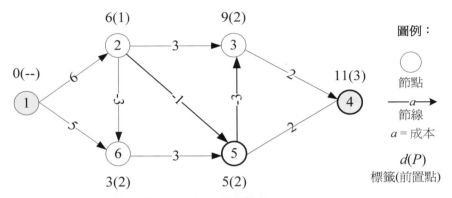

圖 2-8(E)：標籤修正法 6 個節點網路圖之中間結果(第五回合)

表 2-4(E)：6 個節點排序名單(第五回合)

SL	節點 1	節點 2	節點 3	節點 4	節點 5	節點 6
{5,4}	0(--)	6(1)	9(2)	11(3)	5(2)	3(2)

第六回合：處理排序名單中第一位元素(節點 5)，並將其自排序名單中刪除，搜尋其後置點 (節點 3 與節點 4)。對節點 3 與節點 4 進行三角運算，將節點 3 之標籤 d_3 更新 為 2，前置點更新為節點 5；節點 4 之標籤 d_4 更新為 7，前置點更新為節點 5。 節點 3 曾進入過排序名單，插入排序名單前端，節點 4 已在排序名單中，此時 排序名單 **SL** 更新為{3,4}，參見圖 2-8(F)與表 2-4(F)。

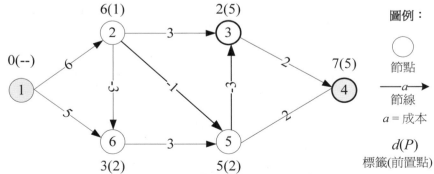

圖 2-8(F)：標籤修正法 6 個節點網路圖之中間結果(第六回合)

表 2-4(F)：6 個節點排序名單(第六回合)

SL	節點 1	節點 2	節點 3	節點 4	節點 5	節點 6
{3,4}	0(--)	6(1)	2(5)	7(5)	5(2)	3(2)

第七回合：處理排序名單中第一位元素(節點 3)，並將其自排序名單中刪除，搜尋其後置點 (節點 4)。對節點 4 進行三角運算，將節點 4 之標籤 d_4 更新為 4，前置點更新為 節點 3。節點 4 已在排序名單中，此時排序名單 SL 更新為{4}，參見圖 2-8(G) 與表 2-4(G)。

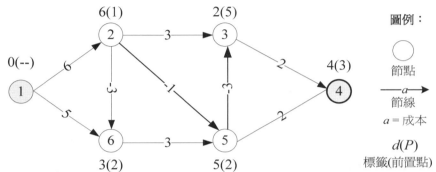

圖 2-8(G)：標籤修正法 6 個節點、9 條節線網路圖之中間結果(第七回合)

表 2-4(G)：6 個節點排序名單(第七回合)

SL	節點 1	節點 2	節點 3	節點 4	節點 5	節點 6
{4}	0(--)	6(1)	2(5)	4(3)	5(2)	3(2)

第八回合：處理排序名單中第一位元素(節點 3)，並將其自排序名單中刪除，節點 4 後無後 置點，因此排序名單更新為空集合，演算法結束，參見圖 2-8(H)。

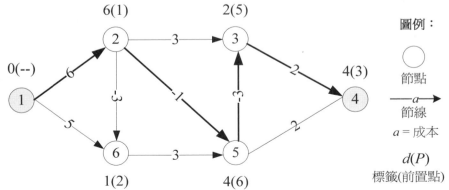

圖 2-8(H)：標籤修正法 6 個節點網路圖之最終結果(第八回合)

　　以上數例應用標籤修正法之演算結果為：起迄對(1,4)最短路徑：1→2→5→3→4，總成本4。

第四節　一對多最短路徑問題

　　一對多最短路徑問題，為一對一最短路徑問題的延伸，具有一個起點與多個迄點。圖2-9為一對多最短路徑問題的數例，該網路具有單一起點 r 以及兩個迄點 s_1、s_2。

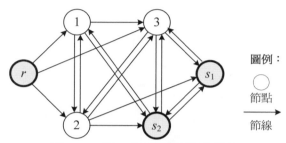

圖 2-9：單一起點多迄點網路圖

一、一對多最短路徑模型架構

　　一對多最短路徑問題可以視為多個一對一最短路徑問題之組合，因此，其數學模型亦可以解構(decompose)為多個一對一最短路徑模型，亦即每個起迄對，都可以建構為如上節所示之一對一最短路徑模型。

　　當然一對多最短路徑問題亦可獨立建構為一個完整之數學模型如下：

$$\min_{\mathbf{x}} \quad z = \sum_{i,j \in N} c_{ij} x_{ij} \tag{4a}$$

subject to

$$\sum_{j=1}^{N} x_{ij} - \sum_{j=1}^{N} x_{ji} = \begin{cases} |S|, & i = r \\ 0, & i \in \text{中間節點} \\ -1, & i \in S \end{cases} \tag{4b}$$

$$x_{ij} \in I, \quad \forall i, j \tag{4c}$$

符號定義如下：

$|S|$：迄點個數。

　　目標式(4a)為最小化路網總成本。式(4b)為節點流量守恆，起點的供給量為 $|S|$；中間節點之淨流量為 0；迄點的供給量為-1。式(4c)界定流量變數 x_{ij} 為 $\{0,1\}$ 整數。

二、一對多最短路徑求解演算法介紹

　　一對多最短路徑演算法與一對一最短路徑演算法之步驟幾乎完全相同，兩者最大之差別在於後者只須找到至唯一迄點之最短路徑即宣告結束，但前者則須找到至所有迄點之最短路徑才算完成整個演算過程，因此，當一對多最短路徑演算法執行完畢，個別之一對一最短路徑演算法也隨之宣告完成。一對多最短路徑演算法亦可劃分成標籤設定法與標籤修正法兩大類，其相關內容請參照上節說明。

三、一對多最短路徑數例演算

　　以下介紹 Dijkstra 演算法圖示法的最短路徑數值範例。

(一) Dijkstra 演算法

　　圖 2-10 為包含 7 個節點、10 條節線之測試網路圖，以標籤設定法求解節點 1 至節點 4 及節點 1 至節點 7(1 個起點 2 個迄點)最短路徑之求解步驟如下：

第一回合：初始化，起點標籤為 0，其餘節點標籤為 M，且無前置點，參見圖 2-10(A)。

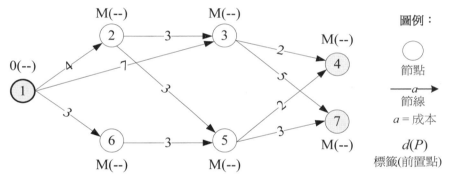

圖 2-10(A)：Dijkstra 演算法網路圖之中間結果(第一回合)

第二回合：將起點 1 加入永久標籤集合，並更新節點 2、節點 3 與節點 6 之標籤。

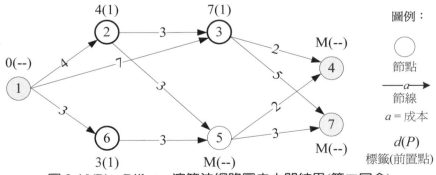

圖 2-10(B)：Dijkstra 演算法網路圖之中間結果(第二回合)

第三回合：將節點 6 加入永久標籤集合，並更新節點 5 之標籤，參見圖 2-10(C)。

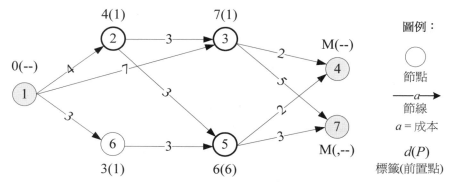

圖 2-10(C)：Dijkstra 演算法網路圖之中間結果(第三回合)

第四回合：將節點 2 加入永久標籤集合，參見圖 2-10(D)。

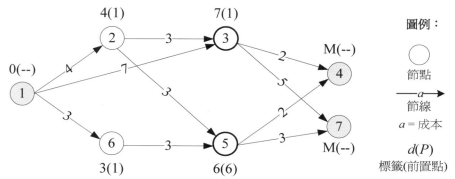

圖 2-10(D)：Dijkstra 演算法網路圖之中間結果(第四回合)

第五回合：將節點 5 加入永久標籤集合，並更新迄點 4 及迄點 7 之標籤，參見圖 2-10(E)。

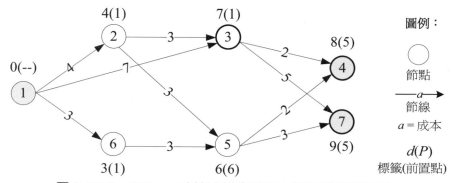

圖 2-10(E)：Dijkstra 演算法網路圖之中間結果(第五回合)

第六回合：將節點 3 加入永久標籤集合，參見圖 2-10(F)。

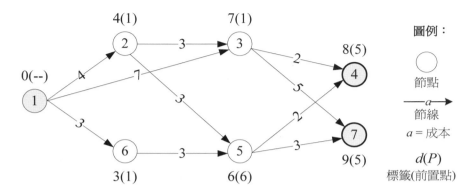

圖 2-10(F)：Dijkstra 演算法網路圖之中間結果(第六回合)

第七回合：將迄點 4 及迄點 7 加入永久標籤集合，演算法結束，回推最短路徑，參見圖 2-10(G)。

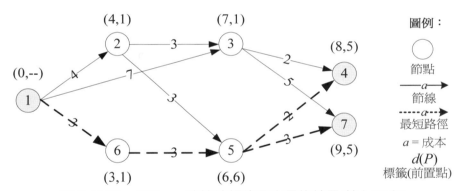

圖 2-10(G)：Dijkstra 演算法網路圖之最終結果(第七回合)

在利用 Dijkstra 演算法求解結束後，藉由前置點 p_i 的紀錄，便可往前反推最短路徑，以數例結果說明，迄點 4 之前置點為 5，節點 5 之前置點為 6，節點 6 前置點為起點 1，因此可倒推出最短路徑為：1→6→5→4。迄點 7 之前置點為 5，節點 5 之前置點為 6，節點 6 前置點為起點 1，因此可倒推出最短路徑為：1→6→5→7。

第五節 多點對多點最短路徑問題

多起點對多迄點的最短路徑，為真實網路中最常見的一種。圖 2-11 為多起點 r_1、r_2 多迄點 s_1、s_2 之示意圖。

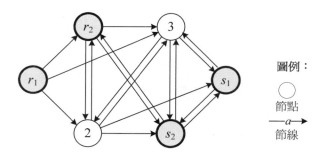

圖 2-11：多起點多迄點網路圖

一、多點對多點最短路徑模型建構

多對多最短路徑問題可以視為數個一對多最短路徑問題之組合，因此，其數學模型亦可以解構(decompose)為多個一對多最短路徑模型，亦即每個起迄對，都可以建構為如上節所示之一對多最短路徑模型。

當然多對多最短路徑問題亦可獨立建構為一個完整之數學模型如下：

$$\min_{\mathbf{x}} \quad z = \sum_{i,j \in N} c_{ij} x_{ij} \tag{5a}$$

subject to

$$\sum_{j=1}^{N} x_{ij} - \sum_{j=1}^{N} x_{ji} = \begin{cases} \sum_{s \in S} y^{rs}, & i = r \in R \\ 0, & i \in 中間節點 \quad \forall i \in N \\ -\sum_{r \in R} y^{rs}, & i = s \in S \end{cases} \tag{5b}$$

$$x_{ij} \in I \quad \forall i, j \tag{5c}$$

$$y^{rs} = \begin{cases} 1：起迄對rs存在 \\ 0：起迄對rs不存在 \end{cases} \quad \forall r, s \tag{5d}$$

符號定義如下：

$\sum_{s \in S} y^{rs}$：與起點 r 連結之迄點個數

$\sum_{r \in R} y^{rs}$：與迄點 s 連結之起點個數

目標式(5a)為最小化路網總成本。式(5b)為節點流量守恆，起點的供給量為 $\sum_{s \in S} y^{rs}$；中間節點之淨流量為 0；迄點的供給量為 $-\sum_{r \in R} y^{rs}$。式(5c)界定流量變數 x_{ij} 為 {0,1} 整數。式(5c)定義起迄對間需求量是否存在。

二、多點對多點最短路徑求解演算法介紹

多起點與多迄點的最短路線問題可以單點對單點演算法重覆求解而得到。但反覆求解之運算效率不及多點對多點的求解演算法，如 Floyd-Warshall(1962)，Dantzig(1967)，Tabourier(1973)等。以下將針對 Floyd 演算法介紹其演算流程與步驟。

Floyd 演算法係採用矩陣運算之方式，依次以每一個節點 $i = 1,...,N$ 為中繼點，以三角運算法計算、更新到達其他節點之標籤與前置點。當矩陣運算結束之後，可以透過最後之標籤矩陣與前置點矩陣獲得每一起迄對之最短路徑距離與所經過之路段。Floyd 演算法之演算步驟可描述如下：

步驟 0：輸入初始之距離矩陣 **D** 與路徑前置點矩陣 **R**。選擇節點 $i = 1$ 為中繼點。

步驟 1：以節點 i 為中繼點，以三角運算計算、更新距離矩陣 **D** 與路徑前置點矩陣 **R** 中其他節點之對應值。

步驟 2：若 $i = N$，停止；否則，令 $i = i + 1$，回到步驟 1。

三、多點對多點最短路徑數例演算

圖 2-12 為包括 4 個節點、11 條節線之測試網路圖。

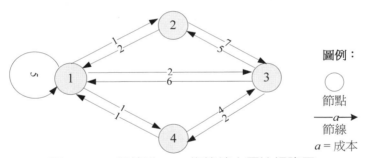

圖 2-12：4 個節點、11 條節線之原始網路圖

以 Floyd 演算法求解所有起迄對之最短路徑之步驟如下所示：

第一回合：初始化。輸入以下資料：

　　(1) 距離矩陣：矩陣中元素代表兩兩節點間距離。

　　(2) 路徑前置點矩陣。

$$
j=0 \quad \mathbf{D}^0 = \begin{bmatrix} 0 & 1 & 2 & 1 \\ 2 & 0 & 7 & \infty \\ 6 & 5 & 0 & 2 \\ 1 & \infty & 4 & 0 \end{bmatrix} \qquad \mathbf{R}^0 = \begin{bmatrix} 1 & 2 & 3 & 4 \\ 1 & 2 & 3 & 4 \\ 1 & 2 & 3 & 4 \\ 1 & 2 & 3 & 4 \end{bmatrix}
$$

距離矩陣　　　　　　　路徑(前置)矩陣

第二回合：利用三角運算法進行運算。首先針對節點 1 進行三角運算，若新成本小於舊成
本，則更新距離矩陣與前置點矩陣。其運算結果爲：

距離(2→1→3)小於距離(2→3)；

距離(2→1→4)小於距離(2→4)；

距離(4→1→2)小於距離(4→2)；

距離(4→1→3)小於距離(4→3)。

更新成本與前置點，如下所示。

$$j = 1 \qquad \mathbf{D}^1 = \begin{bmatrix} 0 & 1 & 2 & 1 \\ 2 & 0 & 4 & 3 \\ 6 & 5 & 0 & 2 \\ 1 & 2 & 3 & 0 \end{bmatrix} \qquad \mathbf{R}^1 = \begin{bmatrix} 1 & 2 & 3 & 4 \\ 1 & 2 & 1 & 1 \\ 1 & 2 & 3 & 4 \\ 1 & 1 & 1 & 4 \end{bmatrix}$$

（距離矩陣　　路徑(前置)矩陣）

第三回合：針對節點 2 進行三角運算，距離無法更新，如下所示。

$$j = 2 \qquad \mathbf{D}^2 = \begin{bmatrix} 0 & 1 & 2 & 1 \\ 2 & 0 & 4 & 3 \\ 6 & 5 & 0 & 2 \\ 1 & 2 & 3 & 0 \end{bmatrix} \qquad \mathbf{R}^2 = \begin{bmatrix} 1 & 2 & 3 & 4 \\ 1 & 2 & 1 & 1 \\ 1 & 2 & 3 & 4 \\ 1 & 1 & 1 & 4 \end{bmatrix}$$

（距離矩陣　　路徑(前置)矩陣）

第四回合：針對節點 3 進行三角運算，距離無法更新，如下所示。

$$j = 3 \qquad \mathbf{D}^3 = \begin{bmatrix} 0 & 1 & 2 & 1 \\ 2 & 0 & 4 & 3 \\ 6 & 5 & 0 & 2 \\ 1 & 2 & 3 & 0 \end{bmatrix} \qquad \mathbf{R}^3 = \begin{bmatrix} 1 & 2 & 3 & 4 \\ 1 & 2 & 1 & 1 \\ 1 & 2 & 3 & 4 \\ 1 & 1 & 1 & 4 \end{bmatrix}$$

（距離矩陣　　路徑(前置)矩陣）

第五回合：針對節點 4 進行三角運算，運算結果爲：

距離(3→4→1)小於距離(3→1)；

距離(3→4→1→2)小於距離(3→2)。

更新成本與前置點，如下所示。

$$j = 4 \qquad \mathbf{D}^4 = \begin{bmatrix} 0 & 1 & 2 & 1 \\ 2 & 0 & 4 & 3 \\ 3 & 4 & 0 & 2 \\ 1 & 2 & 3 & 0 \end{bmatrix} \qquad \mathbf{R}^4 = \begin{bmatrix} 1 & 2 & 3 & 4 \\ 1 & 2 & 1 & 1 \\ 4 & 4 & 3 & 4 \\ 1 & 1 & 1 & 4 \end{bmatrix}$$

（距離矩陣　　路徑(前置)矩陣）

演算最終結果：

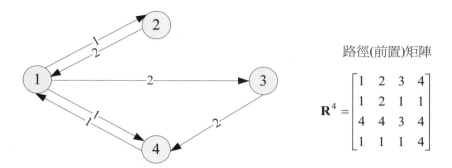

路徑(前置)矩陣

$$\mathbf{R}^4 = \begin{bmatrix} 1 & 2 & 3 & 4 \\ 1 & 2 & 1 & 1 \\ 4 & 4 & 3 & 4 \\ 1 & 1 & 1 & 4 \end{bmatrix}$$

圖 2-13：Floyd 演算法最終結果網路圖

藉由後置點矩陣，可推算出各點對各點的最短路徑，以起迄對(3,2)爲例：節點 3 至節點 2 必須先經過節點 4，而節點 4 至節點 2 必須經過節點 1，最後，節點 1 可直達節點 2，因此路徑爲 3→4→1→2，距離則由距離矩陣觀察得到，總旅行距離爲 4。

第六節 K 條最短路徑問題

K 條最短路徑問題爲搜尋路網中起迄對間最短路徑、第二短路徑、第三短路徑以至於第 k 條最短路徑。K 條最短路徑演算法的基本概念爲第 k 條最短路徑可由前 k-1 條路徑中某節點分枝(deviate)而得到，因此可先求得路網最短路徑，再由已知的路徑集合推算出所有 K 條最短路徑。

K 條最短路徑的相關演算法有：「Yen 演算法」(Yen's algorithm, 1971)以及「正反雙向掃描演算法」(Double Sweep Algorithm) (Shier, 1974; 1976)。

一、K 條最短路徑求解演算法介紹

(一) Yen 演算法

Yen 演算法不會產生迴圈，其作法爲首先求得網路之最短路徑，若相同成本之最短路徑數量大於等於 k，演算法結束；反之，任選一條最短路徑置入最短路徑集合中，接著利用最短路徑集合中之原始最短路徑，由起點出發進行分枝計算。其計算方法爲依序設定原最短路徑中其中一條節線之成本爲無限大，重新搜尋最短路徑，並將搜尋得到之最短路徑置於暫存路徑集合。不斷重複運算，直到原始最短路徑中所有路段皆被限制，此時再由暫存路徑集合中，選出最短路徑，加入最短路徑集合，如此重複運算，直到暫存路徑集合爲空集合或得到所需 K 條最短路徑爲止。

圖 2-14 中節點 1 至節點 4 之最短路徑爲 <u>1</u>→<u>2</u>→<u>3</u>→5→4，成本爲 4。第二短路徑爲 <u>1</u>→<u>2</u>→<u>3</u>→4，成本爲 5。最短路徑與第二短路徑在節點 3 分枝，節點 3 前的子路徑 <u>1</u>→<u>2</u>→<u>3</u> 相同。

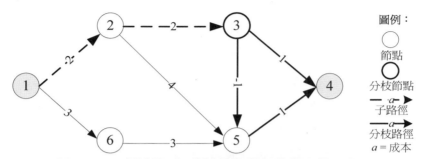

圖 2-14：5 個節點、8 條節線之最短路徑分枝示意圖

如圖 2-15 所示，1→2→3 爲子路徑，節點 3 爲分枝節點，此網路第一條最短路徑爲 1→2→3→5→4，成本爲 4。第二條最短路徑爲 1→2→3→4，成本爲 5。

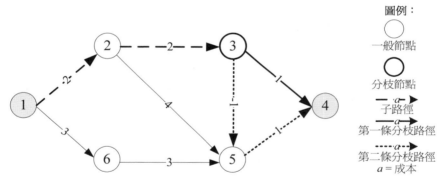

圖 2-15：5 個節點、8 條節線之子路徑與分枝路徑

Yen 演算法中所使用的變數與集合符號說明如下：

K：所需求得之最短路徑數。

$\mathbf{P}$：最短路徑集合，用以紀錄所搜尋得到的最短路徑。

$\hat{\mathbf{P}}$：每回合中，搜尋得到的暫存路徑集合。

p_m^{rs}：起迄對(r,s)間的第 m 條最短路徑。

$R_{m,i}^{rs}$：起迄對(r,s)中第 m 條最短路徑內，由起點 r 至節點 i 之子路徑。

$S_{m,i}^{rs}$：起迄對(r,s)中第 m 條最短路徑內，由節點 i 至迄點 s 之子路徑。

c_{ij}、d_{ij}：節線(i,j)之旅行成本。

Yen 演算法求解 K 條最短路徑的步驟為：

步驟 1：令 $m=1$，搜尋最短路徑，搜尋最短路徑 $p_m^{rs} = p_1^{rs}$，將其置於最短路徑集合 **P** 中。

步驟 2：執行步驟 3 到步驟 6，找出第 m 條最短路徑 p_m^{rs} 由不同節點 $i(i \notin s)$ 之分枝路徑 $p_{m,i}^{rs}$，並將其納入暫存路徑集合 $\hat{\mathbf{P}}$。

步驟 3：若 p_m^{rs} 與 p_n^{rs}，$n=1, 2,..., m-1$ 的前 i 個節點構成的子路徑相同，令 $c_{ij} = \infty$，j 為路徑 p_m^{rs} 中節點 i 之後置點，令 $R_{m,i}^{rs}$ 為起點 r 至節點 i 之子路徑。檢查 **P** 中其他最短路徑 $p_1^{rs},..., p_m^{rs}$ 中是否有相同之子路徑，不同則不做任何改變，反之令 $c_{ij} = \infty, \ j \in p_n^{rs}, \ \forall n = 1,..., m-1$。

步驟 4：搜尋節點 i 至迄點 s 的最短路徑，令其路徑為 $S_{m,i}^{rs}$。

步驟 5：$p_{m,i}^{rs} = R_{m,i}^{rs} \cap S_{m,i}^{rs}$，置入暫存路徑集合 $\hat{\mathbf{P}}$ 中。

步驟 6：還原更改過的節線成本，若 p_m^{rs} 中每一節點之分枝路徑 $p_{m,i}^{rs}(i \notin s)$ 皆搜尋完畢，進行步驟 7，反之回步驟 3。

步驟 7：若 $m+1 > k$ 或 $\hat{\mathbf{P}}$ 為空集合則停止；反之搜尋暫存路徑集合 $\hat{\mathbf{P}}$ 中最短路徑，將此路徑給定為 p_{m+1}^{rs}，並移至路徑集合 **P**，回到步驟 2。

　　Yen 演算法主要概念為在目前已搜尋得到之最短路徑中，重複使用最短路徑演算法在各點進行分枝搜尋以得到其他最短路徑。得到新的最短路徑後加入路徑暫存集合中，最後再由路徑暫存集合中選擇最優的路徑加入最短路徑集合，成為第 $m+1$ 條路徑。

(二)正反雙向掃描演算法

　　「正反雙向掃描演算法」是 Shier(1974, 1976)所發展出來的 K 條最短路徑演算法，在矩陣運算過程之中，會應用到「一般化取小」與「一般化加法」兩種運算子，茲將兩種運算內容定義為下：

(1) 一般化取小運算：令 $\mathbf{a} = (a_1, a_2, ..., a_k)$，$\mathbf{b} = (b_1, b_2, ..., b_k)$

　　一般化取小運算子"+"之定義如下：

$$\mathbf{a} + \mathbf{b} = \min\nolimits_k \{a_i, b_i : i = 1, 2, ..., k\} \tag{6}$$

　　其中，$\min_k(\mathbf{x})$ 代表集合 $\mathbf{x}$ 中的前面 k 個最小值之元素。

　　茲以簡例說明運算過程如下：已知 $\mathbf{a} = (1,3,4,8)$，$\mathbf{b} = (3,5,7,16)$，則

　　$\mathbf{a} + \mathbf{b} = \min_4(1,3,4,8,3,5,7,16) = (1,3,4,5)$

(2) 一般化加法運算：令 $\mathbf{a} = (a_1, a_2, ..., a_k)$，$\mathbf{b} = (b_1, b_2, ..., b_k)$

　　一般化加法運算子"×"之定義如下：

$$\mathbf{a} \times \mathbf{b} = \min\nolimits_k \{a_i + b_i : i, j = 1, 2, ..., k\} \tag{7}$$

　　茲以簡例說明運算過程如下：已知 $\mathbf{a} = (1,3,4,8)$，$\mathbf{b} = (3,5,7,16)$，則

　　$\mathbf{a} \times \mathbf{b} = \min_4(1+3,1+5,1+7,1+16,3+3,3+5,3+7,3+16,4+3,......) = (4,6,7,8)$

　　茲令 $\mathbf{d}_{ij}^0 = \left(d_{ij1}^0, d_{ij2}^0, \cdots\cdots, d_{ijk}^0\right)$ 代表從節點 i 到節點 j 的前 k 條最短節線長度，若有兩條節線長度相同，則只要在 $\mathbf{d}_{ij}^0$ 向量內記錄一次即可，若節線總數少於 K 條，則將多餘的空位填上無限大值，即 ∞。

　　令 $\mathbf{d}_{ij}^l = \left(d_{ij1}^l, d_{ij2}^l, \cdots\cdots, d_{ijk}^l\right)$ 代表從節點 i 到節點 j 分別利用中間節點 1, 2,……, l 所產生的 K 條最短路徑長度，$\mathbf{d}_{ij}^l$ 可表示成矩陣形式，即 $\mathbf{D}^l = \left\{\mathbf{d}_{ij}^l\right\}$。又令 $\mathbf{D}^* = \left\{\mathbf{d}_{ij}^*\right\}$ 代表最佳路徑長度矩陣。

　　圖 2-16 為一個包含 3 個節點($m=3$)的 K 條最短路徑測試網路。

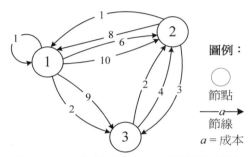

圖 2-16：3 個節點($m=3$)之原始網路圖

　　若欲求取每對節點間之 2 條最短路徑，需先建立其對應之 2 條最短節線矩陣如下：

$$\mathbf{D}^0 = \begin{bmatrix} (0,1) & (6,10) & (2,9) \\ (1,8) & (0,\infty) & (3,\infty) \\ (\infty,\infty) & (2,4) & (0,\infty) \end{bmatrix}$$

根據以上 2 條最短節線矩陣 $\mathbf{D}^0$，可以分別建立上三角最短節線矩陣 $\mathbf{U}$ 與下三角型最短節線矩陣 $\mathbf{L}$，分別如下：

$$\mathbf{L} = \begin{bmatrix} (\infty,\infty) & (\infty,\infty) & (\infty,\infty) \\ (1,8) & (\infty,\infty) & (\infty,\infty) \\ (\infty,\infty) & (2,4) & (\infty,\infty) \end{bmatrix} \qquad \mathbf{U} = \begin{bmatrix} (\infty,\infty) & (6,10) & (2,9) \\ (\infty,\infty) & (\infty,\infty) & (3,\infty) \\ (\infty,\infty) & (\infty,\infty) & (\infty,\infty) \end{bmatrix}$$

　　依據以上三個距離矩陣：最短節線矩陣 $\mathbf{D}^0$、上三角最短節線矩陣 $\mathbf{U}$、與下三角型最短節線矩陣 $\mathbf{L}$，可利用正反雙向掃描演算法有效的計算出「不含負成本迴圈」的 K 條最短路徑。若欲求算節點 1 到其它節點的最短路徑，則只要能夠求算出最佳路徑長度矩陣 $\mathbf{D}^*$ 的第一列的距離數值 $\left(d_{11}^*, d_{12}^*, \cdots, d_{1m}^*\right)$ 即可。執行正反雙向掃描演算法必須先行找出 $\mathbf{D}^*$ 的第一列初始解，即 $\left(d_{11}^{(0)}, d_{12}^{(0)}, \cdots, d_{1m}^{(0)}\right)$，做為最佳解 $\left\{d_{1i}^*\right\}$ 的概估值。然後求取初始解的改善解即檢查 $d_{1j}^{(0)} \times d_{ji}^{(0)}$ 的 k 個數值當中，是否有小於暫存最佳解的 k 個距離數值。若有，選取最小的 k 個距離數值，形成 $d_{1i}^{(1)}$。重複上述過程求算改善解，直到前後兩回合的解完全相同為止。即當 $\left(d_{11}^{(i)}, d_{12}^{(i)}, \cdots, d_{1m}^{(i)}\right) = \left(d_{11}^{(i+1)}, d_{12}^{(i+1)}, \cdots, d_{1m}^{(i+1)}\right)$ 時，就可以結束。

值得注意的是正反雙向掃描演算法的效率頗高，其主要原因是因為從前一回合得到的距離向量 $d_1^{(i)} = \left(d_{11}^{(i)}, d_{12}^{(i)}, \cdots, d_{1m}^{(i)}\right)$，在下一回合的距離向量 $\mathbf{d}_1^{(i+1)} = \left(d_{11}^{(i+1)}, d_{12}^{(i+1)}, \cdots, d_{1m}^{(i+1)}\right)$ 的求算改善過程當中，在前面已經計算出來 $\mathbf{d}_1^{(i+1)}$ 的元素值，可以馬上應用到求算 $\mathbf{d}_1^{(i+1)}$ 中比較後面的元素值。

正反雙向掃描演算法的步驟敘述如下：

步驟 1：初始化。令 $\mathbf{d}_1^{(0)} = \left(d_{11}^{(0)}, d_{12}^{(0)}, \cdots, d_{1m}^{(0)}\right)$，最佳解為 d_1^* 的初始估計值。

其中 $d_{111}^{(0)} = 0$。

步驟 2：已知 d_1^* 的估計值 $d_1^{(2r)}$，以一般化取小法與一般化加法運算來更新 d_1^* 的估計值 $d_1^{(2r+1)}$，與 $d_1^{(2r+2)}$ 其公式分別為下：

反向掃瞄(backward sweep)：
$$d_1^{(2r+1)} = d_1^{(2r+1)} \times \mathbf{L} + d_1^{(2r)} \tag{8}$$

正向掃瞄(forward sweep)：
$$d_1^{(2r+2)} = d_1^{(2r+2)} \times \mathbf{U} + d_1^{(2r+1)} \quad \left(r = 0,1,2,\cdots\right) \tag{9}$$

步驟 3：假如連續兩回合的估計值相同，即 $d_1^{(t-1)} = d_1^{(t)}$，$t > 1$，令 $d_1^{(t)} = d_i^*$，停止；否則，回到步驟 2。

二、K 條最短路徑數例演算

(一) Yen 演算法的 K 條最短路徑數值範例

圖 2-17 為包含 6 個節點、9 條節線之測試網路圖。試以 Yen 演算法求解起點為 1，迄點為 4 之前三條(K = 3)最短路徑如下：

第一回合：使用最短路徑演算法求解以上網路最短路徑，路徑求解結果為 1→2→3→4，成本為 9，將此路徑加入路徑集合 **P** 中，參見圖 2-17(A)。

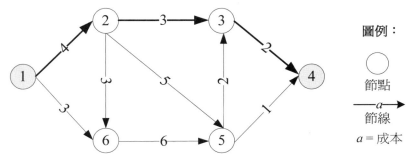

圖 2-17(A)：Yen 演算法 6 個節點、9 條節線之網路圖中間結果(第一回合)

第二回合：以路徑 1→2→3→4 進行分枝運算。

(1) 令節線(1,2)成本 d_{12} 為∞，以節點 1 為起點重新求解最短路徑，路徑求解結果為 1→6→5→4，成本為 10，置入暫存路徑集合 $\hat{\mathbf{P}}$ 中，參見圖 2-17(B)。

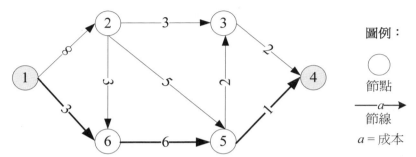

圖 2-17(B)：Yen 演算法 6 個節點、9 條節線之網路圖中間結果(第二回合-1)

(2) 還原路網旅行成本，令節線(2,3)成本 d_{23} 為∞，以節點 2 為起點重新求解最短路徑，路徑求解結果為 2→5→4，成本為 9。將求解結果與子路徑 1→2 結合為 1→2→5→4，成本為 10，置入暫存路徑集合 $\hat{\mathbf{P}}$ 中，參見圖 2-17(C)。

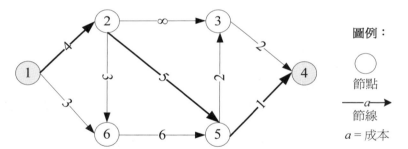

圖 2-17(C)：Yen 演算法 6 個節點、9 條節線之網路圖中間結果(第二回合-2)

(3) 還原路網旅行成本，令節線(3,4)成本 d_{34} 為∞，以節點 3 為起點重新求解最短路徑，路徑求解結果空集合。

路線分枝求解完畢，由暫存路徑集合中挑選成本最低之路徑，選擇路徑 1→2→5→4，成本為 10，存入路徑集合 $\mathbf{P}$ 中，為第二條最短路徑。

第三回合：以路徑 1→2→5→4 進行分枝運算。

(1) 令節線(1,2)成本 d_{12} 為∞，以節點 1 為起點重新求解最短路徑，路徑求解結果為 1→6→5→4，成本為 10，置入暫存路徑集合 $\hat{\mathbf{P}}$ 中，參見圖 2-17(D)。

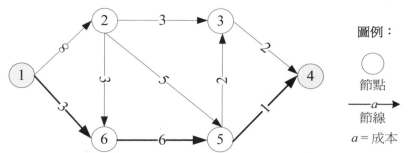

圖 2-17(D)：Yen 演算法 6 個節點、9 條節線之網路圖中間結果(第三回合-1)

(2) 還原路網旅行成本，令節線(2,3)成本 d_{23} 與節線(2,5)成本 d_{25} 為∞，以節點 2 為起點重新求解最短路徑，路徑求解結果為 2→6→5→4，成本為 10。將求解結果與子路徑 1→2 結合為 1→2→6→5→4，成本為 14，置入暫存路徑集合 $\hat{P}$ 中，參見圖 2-17(E)。

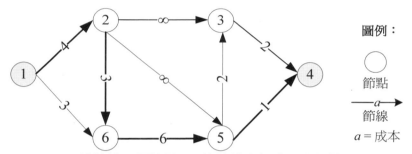

圖 2-17(E)：Yen 演算法 6 個節點、9 條節線之網路圖中間結果(第三回合-2)

(3) 還原路網旅行成本，令節線(5,4)成本 d_{54} 為∞，以節點 5 為起點重新求解最短路徑，路徑求解結果為 5→3→4，成本為 4。將求解結果與子路徑 1→2→5 結合為 1→2→5→3→4，成本為 13，置入暫存路徑集合 $\hat{P}$ 中。

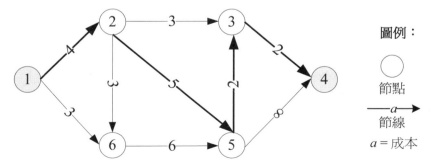

圖 2-17(F)：Yen 演算法 6 個節點、9 條節線之網路圖中間結果(第三回合-3)

　　　　路線分枝求解完畢，由暫存路徑集合中挑選成本最低之路徑，選擇路徑

　　　　1→6→5→4，成本爲 10，存入路徑集合 **P** 中，爲第三條最短路徑。

第四回合：檢查所搜尋之最短路徑，已達三條最短路徑，演算法結束，結果爲：

　　　　路徑 1：1→2→3→4，成本爲 9。

　　　　路徑 2：1→2→5→4，成本爲 10。

　　　　路徑 3：1→6→5→4，成本爲 10。

(二) 正反雙向掃瞄法的 K 條最短路徑數值範例

　　　　圖 2-18 爲包含 4 個節點、8 條節線之測試網路圖。

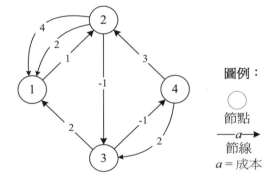

圖 2-18：4 個節點、8 條節線之原始網路圖

　　　　求算各對節點 3 條最短路徑之正反雙向掃瞄法的求解步驟如下：

第一回合：初始化。根據網路資料，建立 $\mathbf{D}^0$, **L, U** 三個矩陣及正反雙向掃瞄公式如下：

$$\mathbf{D}^0 = \begin{bmatrix} (0,\infty,\infty) & (1,\infty,\infty) & (\infty,\infty,\infty) & (\infty,\infty,\infty) \\ (2,4,\infty) & (0,\infty,\infty) & (-1,\infty,\infty) & (\infty,\infty,\infty) \\ (2,\infty,\infty) & (\infty,\infty,\infty) & (0,\infty,\infty) & (-1,\infty,\infty) \\ (\infty,\infty,\infty) & (3,\infty,\infty) & (2,\infty,\infty) & (0,\infty,\infty) \end{bmatrix}$$

$$\mathbf{L} = \begin{bmatrix} (\infty,\infty,\infty) & (\infty,\infty,\infty) & (\infty,\infty,\infty) & (\infty,\infty,\infty) \\ (2,4,\infty) & (\infty,\infty,\infty) & (\infty,\infty,\infty) & (\infty,\infty,\infty) \\ (2,\infty,\infty) & (\infty,\infty,\infty) & (\infty,\infty,\infty) & (\infty,\infty,\infty) \\ (\infty,\infty,\infty) & (3,\infty,\infty) & (2,\infty,\infty) & (\infty,\infty,\infty) \end{bmatrix} \quad \mathbf{U} = \begin{bmatrix} (\infty,\infty,\infty) & (1,\infty,\infty) & (\infty,\infty,\infty) & (\infty,\infty,\infty) \\ (\infty,\infty,\infty) & (\infty,\infty,\infty) & (-1,\infty,\infty) & (\infty,\infty,\infty) \\ (\infty,\infty,\infty) & (\infty,\infty,\infty) & (\infty,\infty,\infty) & (-1,\infty,\infty) \\ (\infty,\infty,\infty) & (\infty,\infty,\infty) & (\infty,\infty,\infty) & (\infty,\infty,\infty) \end{bmatrix}$$

反向掃瞄的運算公式如下：

$$d_{14}^{(2r+1)} = d_{14}^{(2r)}$$
$$d_{13}^{(2r+1)} = (2,\infty,\infty) \times d_{14}^{(2r+1)} + d_{13}^{(2r)}$$
$$d_{12}^{(2r+1)} = (3,\infty,\infty) \times d_{14}^{(2r+1)} + d_{12}^{(2r)}$$
$$d_{11}^{(2r+1)} = (2,4,\infty) \times d_{12}^{(2r+1)} + (2,\infty,\infty) \times d_{13}^{(2r+1)} + d_{11}^{2r}$$

正向掃瞄的運算公式如下：

$$d_{11}^{(2r+2)} = d_{11}^{(2r+1)}$$
$$d_{12}^{(2r+2)} = (1,\infty,\infty) \times d_{11}^{(2r+2)} + d_{12}^{(2r+1)}$$
$$d_{13}^{(2r+2)} = (-1,\infty,\infty) \times d_{12}^{(2r+2)} + d_{13}^{(2r+1)}$$
$$d_{14}^{(2r+2)} = (-1,\infty,\infty) \times d_{13}^{(2r+2)} + d_{14}^{(2r+1)}$$

第二回合：依照上述正反雙向掃瞄公式依序執行，可以獲得 d_1^*，茲將運算過程的中間結果記錄整理如下表：

表 2-5：正反雙向掃瞄公式運算過程

回合數	$d_{11}^{(l)}$	$d_{12}^{(l)}$	$d_{13}^{(l)}$	$d_{14}^{(l)}$	演算方向
$l = 0$	$(0,\infty,\infty)$	(∞,∞,∞)	(∞,∞,∞)	(∞,∞,∞)	
$l = 1$	$(0,\infty,\infty)$	(∞,∞,∞)	(∞,∞,∞)	(∞,∞,∞)	←反向
$l = 2$	$(0,\infty,\infty)$	$(1,\infty,\infty)$	$(0,\infty,\infty)$	$(-1,\infty,\infty)$	←正向
$l = 3$	$(0,2,3)$	$(1,2,\infty)$	$(0,1,\infty)$	$(-1,\infty,\infty)$	←反向
$l = 4$	$(0,2,3)$	$(1,2,3)$	$(0,1,2)$	$(-1,0,1)$	←正向
$l = 5$	$(0,2,3)$	$(1,2,3)$	$(0,1,2)$	$(-1,0,1)$	←反向

為了更詳細說明運算方式，茲以($l = 2$)的正向掃瞄與($l = 3$)的反向掃瞄各執行一次，以供讀者參考。

正向掃瞄($l = 2$)：

$$d_{11}^2 = d_{11}^1 = (0,\infty,\infty)$$
$$d_{12}^2 = (1,\infty,\infty) \times (0,\infty,\infty) + (\infty,\infty,\infty)$$
$$= (1,\infty,\infty)$$
$$d_{13}^2 = (-1,\infty,\infty) \times (1,\infty,\infty) + (\infty,\infty,\infty)$$
$$= (0,\infty,\infty)$$
$$d_{14}^2 = (-1,\infty,\infty) \times (0,\infty,\infty) + (\infty,\infty,\infty)$$
$$= (-1,\infty,\infty)$$

反向掃瞄$(l = 3)$：

$$d_{14}^3 = d_{14}^2 = (-1, \infty, \infty)$$
$$d_{13}^3 = (2, \infty, \infty) \times (-1, \infty, \infty) + (0, \infty, \infty)$$
$$= (0, 1, \infty)$$
$$d_{12}^3 = (3, \infty, \infty) \times (-1, \infty, \infty) + (1, \infty, \infty)$$
$$= (1, 2, \infty)$$
$$d_{11}^3 = (2, 4, \infty) \times (1, 2, \infty) + (2, \infty, \infty) \times (0, 1, \infty) + (0, \infty, \infty)$$
$$= (3, 4, 5) + (2, 3, \infty) + (0, \infty, \infty)$$
$$= (0, 2, 3)$$

　　K 條最短路徑問題可應用於災後疏散時，此時災民若同時選擇最短路徑，將導致逃生通道擁塞。因此在逃生路線規劃時，必須利用 K 條最短路徑問題搜尋多條路徑，分散各路徑的流量負荷，以達到較高疏散效率。

第七節　結論與建議

　　最短路徑問題在實務上應用廣泛，包括：路徑導引之電子地圖、物流行銷通路網路的設計、消防車緊急路線的規劃、用路人均衡(user equilibrium)的子問題、防救災與疏散方面等。因此最短路徑問題在為網路分析之核心問題，在運輸領域也具有非常重要之地位。

　　本章首先說明網路資料之輸入格式，也分別介紹了一對一、一對多、多對多最短路徑問題的數學模型、求解演算法以及例題演算過程，也特別對 K 條最短路徑問題的求解方法(Yen 演算法及正反雙向掃描法)及演算例題加以探討。特別值得說明的是，雖然最短路徑問題本身已有其實務上之應用價值，但在一個較為複雜的系統中，卻往往以子問題之型式包含於其中。因此，讀者若欲處理更為一般性之網路分析問題，熟悉本章之各節內容是有其絕對之必要性的。

問題研討

1. 名詞解釋：
   (1) 前星法
   (2) 三角運算法
   (3) 雙尾等候陣列
   (4) 標籤

2. 何謂(1)標籤設定法，其優、劣點各為何？
   (2)標籤修正法，其優、劣點各為何？

3. 試以 Dijkstra 演算法求解下圖起點 1 至迄點 5 之 3 條最短路徑。

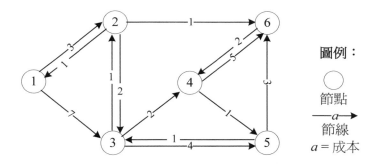

4. 試以 Floyd 演算法求解下圖多點至多點之最短路徑。

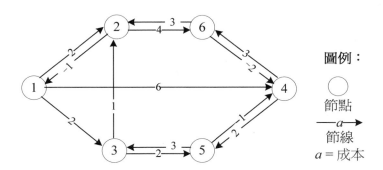

5. (1) 試以 Yen 演算法找出起點 1 至迄點 5 之 3 條最短路徑

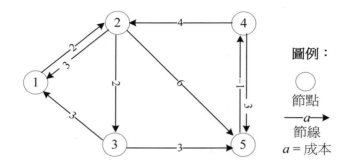

(2)試說明 K 條最短路徑問題在防、救災與疏散方面之可能應用。

第三章

匹配與指派問題

　　匹配與指派問題在現實世界中的應用很多，例如工作人員排班問題(crew scheduling problem)，棒球大聯盟裁判賽程安排問題(major league baseball umpire assignment)，籃球聯盟賽程安排問題(basketball conference scheduling)。隨著電腦運算效率之大幅提高與求解演算法之不斷發展，匹配與指派問題之應用範圍也逐漸增加。

　　以下第一節爲基本觀念與名詞解釋；第二節劃分匹配的種類；第三節介紹最大節線數匹配問題；第四節探討最大權重匹配問題；第五節說明最大權重涵蓋問題；第六節則爲結論與建議。

第一節　基本觀念與名詞解釋

　　茲將匹配與指派問題之基本觀念與相關名詞解釋如下：

1. 匹配(matching)：圖形內，每一個節點最多只有一條節線與之鄰接的節線集合。以圖 3-1 爲例，其可能的匹配有 {(1,2),(5,4)} (見圖 3-2(A))，{(1,3),(2,4)} (見圖 3-2(B))，{(3,2),(5,4)} (見圖 3-2(C))，以及 {(1,2)} (見圖 3-2(D))。一個匹配(圖 3-2(A))的子集合(圖 3-2(B))，仍然是一個匹配。在一加權雙分圖(weighted bipartite graph)的網路中求解最大加權匹配的問題亦可成稱之爲指派問題(assignment problem)。

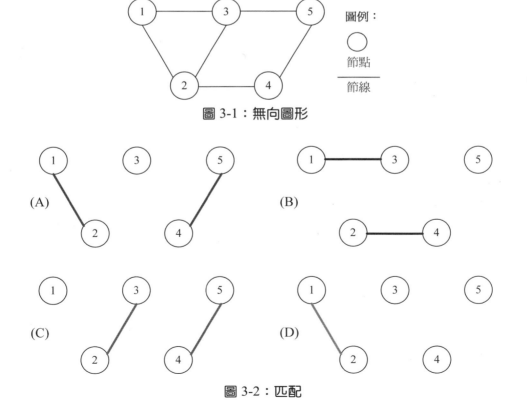

圖 3-1：無向圖形

圖 3-2：匹配

2. 雙分圖(bipartite graph)：雙分圖係指圖形內所有節點均可歸類為兩個子集合 **R** = {1,2,3}，**S** = {4,5,6}且節線只能連接 **R** 與 **S** 兩子集合內的節點。也就是說，同一子集合之節點，彼此之間沒有節線相連(參見圖 3-3)。

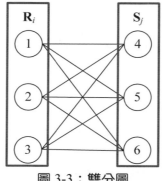

圖 3-3：雙分圖

3. 擴張路徑(augmenting path)：亦可稱增廣路徑。在一般圖內的路徑，其起點與迄點均為暴露節點(exposed vertex)的交錯路徑(alternating path)。

4. 一般圖形(general graph)：不具有特殊網路結構之圖形。

5. 暴露節點(exposed node)：未與任何匹配節線相連的節點。

6. 交錯路徑：匹配節線與未匹配節線交互出現的路徑。

7. 指派問題(assignment problem)：係指在一加權雙分圖的網路中找尋最大加權匹配的問題。以圖 3-4 為例，指派問題由一組供給節點 **R** 與一組需求節點 **S** 組成，無中間節點，供給節點 **R** 共提供四項工作或任務，須以最小總成本將工作分派給需求節點 **S**，且為一對一指派，任務不可分割。指派問題為一種最基本的組合最佳化問題(combinatorial optimization problems)，屬於運輸問題的一個特例。

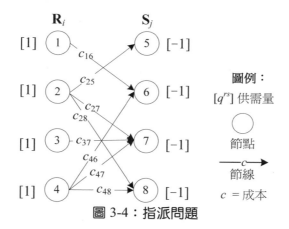

圖 3-4：指派問題

8. 運輸問題(transportation problem)：係指在一加權雙分圖的網路中找最小化總運輸成本的問題。以圖 3-5 為例，運輸問題由一組供給節點 **R** 與一組需求節點 **S** 組成，無中間節點，各供給節點有貨品供給量上限，各需求節點有貨品需求下限。貨品經過有成本 c_{ij} 的運輸節線送至各需求點，可分割運送。運輸問題屬於最小成本流量問題的一個特例。

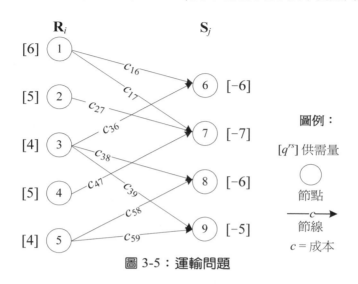

圖 3-5：運輸問題

9. 最小成本流量問題(minimum cost flow problem)：係指在一個一般化網路圖中將起點的供給量以最小總運輸成本的方式運送至對應的迄點。以圖 3-6 為例，最小成本流量問題之網路是由起點 r 與迄點 s，以及一組中間節點所組成。起點供給量與迄點需求量皆為 10 單位，節線上有節線成本與容量限制。目標為將 10 單位流量由供給點運送至需求點的總運輸成本最小化。最小成本流量問題為最具一般化性質的網路問題，除了上述指派問題、運輸問題之外，尚有許多著名的網路分析問題例如最大流量問題、最短路徑問題、以及要徑問題(critical path problem)皆為最小成本流量問題的特例。最小成本流量問題屬於線性規劃問題之特例，將會在第九章介紹。值得一提的是，最小成本流量問題亦是一般化多商品流量問題(參見第十章)的特例。

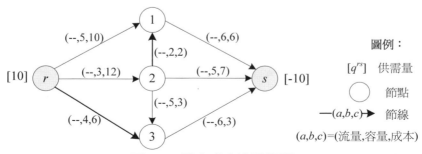

圖 3-6：最小成本流量問題

10. 最大流量問題(maximum flow problem)：係指在一個節線有容量限制的網路 **G=(N,A)** 中，求取由起點至迄點可運送的最大流量的問題。它是最小成本流量問題的重要特例，也是一個特殊的線性規劃問題，將會在第九章介紹。以圖 3-7 為例，最大流量問題之網路是由起點 r 與迄點 s，以及一組中間節點所組成。節線上有容量限制，目標為將最大的流量從起點運送至迄點。

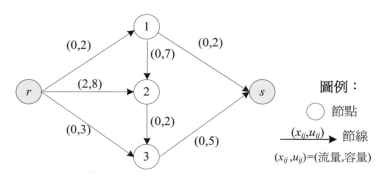

圖 3-7：最大流量問題

11. 多商品流量問題(multicommodity flow problem, MFP)：係指在一個已知固定節線成本的網路 **G=(N,A)** 中，將多種商品之起迄點需求量以最小總成本的運送方式，指派至網路中，但同時必須符合滿足節線的容量限制條件，請參見第十章。以圖 3-8 之線性化多商品流問題為例，圖形範例之輸入資料包括 5 個節點 10 條節線，其中節點 r_1 與節點 s_1(商品 1)與節點 r_2 與節點 s_2(商品 2)為兩組起迄對(兩項商品種類)，商品之需求量 q^{rs} 分別為 10 個單位與 7 個單位。

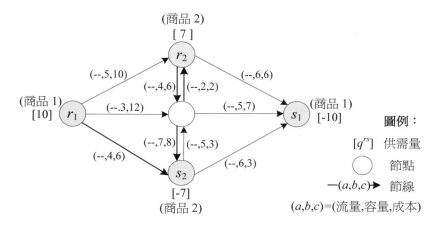

圖 3-8：線性化多商品流問題

12. 線性規劃問題(linear program problem)：係指目標式與限制式均為線性函數之數學規劃問題，一般均可以單體法(simplex algorithm)求解，但是它的上述各種網路流量問題的特例可以因應特殊網路結構(special structure)發展出更加有效率之求解演算法。

第二節　匹配的種類

主要的匹配類型有四種：

1. 最大節線數匹配(maximum cardinality matching)
2. 最大權重匹配(maximum weight matching)
3. 最小節線數匹配(minimum cardinality matching)
4. 最小權重匹配(minimum weight matching)

「最大節線數匹配」是指在一個圖形內，具有最多節線數目的匹配。最大節線數匹配所對應的暴露節點數目最少，例如：機組人員的排班問題。而「最大權重匹配」問題是指在一個圖形內，具有最大節線權重總和的匹配。例如：房地產掮客在媒合顧客與房地產的配對問題上。

除了最大節線數匹配與最大權重匹配之外，匹配問題中還有最小節線數匹配與最小權重匹配兩種匹配在內。「最小節線數匹配」是指在一個圖形內，具有最少節線數目的匹配，這個問題無需求解，因為空集合本身就是一個最小節線數匹配。至於「最小權重匹配」是指在一個圖形內，具有最小節線權重總和的匹配。

最小權重匹配問題求解處理方式有兩種：

(1) 假如圖形上所有節線權重均為非負值，則空集合匹配就是一個最小權重匹配。
(2) 若假設圖形上有部分節線的權重為非負值，但亦有部分節線的權重為負值，在這種情況下我們可以採取三個步驟來求解：

 (a) 刪除所有非負權重的節線；

 (b) 將剩餘節線之負權重改變為正值權重；

 (c) 求解最大權重匹配問題。

由此可知，只要懂得求解最大權重匹配問題，最小權重匹配問題就可以迎刃而解。以下僅將深入探討最大節線數與最大權重兩種匹配問題。

第三節　最大節線數匹配問題

依網路結構之不同，圖形可以細分為雙分圖(bipartite graph)與一般圖(general graph)兩種。因此，以下將依此分類說明最大節線數匹配問題。

一、最大節線數匹配之雙分圖求解法

在一個雙分圖中(如圖 3-3)，任何的匹配，如圖 3-9(A), 3-9(B), 3-9(C)，亦稱之為指派

(assignment)。雙分圖的最大節線數匹配問題，可以在原網路結構上增加虛擬節線與節點的方式，輕易的轉換爲「最大流量問題」求解。

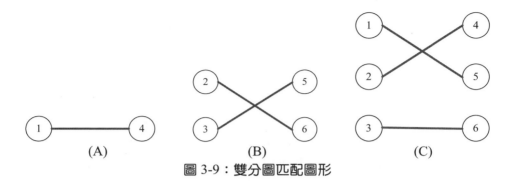

圖 3-9：雙分圖匹配圖形

以圖 3-3 爲例，雙分圖形中節點 1,2,3 爲供給點，節點 4,5,6 爲需求點，我們可以利用：

1. 增加一個虛擬供給點 r，連接至其他三個供給點 1,2,3；
2. 增加一個虛擬需求點 s，被其他三個需求點連接 4,5,6；
3. 設定六條虛擬節線的容量爲 1。

轉換後之圖形如圖 3-10 所示，然後求算總虛擬起點 r 至虛擬迄點 s 的最大流量，最後將獲得流量 1 的節線集合起來，就是最大節線數匹配。

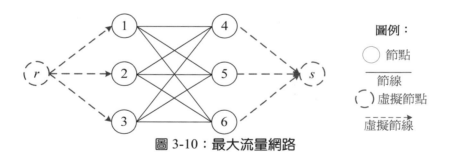

圖 3-10：最大流量網路

二、最大節線數匹配之一般圖形求解法

假如圖形並非雙分圖形，如圖 3-11 所示，則圖形一定包含一個奇數節線的迴圈。

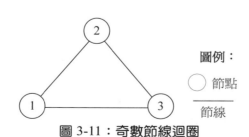

圖 3-11：奇數節線迴圈

至目前爲止，還沒有一個方法可以將一個具有奇數節線迴圈的匹配問題轉換爲流量問題來求解。

1. 最大節線數匹配問題模型

一般圖形的最大節線數匹配問題，可以建構成爲下的整數規劃模型：

$$\max \quad z = \sum_{(i,j)} e_{ij} \tag{1a}$$

subject to

$$\sum_{j} \left(e_{ji} + e_{ij} \right) \leq 1, \quad \forall i \tag{1b}$$

$$e_{ij} = \{0,1\}, \quad \forall (i,j) \tag{1c}$$

符號定義如下：

e_{ij}：(i,j)被匹配所使用的次數。

目標函數(1a)係最大化一般圖形內節線被使用到的次數和。限制式(1b)表鄰接節點 i 的節線數不可以超過 1。限制式(1c)表示節線(i,j)是否被匹配所使用。當 $e_{ij} = 1$，表節線被匹配的所選用；否則 $e_{ij}=0$。

值得注意的是，上述最大節線數匹配問題不可以用線性規劃演算法求解，因爲分數解(例如：圖 3-11 中，$e_{12} = \frac{1}{2}, e_{23} = \frac{1}{2}, e_{31} = \frac{1}{2}$)並不是我們所想要的最大節線數匹配。

最大節線數匹配問題可以利用擴張路徑的觀念求解。以圖 3-12(A)與 3-12(B)爲例，當(2,5)被選完爲匹配節線時，{4-5-2-3}即爲擴張路徑，同時也是交錯路徑，其中起點 4 與終點 3 均爲暴露節點。(4,5), (2,3)兩條節線爲未匹配節線。

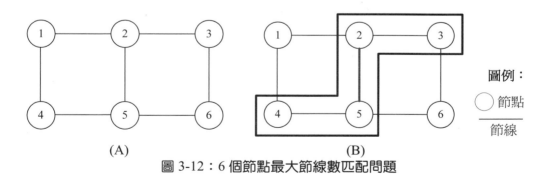

(A)   (B)

圖 3-12：6 個節點最大節線數匹配問題

2. 最大節線數匹配問題求解演算法

以下將介紹 Edmonds(1965)利用擴張路徑，所發展出來的最大節線數匹配問題之求解演算法。最大節線數匹配演算法的演算步驟如下：

步驟 1：重複選取兩個相鄰的暴露節點，將該節點列入匹配，直到沒有相鄰的暴露節點爲止。

步驟2：選擇一個暴露節點當做起點，尋找擴張路徑。若找到擴張路徑，到步驟3；否則，到步驟4。

步驟3：將匹配節線與未匹配節線之角腳色互換(註：節線角色互換後之匹配節線數目會增加1個)。

步驟4：檢查圖形中是否仍有未檢查暴露節點。若有，則回到步驟2；否則，停止運算，求解的結果即為最大節線數匹配。

3. 最大節線數匹配問題數例演算

圖3-13為一13個節點，18條節線之路網。以Edmonds演算法求解最大節線數匹配問題之步驟如下：

第一回合：選擇列入匹配之節線集合{(1,2),(5,6),(8,9),(11,12)}，參見圖3-13(A)。

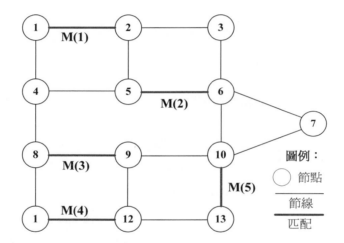

圖3-13(A)：13個節點網路圖形之中間結果(第一回合)

第二回合：找到擴張路徑{4-5-6-7}，參見圖 3-13(B)。

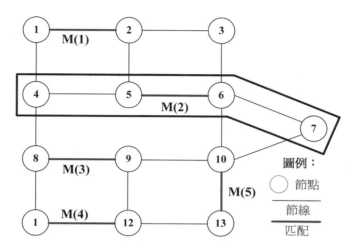

圖 3-13(B)：13 個節點網路圖形之中間結果(第二回合)

第三回合：將擴張路徑{4-5-6-7}之匹配節線與未匹配節線之腳色互換，參見圖 3-13(C)。

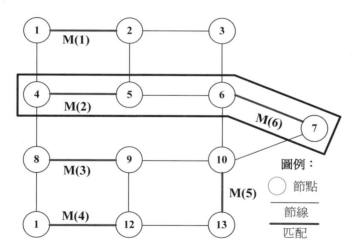

圖 3-13(C)：13 個節點網路圖形之中間結果(第三回合)

第四回合：圖形中未有暴露節點，停止運算，求解的結果即爲最大節線數匹配，參見圖
3-13(D)。

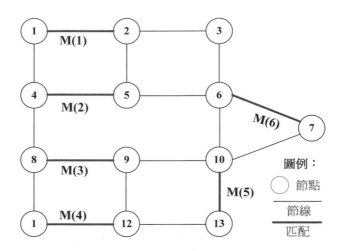

圖 3-13(D)：13 個節點網路圖形之最終結果(第四回合)

第四節　最大權重匹配問題

最大權重匹配係指匹配節線權重總和爲最大之匹配。這類問題亦可按照雙分圖或一般
圖兩種情況分別加以探討。

一、最大權重匹配問題之雙分圖求解法

雙分圖之最大權重匹配問題，可以利用網路構建之技巧轉換爲「運輸問題」來加以求
解。假設有一雙分圖如圖 3-14 所示：

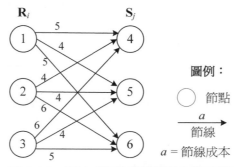

圖 3-14：最大權重匹配問題之雙分圖

利用網路構建之技巧轉換為運輸問題，如圖 3-15 所示：

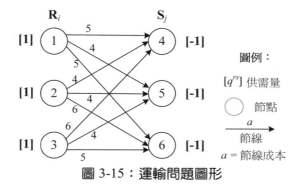

圖 3-15：運輸問題圖形

1. 最大權重匹配問題之模型

運輸問題之數學模型可建構成二種不同之形式：

(1) 假設每一供給點的供給量為 $\bar{q}_i = 1$，每一需求點的需求量為 $\bar{q}_j = 1$，則運輸問題的線性規劃模型可建構為下：

$$\min \quad z = \sum_{i \in R} \sum_{j \in S} c_{ij} x_{ij} \tag{2a}$$

subject to

$$\sum_j x_{ij} = \bar{q}_i, \quad \forall i \tag{2b}$$

$$\sum_i x_{ij} = \bar{q}_j, \quad \forall j \tag{2c}$$

$$x_{ij} \geq 0, \quad \forall i, j \in A \tag{2d}$$

(2) 運輸問題亦可建構如下最小成本流量模型：

$$\min \quad z = \sum_{(i,j)} c_{ij} x_{ij} \tag{3a}$$

subject to

$$\sum_j x_{ij} - \sum_i x_{ji} = b_i, \quad \forall i \tag{3b}$$

$$x_{ij} \geq 0, \quad \forall (i, j) \in A \tag{3c}$$

符號定義如下：

b_i：節點 i 的淨供給量

二、最大權重匹配問題之一般圖求解法

雷同於求解最大節線數匹配問題,最大權重匹配問題之求解觀念在於不斷的重覆的找尋加權擴張路徑(weighted augmenting path),而加權擴張路徑之定義與條件如下:

(1) 路徑中匹配節線與未匹配節線交互出現;

(2) 未匹配節線之權重和大於匹配節線之權重和;

(3) 若路徑的第一條節線為未匹配節線,則路徑起點必須為暴露節點;

(4) 若路徑的最後一條節線為未匹配節線,則路徑終點必須為暴露節點。

2. 最大權重匹配問題之求解演算法

茲介紹 Edmonds and Johnson(1970)的最大權重匹配求解演算法如下:

步驟 1:可以從權重較大的節線開始,重複選取兩個相鄰的暴露節點,將該節線列入匹配,直到沒有相鄰的暴露節點為止。

步驟 2:選擇一個暴露節點當作起點,尋找加權擴張路徑。若找到加權擴張路徑,到步驟 3;否則,到步驟 4。

步驟 3:將匹配節線與未匹配節線之角色互換。

步驟 4:檢查圖形中是否仍有暴露節點。若有,則回到步驟 2;否則,停止運算,求解的結果即為最大權重匹配。

3. 最大權重匹配問題之數例演算

圖 3-16 為一 13 個節點,18 條節線之路網。以 Edmonds and Johnson 演算法求解最大權重匹配之步驟如下:

第一回合:選擇列入匹配之節線集合{(1,2),(4,5),(6,7),(8,9),(10,13),(11,12)} ,參見圖 3-16(A)。

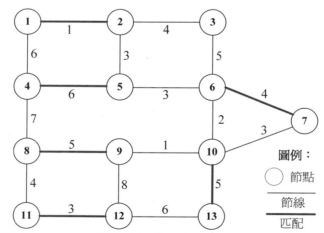

圖 3-16(A):13 個節點網路圖形之中間結果(第一回合)

第二回合：找到加權擴張路徑{1-2-3}，參見圖 3-16(B)。

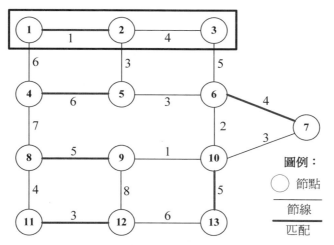

圖 3-16(B)：13 個節點網路圖形之中間結果(第二回合)

第三回合：將加權擴張路徑{1-2-3}之匹配節線與未匹配節線之腳色互換，參見圖 3-16(C)。

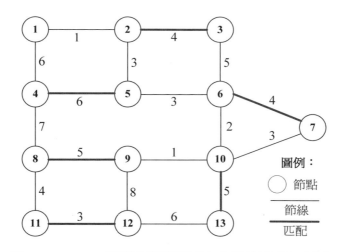

圖 3-16(C)：13 個節點網路圖形之中間結果(第三回合)

第四回合：找到加權擴張路徑{5-4-8-9-12-11}，參見圖 3-16(D)。

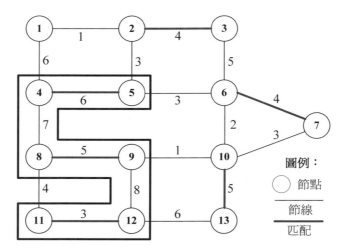

圖 3-16(D)：13 個節點網路圖形之中間結果(第四回合)

第五回合：將加權擴張路徑{5-4-8-9-12-11}之匹配節線與未匹配節線之腳色互換，參見圖 3-16(E)。

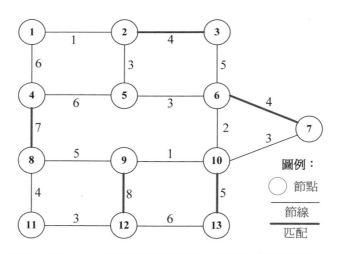

圖 3-16(E)：13 個節點網路圖形之中間結果(第五回合)

第六回合：找到加權擴張路徑{1-4-8-11}，參見圖 3-16(F)。

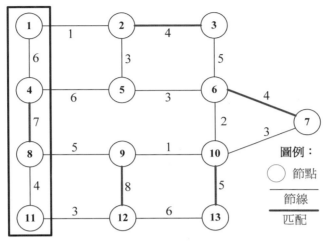

圖 3-16(F)：13 個節點網路圖形之中間結果(第六回合)

第七回合：將加權擴張路徑{1-4-8-11}之匹配節線與未匹配節線之腳色互換，見圖 3-16(G)。

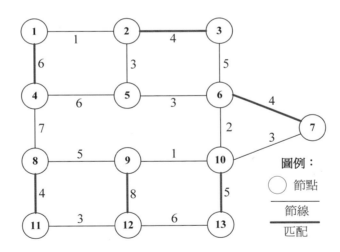

圖 3-16(G)：13 個節點網路圖形之最終結果(第七回合)

第八回合：圖形中未有加權擴張路徑，停止運算，求解的結果即為最大權重匹配。

第五節 最大權重涵蓋問題

涵蓋(covering)是指圖形內的任何一個節線集合，使得圖形內的每一個節點至少有一條節線與之鄰接的節線集合。以圖 3-1 為例，其可能的涵蓋有 {(1,2),(3,5),(4,5)}，{(1,2),(2,3),(5,4)}, {(1,2),(2,3),(5,4),(4,2)}。包含一個涵蓋的節線集合仍為一個涵蓋。

涵蓋的種類主要有四種：

1. 最小節線數涵蓋(minimum cardinality covering)
2. 最小權重涵蓋(minimum weight covering)
3. 最大節線數涵蓋(maximum cardinality covering)
4. 最大權重涵蓋(maximum weight covering)

一般說來，完美匹配(perfect matching)(或最大節線數匹配)一定是最小節線數涵蓋(Marcu, 1990)。因此，最小節線數涵蓋可以從最大節線數匹配中獲得，反之亦然。很顯然的，最大節線數涵蓋(maximum cardinality covering)就是圖形中所有節線所形成之集合，並不需要特別討論。而最大權重涵蓋亦必然包括所有正權重之節線，如果這個節線集合仍未形成涵蓋，則我們可以將其它節線之非負權重修正為負數權重，然後應用最小權重涵蓋演算法求解，最終結果就是最大權重涵蓋。由此可知，我們只要探討最小權重涵蓋(maximum weight covering)之演算法也就可以同時找出最大權重涵蓋了。

White(1967)提出兩階段的演算法求解最小權重涵蓋問題。第一階段先行產生一個匹配，然後在第二階段再將這個匹配轉變為一個最小權重涵蓋。

第六節 結論與建議

匹配與涵蓋問題是網路分析中之基本問題。前者常見於工作人員排班與運動賽程安排問題上，如果增加一些實務考量之額外限制式，例如連續時間排班之限制、主客場安排之限制，那麼這個問題之複雜度就會大幅提高，更具挑戰性了。而後者也有其本身之應用範疇，但如同第五節所討論的內容指出，涵蓋問題往往可以轉換成匹配問題求解，因此只要匹配問題能夠深入探討，涵蓋問題的求解就不致於成為太大的問題了。

問題研討

1. 名詞解釋：
   (1) 擴張路徑
   (2) 暴露節點
   (3) 交錯路徑

2. 試求解下圖之最大節線數匹配問題。

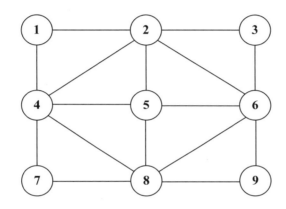

3. 試求解下圖之最大權重匹配問題。

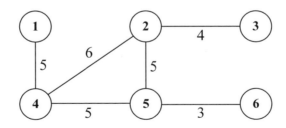

4. 試求解下圖之最小權重涵蓋問題。

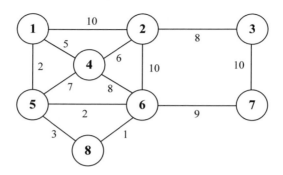

第四章

中國信差問題

中國信差問題(Chinese postman problem, CPP)係指在現有網路中，增加不需服務之節線，使得從起點出發通過擴充網路上每條節線一次，然後回到起點之總旅行成本爲最低之問題。值是之故，中國信差問題亦可視之爲節線擴充問題(arc augmenting problem, AAP)。節線擴充問題最早出現於中國數學期刊的信差問題上(Kwan, 1962；註：Kwan Mei-Ko之中文姓名爲管梅谷教授)，因此，自1970年以後，北美文獻將之通稱爲中國信差問題。

中國信差問題之最早起源，可追溯至十八世紀數學家歐拉(Euler)所提出之七橋理論(或俗稱之一筆劃問題)。歐拉曾於 1736 年訪問 Prussia 的 Könisberg 城，當地有一條名叫 Pregel 的河流穿越該城，而且河上建有七座橋連接各區(如圖 4-1)。歐拉發現當地的居民正從事一項同時繞行七座橋的有趣活動，規定每座橋只能經過一次，而且起點與終點必須相同。歐拉針對是項問題進行研究，並指出七橋問題是無法求出答案的。

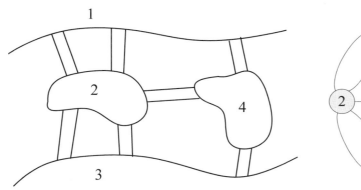 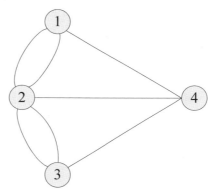

圖 4-1：Könisberg 城之 Pregel 河流七座橋　　　　圖 4-2：七橋問題之網路圖

若以節線代表橋樑，節點代表陸地，則上述七橋問題可以表示爲如圖 4-2 之網路問題。從網路圖中可以很容易看出，除了起點以外，若一個人由一座橋進入一塊陸地(即節點)時，也必需由接連此節點的另一座橋離開。如此一來，每一節點(包括起點在內)必需連接兩座橋(即節線)，才可能從起點離開最後仍然可以回到起始點。換句話說，與每一個陸地連接的橋樑數必須爲偶數，才可以不需重複而一次走完所有橋樑。由於七橋問題不具備上述條件，因此自然無法求出答案。雖然如此，藉由七橋問題的探討，歐拉也開創了數學(mathematics)裡的圖形理論(graph theory)之研究領域。

中國信差問題之應用對象非常廣泛，但大致上可以包括三大類：

1. 路段上一連串非連續之停靠站：垃圾收集清運、送信、校車巡迴、收費讀錶(meter reader)、送報；
2. 路段上連續性之工程服務：除雪、清掃街道、道路交通標線劃設；
3. 綜合以上兩者：緊急/巡邏車輛。

　　以上三種問題類型在數學模型之建構上與求解演算法之應用上並無不同。以下第一節說明中國信差問題的基本觀念與名詞，第二節介紹歐拉路徑/迴路問題，第三節詳細探討無向、有向與混合型中國信差問題，最後於第四節提出結論與建議。

第一節 基本觀念與名詞解釋

　　茲將中國信差問題之基本觀念與名詞解釋如下：

1. 歐拉圖形(Euler graph)：為 Euler 七橋問題的延伸，可細分為歐拉路徑(Euler path)與歐拉迴路(Euler circuit or Euler cycle)兩類。

2. 歐拉路徑：若一條路徑中，行經圖形中每一節線恰好一次。(註：起迄點未必相同)

3. 歐拉迴路：若一條路徑中，行經圖形中每一節線恰好一次，且繞行回到終點。(註：起迄點必須相同)

4. 非歐拉圖形(non-Eulerian graph)：不存在歐拉路徑或歐拉迴路之圖形。

5. 最佳的歐拉旅程(optimal Euler tour)：節線權重總和最小的歐拉旅程(Euler tour)，亦稱為中國信差問題。

6. 度數(degree)：在無向圖形中任一個節點的度數等於與該節點相連接之節線數。即與節點 x 相連的節線數稱為，記作 $\deg(x)$。例如，與節點 1 相連的節線數為 2，表示為 $\deg(1) = 2$。

7. 指入度數(in-degree)：有向圖形中指向某一個節點 i 的節線數，以符號 $\deg^+(i)$ 表示之。

8. 指出度數(out-degree)：有向圖形中從某一個節點 i 指出的節線數，以符號 $\deg^-(i)$ 表示之。

9. 節點極性(polarity)：有向圖形中某一個節點 i 之指入度數 $\deg^+(i)$ 減去指出度數 $\deg^-(i)$ 差值，以符號 P_i 表示之。

10. 零極性(zero polarity)節點：在有向型之圖形中，節點 i 之極性等於零，即 $P_i = 0$

11. 供給節點：若 $P_i > 0$，則節點 i 屬於供給節點集合 **S**，如圖 4-3(A)所示。

12. 需求節點：若 $P_j < 0$，則節點 j 屬於需求節點集合 **D**，如圖 4-3(B)所示。

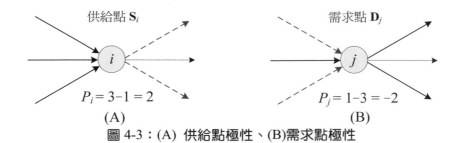

圖 4-3：(A) 供給點極性、(B)需求點極性

在求解中國信差問題時，首先要確定所給定之網路是否已經存在歐拉路徑或歐拉迴路，然後再據以決定是否有必要增加不需服務之節線，以便滿足中國信差問題之求解條件。以下按照網路之「無向」(undirected)或「有向」(directed)性質分別探討歐拉路徑與歐拉迴路存在之充分必要條件。

一、無向圖形

1. 存在歐拉圖形的充要條件：一個無向圖形具有連通性，並且沒有奇度數的節點，如圖 4-4 所示。

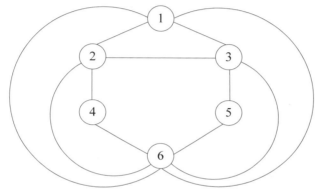

圖 4-4：歐拉圖形的充要條件(沒有奇度數節點)

2. 存在歐拉迴路的充要條件：一個無向圖形具有連通性，且每一節點皆為偶度數。

3. 存在歐拉路徑的兩個充要條件：

   (1) 一個無向圖形中所有節點的度數和等於偶數值，且該度數和等於圖形中所有節線數的兩倍，如圖 4-5 所示。

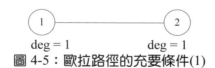

deg = 1   deg = 1

圖 4-5：歐拉路徑的充要條件(1)

(2) 一個無向圖形具有連通性，且具有兩個奇度數的節點，如圖 4-6 所示。

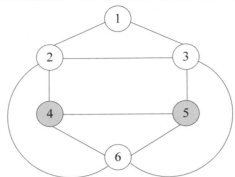

圖 4-6：歐拉路徑的充要條件(2)(有 2 個奇度數節點)

4. 非歐拉圖形(non-Eulerian graph)：不符合歐拉圖形的充要條件者，如圖 4-7 所示。

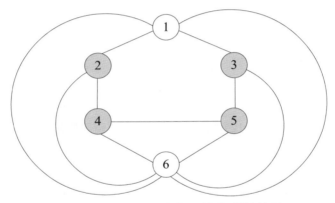

圖 4-7：非歐拉圖(具有 4 個奇度數節點)

二、有向圖形

在一個有向圖形中，存在歐拉迴路的充要條件為：若且唯若此圖具有連通性，且圖形中所有節點之指入度數等於指出度數(零極性)。

第二節 歐拉路徑/迴路問題

(一) 尋找歐拉路徑/迴路之指導原則

尋找歐拉路徑/迴路之指導原則(guidelines)如下：

1. 在尋找歐拉路徑時，最後一步必須保留一條節線給另外一個奇數節點(odd vertex)。在尋找歐拉迴路時，最後一步必須保留一條節線給出發節點(starting vertex)。

2. 除了最後一步之外，不要進入任一節點，除非該節點有連接另外一條節線可以離開。

(二)歐拉路徑/迴路之求解演算法

　　Fleury 演算法(Fleury's algorithm)為常見求解歐拉路徑/迴路之演算法，若輸入資料為不含奇度數節點之連通圖形 **G=(N,A)**，則透過 Fleury 演算法運算必能找到歐拉路徑/迴路之輸出結果。

　　Fleury 演算法之求解演算法步驟如下：

步驟 1：選擇出發節點(註：尋找歐拉路徑的出發節點必須為奇度數)。

步驟 2：依序選擇鄰接節線，並依照下列兩個條件考慮是否刪除該節線：

　　　　(1) 若刪除該節線後造成該節點與剩餘子圖形的其他節點不連通，則同時刪除該節點。

　　　　(2) 若刪除該節線後造成剩餘子圖形的不連通，即不可刪去橋(bridge)，如圖 4-8 所示。

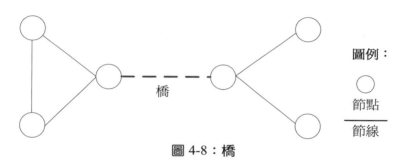

圖 4-8：橋

(三)歐拉路徑/迴路問題之數例演算

　　圖 4-9 為一個包含 9 個節點、13 條節線之無向的測試圖形。

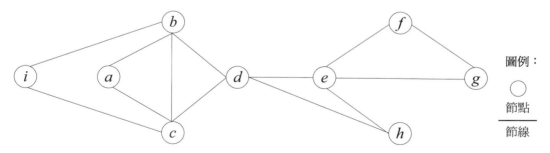

圖 4-9：Fleury 演算法 9 個節點之**原始網路圖**

應用 Fleury 演算法求解圖 4-9 之歐拉路徑/迴路的步驟如下：

第一回合：若從節點 i 開始，先去掉節線(i,b)，接着去掉節線(b,d)，參見圖 4-9(A)。

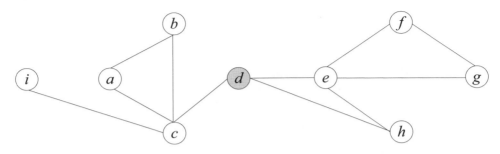

圖 4-9(A)：Fleury 演算法網路圖之中間結果(第一回合)

第二回合：此時節線(c,d)爲橋，因此不能再去掉節線(c,d)，但可以去掉節線(d,e)，接着去掉節線(e,f)、此時節線(f,g)爲橋，由於無其他選擇，只能去掉此節線，同時因爲 f 爲孤立點，也一併消除，參見圖 4-9(B)。

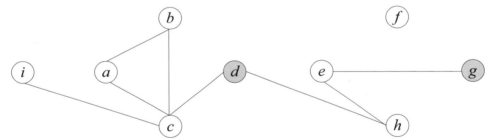

圖 4-9(B)：Fleury 演算法網路圖之中間結果(第二回合)

第三回合：接下來依序去掉節線(g,e)與節點 g、節線(e,h)與節點 e、節線(h,d)與節點 h、節線(d,c)與節點 d，參見圖 4-9(C)。

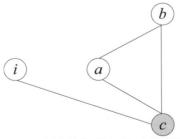

圖 4-9(C)：Fleury 演算法網路圖之中間結果(第三回合)

第四回合：此時節線(c,i)爲橋不能去掉，所以去掉節線(c,a)，再依序去掉節線(a,b)與節點 a、節線(b,c)與節點 b、節線(c,i)與節點 c。如果把去掉的節線依先後順序加以排列，賦予數字 1,2,...，則得一歐拉迴路，如圖 4-9(D)。

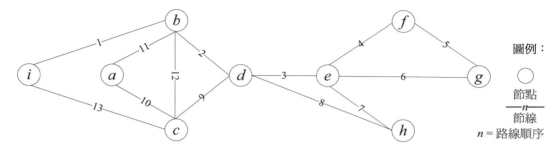

圖 4-9(D)：Fleury 演算法網路圖之最終結果(第四回合)

第三節 中國信差問題

中國信差問題可依照網路之性質，按照(1)無向型，(2)有向型，與(3)混合型三種類型分別探討如下：

一、無向型中國信差問題

(一) 無向型中國信差問題之數學模型

無向型中國信差問題(The Chinese postman problem for undirected graphs, UCPP)可建構如下之數學模型：

$$\min \quad z = \sum_{i \in N} \sum_{j \in N} \left(c_{ij} x_{ij} + c_{ji} x_{ji} \right) \tag{1a}$$

subject to

$$x_{ij} + x_{ji} \geq 1 \quad \forall i, j \in N \tag{1b}$$

$$\sum_{j \in N} x_{ij} - \sum_{j \in N} x_{ji} = 0 \quad \forall i \in N \tag{1c}$$

$$x_{ij} \geq 0 \text{ and integer} \quad \forall i \in N, j \in N \tag{1d}$$

符號定義如下：

x_{ij}：節線(i,j)被經過之次數 $\begin{cases} 1: \text{路段上有流量} \\ 0: \text{路段上無流量} \end{cases} \quad \forall i, j \in N$

c_{ij}：節線(i,j)之旅行成本

目標式(1a)為最小化路網總旅行成本。式(1b)表示無向節線至少被經過一次。式(1c)為節點流量守恆。式(1d)界定流量變數 x_{ij} 為非負之整數。

(二) 無向型中國信差問題之求解演算法

步驟 0：處理解決死巷(dead ends or pendant nodes)。

步驟 1：確認圖形 **G=(N,A)** 中具奇度數之 m 個節點。

步驟 2：針對 m 個奇度數節點之集合 **M**，找出|**M**|/2 個成對最短距離 c'_{ij}，然後求解最小成本匹配問題(minimum cost perfect matching problem)。

$$\min \quad z = \sum_{i \in M} \sum_{j \in M} c'_{ij} x_{ij} \tag{2a}$$

subject to

$$\sum_{j} x_{ij} = 1 \quad \forall i \in M \tag{2b}$$

$$x_{ij} \geq 0 \text{ and integer} \qquad \forall i \in M, j \in M \tag{2c}$$

步驟 3：將這些最短距離所經過之節線加入網路，形成一個偶度數圖形。

步驟 4：找出歐拉路線。

(三) 無向型中國信差問題之數例演算

圖 4-10 為一 7 個節點、9 條節線之無向網路測試圖。

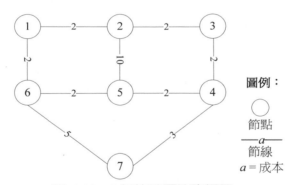

圖 4-10：7 個節點原始路網圖

　　求解無向型中國信差問題之步驟如下：

第一回合：處理解決死巷。

第二回合：確認圖形中奇度數、偶度數節點。

　　　　　偶度數節點：deg(1) = deg(3) = deg(7) = 2

　　　　　奇度數節點：deg(2) = deg(4) = deg(5) = deg(6) = 3

　　　　　決定連接奇度數節點之擴充節線，如圖 4-11 所示：

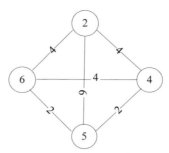

圖 4-11：擴充節線網路

其中 **M** = {2,4,5,6}，**E**'= {(2,4),(2,5),(2,6),(4,5),(4,6),(5,6)}。

旅行成本 c'_{ij}，如上圖中節線所示。

第三回合：求解最小成本匹配問題。

min $\quad z = 4y_{24} + 6y_{25} + 4y_{26} + 2y_{45} + 4y_{46} + 2y_{56}$

subject to

$$y_{24} + y_{25} + y_{26} = 1$$
$$y_{42} + y_{45} + y_{46} = 1$$
$$y_{52} + y_{55} + y_{56} = 1$$
$$y_{62} + y_{65} + y_{66} = 1$$
$$y_{ij} \in (0,1), (i,j) \in E'$$

解答：$y_{26} = y_{45} = 1$，其他 $y_{ij} = 0$。

第四回合：建構偶度數圖形。

節線(2,6)轉換爲原路網節線{(2,1),(1,6)}

節線(4,5)轉換爲原路網節線{(4,5)}

將以上節線加入原網路，得到偶度數圖形，參見圖 4-12：

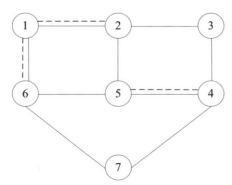

圖 4-12：偶度數圖形

第五回合：找出歐拉路線(可利用 Fleury 演算法)。

{1-6-7-4-5-2-3-4-5-6-1-2-1}

二、有向型中國信差問題

(一) 有向型中國信差問題之數學模型

有向型中國信差問題(The Chinese postman problem for directed graphs, DCPP)爲最小成本網路流問題的一種，可建構爲整數線性規劃模型(integer linear programming model)如下：

$$\min \quad z = \sum_{i \in N} \sum_{j \in N} c_{ij} x_{ij} \tag{3a}$$

subject to

$$\sum_{j \in N} x_{ij} - \sum_{j \in N} x_{ji} = -P_j \quad \forall i \in D \tag{3b}$$

$$\sum_{j \in N} x_{ij} - \sum_{j \in N} x_{ji} = P_j \quad \forall i \in S \tag{3c}$$

$$\sum_{j \in N} x_{ij} - \sum_{j \in N} x_{ji} = 0 \quad \forall i \in N \setminus S \cup D \tag{3d}$$

$$x_{ij} \geq 0 \text{ and integer} \quad \forall i \in N, j \in N \tag{3e}$$

其中 P_i 代表節點 i 之極性。目標式(3a)爲最小化路網總旅行成本。式(3b)定義需求點之極性。式(3c)定義供給點之極性。(3d)爲節點流量守恆。式(3e)界定流量變數 x_{ij} 爲非負之整數。

(二) 有向型中國信差問題之求解演算法

求解無向型中國信差問題之步驟如下：

步驟1：圖形 **G** 中找出所有極性不爲零之節點以及其極性。假如指入度數較多，即 $P_i > 0$，令節點 i 屬於供給點集合 **S**；假如指出度數較多，即 $P_j < 0$，令節點 j 屬於需求點集合 **D**。找出所有從供給點 $i \in S$ 到需求點節點 $j \in D$ 之最短路徑距離 c'_{ij}。

步驟2：求解下列「運輸問題」(transportation problem)。

$$\min \quad z = \sum_{i \in S} \sum_{j \in D} c'_{ij} x_{ij} \tag{4a}$$

subject to

$$\sum_{i \in S} x_{ij} = -P_j \quad \forall j \in D \tag{4b}$$

$$\sum_{j \in D} x_{ij} = P_i \quad \forall i \in S \tag{4c}$$

$$x_{ij} \geq 0 \text{ and integer} \quad \forall i \in S, j \in D \tag{4d}$$

步驟 3：對於每一個 $x_{ij} \geq 0$ ，加入一條從 $i \in S$ 到 $j \in D$ 的虛擬路徑(artificial path)到圖形 **G** 中形成新的圖形 **G'**。此時所有的節點之極性均為零，$P_i = 0$, $P_j = 0$, $\forall i \in S, j \in D$。

步驟 4：在新的圖形 **G'** 中找出歐拉路線，此旅程亦是圖形 **G** 中的 CPP 解答。

(三) 有向型中國信差問題之數例演算

　　圖 4-13 為一個包含 6 個節點、8 條節線之測試網路(有向網路圖)。求解有向型 CPP 之步驟可說明如下：

第一回合：利用節點度數搜尋供給節點與需求節點。

　　　　$\deg(1) = \deg(6) = 0$，$\deg(3) = \deg(5) = 1$ ，$\deg(4) = \deg(2) = -1$。 供給點為節點 3、5，需求點為節點 2、4，參見圖 4-13(A)。

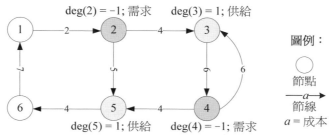

圖 4-13(A)：供給節點與需求節點路網示意圖

第二回合：求解下列「運輸問題」，如圖 4-14。

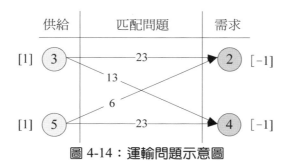

圖 4-14：運輸問題示意圖

　　$\min \quad z = 2x_{12} + 3x_{23} + 5x_{25} + 6x_{34} + 6x_{43} + 4x_{45} + 4x_{56} + 7x_{61}$

　　subject to

　　　　$x_{12} - x_{61} = 0$

　　　　$x_{12} - x_{23} - x_{25} = 1$

　　　　$x_{34} - x_{23} - x_{43} = 1$

　　　　$x_{34} - x_{43} - x_{45} = 1$

$$x_{56} - x_{25} - x_{45} = 1$$

$$x_{61} - x_{56} = 0$$

$$x_{ij} \geq 0 \quad \text{且為整數}$$

解答：$x_{12} = x_{34} = x_{61} = x_{56} = 1$，$x_{23} = x_{43} = x_{45} = x_{25} = 0$。

第三回合：加入虛擬路徑(5,6)、(6,1)、(1,2)與(3,4)，建構所有節點極性均為 0 之圖形 **G'**，如下圖 4-13(B)所示：

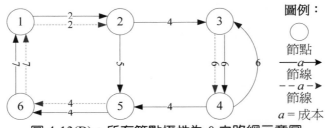

圖 4-13(B)：所有節點極性為 0 之路網示意圖

第四回合：在新的圖形 **G'** 中找出歐拉路線，即為 CPP 解答{4-5-6-1-2-5-6-1-2-3-4-3-4}。

三、混合型中國信差問題

(一) 混合型中國信差問題之數學模型：

混合型中國信差問題(The Chinese postman problem for mixed graphs)係指網路中同時包括無向節線與有向節線在內的中國信差問題，其數學模型可建構如下：

$$\min \quad z = \sum_{(i,j) \in A} x_{ij} + \sum_{(i,j) \in E} y_{ij} \tag{5a}$$

subject to

$$x_{ij} \geq 1 \quad \forall (i,j) \in A \tag{5b}$$

$$y_{ij} + y_{ji} \geq 1 \quad \forall (i,j) \in E \tag{5c}$$

$$\sum_{j:(i,j) \in A} x_{ij} + \sum_{j:(i,j) \in E} y_{ij} - \sum_{j:(j,i) \in A} x_{ji} - \sum_{j:(j,i) \in E} y_{ji} = 0 \quad \forall i \in N \tag{5d}$$

$$x_{ij} \geq 0 \text{ and integer} \quad \forall (i,j) \in A \tag{5e}$$

$$y_{ij} \geq 0 \text{ and integer} \quad \forall (i,j) \in E \tag{5f}$$

符號定義如下：

A：有向節線集合

E：無向節線集合

目標式(5a)為最小化路網總旅行成本。式(5b)要求有向節線至少被使用一次。式(5c)要求有向節線至少被使用一次。(5d)為節點流量守恆。式(5e)-(5f)界定流量變數 x_{ij}, y_{ij} 為非負之整數。

(二) 混合型中國信差問題之求解演算法(分三種情境討論)：

基本求解觀念：先求解有向中國信差問題再求解無向中國信差問題。茲分成三種情境討論如下：

情境 A：圖形 **G** 為偶度數，且所有的節點之極性為零，即 $P_i = 0, \forall i$。

演算法 A：

步驟1：產生有向節線之子旅程(subtours)。

步驟2：建立剩餘節線之子旅程。

步驟3：將所有的子旅程接合(splice)在一起。

情境 B：圖形 **G** 為偶度數，但有部份的節點之極性不為零，即 $P_i \neq 0, \exists i$。在這種情境下，不容易回答是否存在嚴格歐拉旅程。Evans and Minieka(1992)提出多步驟(multi-step)的有效演算法。

演算法 B：

步驟1：將 G 圖形中之無向節線暫時設定方向，形成新的圖形 $\mathbf{G}_d$。

步驟2：計算圖形 $\mathbf{G}_d$ 中每一節點 i 的極性 P_i。加入虛擬節線。

步驟3：求解最小成本流量問題(minimum cost flow problem)。採用某種決策法則(decision rule)，重新設定無向節線的方向(reorient)。

情境 C：圖形 **G** 非為偶度數，但有部份的節點之極性不為零，即 $P_i \neq 0, \exists i$。在這種情境下，並不存在最佳化求解演算法，但有些啟發式解法可用。

其基本之求解關念為依序使用無向性 CPP 與有向性 CPP 演算法。

演算法 C-1：

步驟1：解決處理 $P_i \neq 0$ 的極性問題：

(1)若可能，將無向節線暫時設定方向；

(2)若需要，加入虛擬有向節線。

步驟2：將奇度數節點與虛擬有向節線進行配對。

演算法 C-2：

步驟1：將每一條無向節線以兩條有向節線替代。

步驟2：求解有向節線網路(DCPP)中之節線擴充問題(AAP)，令所得到之節線集合為 $\mathbf{A}_d$。建立新的網路節線集合 $\mathbf{E'} = \left\{ (i,j) \mid (i,j) \in \mathbf{E} \text{ 且 } (i,j) \in \mathbf{A}_d \text{ 或 } (j,i) \in \mathbf{A}_d \right\}$。

步驟3：建立無向網路 **G(N,E\E')**。

步驟4：在無向網路 **G(N,E\E')** 中求解無向節線網路(UCPP)中之節線擴充問題，令所得到之節線集合為 $\mathbf{E}_{ud}$

步驟5：圖形 $\mathbf{G(N,\ A \cup A}_d \cup \mathbf{E \cup E}_{ud})$ 存在一歐拉旅程。

(三) 混合型中國信差問題之數例演算

　　圖 4-15 為包含 9 個節點、10 條無向節線、2 條無向節線之混合型網路圖，其節線成本標示於圖形節線上。

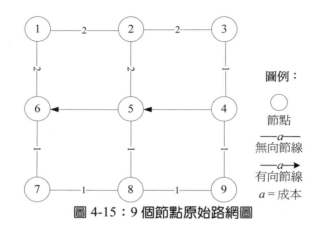

圖 4-15：9 個節點原始路網圖

　　求解中國信差問題測試數例圖 4-15 之演算步驟如下：

第一回合：將每一條無向節線以兩條有向節線替代，如圖 4-16 所示。

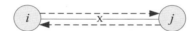

圖 4-16：無向節線替代有向節線示意圖

　　　　得到圖 4-15(A)新有向網路圖。

第二回合：求解有向節線網路中之節線擴充問題。

　　　　解答：$\mathbf{E}_{ud}$= {(6,7),(7,8),(8,9),(9,4)}，如圖 4-15(B)所示。

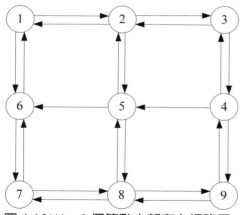

圖 4-15(A)：9 個節點之新有向網路圖

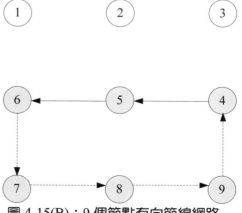

圖 4-15(B)：9 個節點有向節線網路中之節線擴充

第三回合：建立無向網路 **G(N, E\E')**，參見圖 4-15(C)。

第四回合：在無向網路 **G(N, E\E')**中求解無向節線網路中之節線擴充問題。

　　　　　解答 E_{ud} = {(2,3),(3,4),(6,7),(7,8)}，如圖 4-15(D)所示。

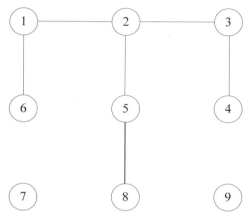

圖 4-15(C)：9 個節點新無向網路圖

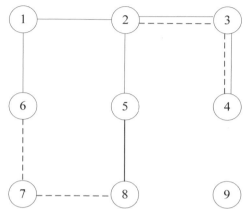

圖 4-15(D)：9 個節點無向節線網路
中之節線擴充

第五回合：圖形 **G(N, A∪A_d∪E∪E_{ud})**為一歐拉網路，即為 CPP 解答，參見圖 4-15(E)。

　　　　　{1-6-7-8-9-4-5-6-7-8-5-2-3-4-3-2-1}

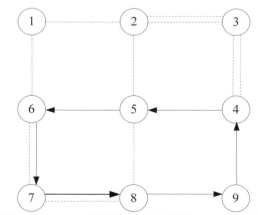

圖 4-15(E)：9 個節點之歐拉網路(CPP 結果)

四、多路線中國信差問題

　　多路線中國信差問題(The M-Chinese postman problem, M-CPP)，為m輛車服務m條路線的問題類型，可視為前述單一路線中國信差問題之延伸應用，求解演算法大致可分成兩類：

方法一：先路線後群組(route-first cluster-second)

　　1.　建構超大 CPP 旅程

2. 將超大 CPP 旅程分割為 m 個獨立之 CPP 旅程

方法二：先群組後路線 (cluster-first route-second)

1. 將所有節點指派到 m 個群組
2. 求解 m 個 CPP 問題
3. 群組間交換節線

第四節 結論與建議

在本章節主要介紹中國信差問題，包含Euler七橋問題及其圖形應用、歐拉路徑/迴路問題及Fleury演算法、有向/無向/混合之中國信差問題及其演算法等。

中國信差問題實務應用有三方面，路段上一連串非連續之停靠站、路段上連續性之服務以及包含以上兩者的類型。中國信差問題尚可延伸應用於其他更為複雜之節線排程問題(arc routing problem, ARP)，例如：

1. 節線排序問題(arc sequencing problem, ASP)：將擴充網路上之節線排定行走優先順序之問題，例如除雪工作。若增加現實世界之限制條件(realistic constraints)，如迴轉 (U-turn) 最少或左轉(left turn) 最少之要求，則 ASP 問題將會變得很難求解。
2. 節線劃分問題(arc partitioning problem, APP)：將原始網路劃分數個可作業之子網路區域，例如將郵件區域分隔成 10 至 15 個作業區域，分別由 10 至 15 個郵差每日送信。
3. 服務限制或資源限制：例如車輛容量、時窗限制等。

中國信差問題在實務上有其應用價值，但中國信差問題在實務上遭遇之問題較難考慮下列之限制：

1. 轉向限制：禁止左轉、禁止迴轉；
2. 優先節線：例如除雪工作等。

因此，中國信差問題在求解演算法之發展上並不如下一章之車輛途程問題那麼蓬勃、快速。我們將會在第六章介紹車輛途程問題。

問題研討

1. 名詞解釋：

   (1) 七橋理論(或俗稱之一筆劃問題)

   (2) 歐拉圖形(Euler graph)

   (3) 節點極性

2. 存在歐拉迴路的充要條件為何？

3. 試求解下列無向網路之 CPP 問題。

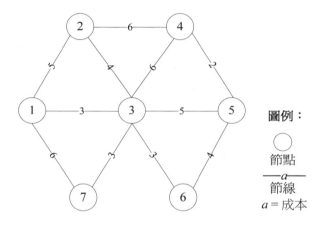

圖例：

○ 節點

——a—— 節線

a = 成本

4. 試求解下列有向網路之 CPP 問題。

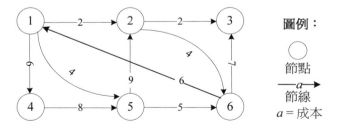

圖例：

○ 節點

——a→ 節線

a = 成本

5.　試找出下列混合型網路之 CPP 問題。

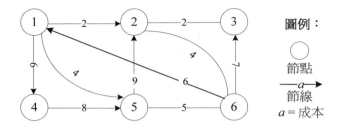

第五章

旅行銷售員問題

　　旅行銷售員問題(traveling salesman problem, TSP)屬於古老的「組合數學問題」，係指一位四處旅行的推銷員，想找出一條通過所有 n 個城鎮(節點)並回到原出發點的總旅行時間(或距離)最短之路線，參見圖 5-1。TSP 與第四章所探討之中國信差問題最大不同在於前者屬於「節點途程問題」(node routing problem)，而後者則屬於「節線途程問題」(arc routing problem)，兩者皆為網路分析中重要的研究課題。

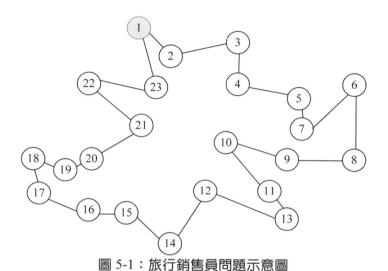

圖 5-1：旅行銷售員問題示意圖

　　TSP 之起源最早可追溯至十九世紀愛爾蘭數學家漢米爾頓(William Hamilton)所提出之漢米爾頓迴路問題(Hamiltonian circuit problem)。漢米爾頓曾於西元 1859 年設計了一種木製的蜂巢形(dodecahedron)遊戲賣給玩具公司，如圖 5-2 所示，圖中漢米爾頓蜂巢(The Hamiltonian Dodecahedron)共有 20 個節點，分別代表 20 個不同城市，遊戲的目的是想找出一個路徑，能夠通過每一個城市且只能通過一次。

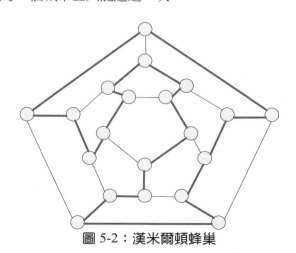

圖 5-2：漢米爾頓蜂巢

　　TSP為節點途程問題中最為基本的問題，並未處理在實務上常見之額外限制式，例如，車輛容量限制、需求時窗限制、駕駛人工作時間限制等。由於假設過於簡化，因此適用之範圍受到相當之限制，可行的實際應用包括：

(1) 維修員檢修路口號誌；
(2) 戶政人員遞送兵役單；
(3) 旅行銷售員巡迴各定點銷售產品等。

　　以下第一節解釋旅行銷售員有關之基本觀念與名詞；第二節介紹漢米爾頓路徑/迴路問題，第三節探討旅行銷售員、延伸性旅行銷售員問題與標竿題庫等內容，最後第四節提出簡單的結論與建議。

第一節　基本觀念與名詞解釋

　　茲將旅行銷售員有關之基本觀念與名詞解釋如下：

1. 漢米爾頓路徑(Hamiltonian path)：給定一個圖形 **G=(N,A)**，通過途中的每一節點(intermediate node)且只通過一次(exactly once)的路徑稱為漢米爾頓路徑。如圖 5-3 所示。

2. 漢米爾頓迴路(Hamiltonian circuit)定義：給定一個圖形 **G=(N,A)**，通過途中的每一節點且只通過一次，然後必須再回到起始節點所形成的迴路，稱為漢米爾頓迴路。如圖 5-4 所示。

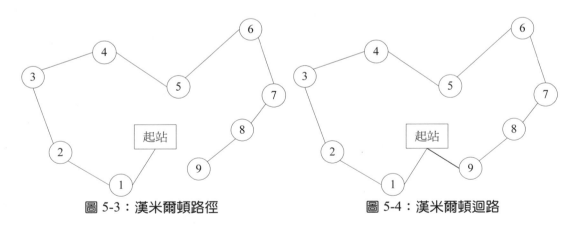

圖 5-3：漢米爾頓路徑　　　　　　　　圖 5-4：漢米爾頓迴路

3. 最佳漢米爾頓迴路(optimal Hamiltonian circuit)：節線權重總和最小的漢米爾頓迴路，亦稱之為旅行銷售員的最佳解。

4. 完全圖(complete graph)：一個具有 n 個點而且任兩點都彼此相連的圖形；存在漢米爾頓迴路。

5. 連鎖圖(chain graph)：所有節點度數皆等於 2 的圖形；存在漢米爾頓迴路。

6. 競賽圖(tournament graph)：先藉由指派(assign)方向至無向完全圖中的每一條節線上，然後在該有向圖 **G=(N,A)** 中，若每一對節點(i,j)有而且只有一條節線相連，即($i{\rightarrow}j$)或($j{\rightarrow}i$)，則該圖稱之為競賽圖。每一競賽圖一定存在一條漢米爾頓路徑。

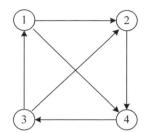

圖 5-5：4 個節點之競賽圖

7. P 問題：能夠以多項式時間(polynomial time, P)求解的問題，因為演算法中每一個步驟的運算都需要被唯一定義，因此產生的結果也是唯一的。P 問題包括 log_2n, n, $nlog_2n$, n^2 幾種型式，其中 n 代表網路之節點數，至於 2^n, $n!$ 之問題型式則屬於指數時間(exponential time)求解的問題。

8. NP 問題：可以用非決定性多項式(non-deterministic polynomial, NP)演算法解決問題。一個 NP 問題經由多項式演算法轉化之後所成的問題，由於還沒有找到多項式時間的解，也不確定有沒有多項式時間的解，但是一旦提供一個解，這個解可以在多項式時間被驗證的問題。

9. NP-hard 問題：沒有多項式時間的解，但不確定是不是能在多項式時間被驗證的問題。

10. NP-complete 問題：確定沒有多項式時間的解，但是可以在多項式時間被驗證的問題。一個 NP 問題經由多項式演算法轉化之後，仍為 NP 問題。 換句話說，所謂的 NP-complete 問題，就是既為 NP-hard，亦為 NP 的問題。也就是說，若只經由 P 問題演算法來簡化(reduce)，不論如何都在 NP 的範圍內。檢查圖形中是否存在一個漢米爾頓路徑、漢米爾頓路徑迴路或旅行銷售員問題，屬於 NP-complete 問題。

第二節 漢米爾頓路徑/迴路問題

一、漢米爾頓迴路的存在性

在求解 TSP 時，首先要確定所給定之網路是否已經存在漢米爾頓路徑或漢米爾頓迴路，以便滿足求解 TSP 之先決條件。

任一圖形 **G=(N,A)** 中存在漢米爾頓迴路之必要條件為：

1. 圖形 **G=(N,A)** 中沒有度數為 1 的節點。

2. 假若節點之度數為 2，則與此節點連接的兩條節線必然包含在任一漢米爾頓迴路中。

一般說來，若圖形 **G=(N,A)** 中具有一個漢米爾頓迴路的子圖形(subgraph)**H**，則子圖形 **H** 必定滿足下列四個條件：

(1) **H** 包含圖形 **G** 的所有節點。

(2) **H** 為連通圖。

(3) **H** 中的節點數與節線數相同。

(4) **H** 中每一個節點的度數皆為 2。

此外，由上述漢米爾頓迴路之存在條件可知，每一個漢米爾頓迴路中，其內部不可能存在一個更小的迴路。

二、漢米爾頓迴路與歐拉迴路之比較

TSP 係求解最佳之漢米爾頓迴路，屬於節點涵蓋(node covering)問題；而中國信差問題係求解最佳之歐拉迴路，屬於節線涵蓋(arc covering)問題。漢米爾頓迴路與歐拉迴路兩者的性質不同，其差異比較整理如表 5-1：

表 5-1：漢米爾頓迴路與歐拉迴路比較表

漢米爾頓迴路	歐拉迴路
所有節點皆被訪問一次	節點可被重複訪問
不允許節線被重複訪問，因為如此將會造成節點被訪問的次數大於一次	每條節線皆被訪問一次
沒有任何一個節點可以被省略	沒有任何一個節點可以被省略(若省略，則與該節點相連的兩條節線之一將無法通過)
若某節線的兩端節點都可經由其它的路徑到達，則該節線有可能被省略。	沒有任何一條節線可以被省略

三、漢米爾頓迴路之求解演算法

理論上，最佳的漢米爾頓迴路可以經由窮舉所有的漢米爾頓迴路中比較而得，但是當網路規模龐大時，窮舉所有漢米爾頓迴路的策略並不可行，因為運算時間會呈現指數的速度而增加，因此，必須開發啟發解法，例如最省節線法(cheapest link algorithm, CLA)，最近鄰近法(nearest neighbor algorithm, NNA)等，來求算此類問題的近似解。這些啟發解法亦常用於求取 TSP 的初始解，將於下節中一併說明。

第三節　旅行銷售員問題

針對 TSP 之數學模型、求解演算法、數例演算分別加以探討如下。

一、旅行銷售員問題之數學模型

旅行銷售員問題可建構為如下之數學模型：

$$\min \quad z = \sum_{i=1}^{n}\sum_{j=1}^{n} c_{ij}x_{ij} \tag{1a}$$

subject to

$$\sum_{i=1}^{n} x_{ij} = 1 \qquad j = 1,2,\cdots,n \tag{1b}$$

$$\sum_{j=1}^{n} x_{ij} = 1 \qquad i = 1,2,\cdots,n \tag{1c}$$

$$x_{ij} = \{0,1\} \qquad i,j = 1,2,\cdots,n \tag{1d}$$

$$X = \left(x_{ij}\right) \in S \tag{1e}$$

符號定義如下：

c_{ij}：節點i至節點j之成本。

x_{ij}：二元變數，當路徑由節點i連接至節點j，則為1；否則，為0。

目標式(1a)為使總時間成本最小化。式(1b)、(1c)為流量守恆限制式，代表進入節點與離開節點之節線數必等於一。式(1d)為定義限制式，若連接節點i至節點j的節線被使用到，則變數x_{ij}為1。式(1e)中的S則為避免產生子迴路的限制式。

TSP需符合漢米爾頓迴路的特性，也就是在網路中任兩點都彼此相連的圖形，以及所有節點被訪問一次，因此在TSP中不可存在子迴路。子迴路消去限制式(subtour elimination constraint)之種類有以下三種：

$$S = \left\{ \left(x_{ij}\right): \sum_{i \in Q}\sum_{i \notin Q} x_{ij} \geq 1, \text{由}\mathbf{N}\text{之部份或全部元素所形成之非空子集合}\mathbf{Q} \right\} \tag{2a}$$

意指在TSP問題的解集合$\mathbf{X}$中，每個節點子集合$\mathbf{Q}$內至少要有一個節點與$\mathbf{Q}$子集合外$\mathbf{Q'}$的任何一節點相連接(join subtours)，以避免產生迴路。

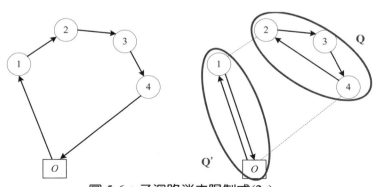

圖 5-6：子迴路消去限制式(2a)

$$S = \left\{ \begin{array}{l} (x_{ij}) : \displaystyle\sum_{i \in R}\sum_{j \in R} x_{ij} < |\mathbf{R}|, \\ \mathbf{R}係由非場站節點集合中\{1,2,3,\cdots,n\}之全部或部份元素所形成之非空子集合 \end{array} \right\} \tag{2b}$$

其中，$|\mathbf{R}|$為集合$\mathbf{R}$的節點個數，$\mathbf{R}$為解集合$\mathbf{X}$之子集合。由於$\mathbf{R}$中所有節點若要形成一個迴路，需要有$|\mathbf{R}|$條節線，因此該限制式$\mathbf{R}$中的節線各數不得超過$|\mathbf{R}|$-1條，以避免子迴路的產生。

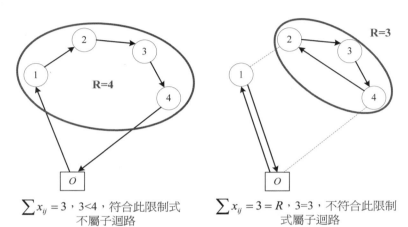

$\sum x_{ij} = 3$，3<4，符合此限制式 不屬子迴路　　$\sum x_{ij} = 3 = R$，3=3，不符合此限制式屬子迴路

圖 5-7：子迴路消去限制式(2b)

$$S = \left\{ \begin{array}{l} (x_{ij}) : y_i - y_j + N \cdot x_{ij} \leq N - 1, \\ \text{for } 1 \leq i \neq j \leq N, \ y_i 與 y_j 皆為實數, \ N為正整數 \end{array} \right\} \tag{2c}$$

y_i 表示順序的概念，即若 $y_i = l$ ，表示節點 i 在該路線上的第 l 個順序位置上。

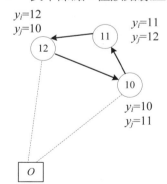

圖 5-8：子迴路消去限制式(2c)

若不考慮避免產生子迴路限制式，則 TSP 數學模型就變成了「指派問題」(assignment problem, AP)。

二、旅行銷售員問題之求解演算法

若將一個 n 個節點的網路所可能產生的路線空間定義為 $\Omega = \{\omega\}$，其中路徑 ω 的距離長度為 $L(\omega)$，則在路線空間 Ω 中路線距離最小的即為 TSP 的最佳解 L_{opt}。由於其可能產生的路線有 $n!$ 之多，(即使就某一特定起點而言，所需比較之路線亦達 $(n-1)!$ 條之多)，對於大型網路而言，非常不易窮舉求解。

TSP 求解演算法，包含正確解法(exact solution algorithm)以及近似解法(heuristics)兩大類，分別介紹如下。

(一) 正確解法

正確解法常用的有以下幾種。

1. 窮舉法

窮舉法(enumerative approach)，是列舉比較所有可行解而找出其中的最佳解的方法，求解演算效率低。

2. 分枝界限法

分枝界限法(branch and bound)其原理乃是利用逐漸縮小「上限」(upper bound)與「下限」(lower bound)間之差距來搜尋最佳解(Land and Doig, 1960)。「上限」通常以暫時搜尋到可行解中最好的一個來代表；「下限」則以鬆弛的不可行解為代表，如最小伸展樹或指派問題之最佳解，或線性/拉氏鬆弛之最佳解。Fisher(1994)指出，此法可求解 100 個節點數以下的網路，若超過此規模大小之網路便無效率。

(1) 分枝界限法的基本概念

分枝界限法的基本概念是分割與征服(divide and conquer)以及解決(fathoming)；即將一個大問題分割成小型的子問題，直到可以征服為止。解決則是找出該子集合可能最好解的界限，若其界限指明該子集合不可能包括原問題之最佳解，則捨棄該子集合。

分枝界限法必須先找出目前的最好解，再根據分枝法則選擇下一個節點(node selection)，並將此節點的下一階層分成數個新節點(branching)。經過定限步驟計算新節點的下界(lower bound)、定限(bounding)以及解決(fathoming)，重複直到所有節點的作業完成為止。

(2) 分枝界限法之演算步驟

分枝界限法分為「縮減過程」(reduction step for branch and bound)求取縮減成本矩陣，以及「搜尋樹」(start B&B search tree)兩部分運算，其步驟如下：

步驟 1：列縮減(row reduction, Rr)。每一列(row)的所有元素值分別減掉該列最小之元素值(smallest row entry)。

步驟 2：行縮減(column reduction, Cr)。每一行(column)的所有元素值分別減掉該行最小之元素值(smallest column entry)。

步驟 3：找尋造成最大下限變動(largest ΔLB)的零元素(zero element)，亦即將該零元素值從從 0 重設為∞時，會尋造成最大的下限變動量，即該零元素具有下列條件：
(a) 該元素是該行或該欄唯一的零值
(b) 在該行或該欄具有最大的引入值

3. 切割平面法

切割平面法或稱切面法(cutting plane algorithm)是指一種包含多角切割平面(polyhedral cutting plane)的最佳化方法(Gomory, 1954)，常用於求解整數線性規劃問題(integer linear program)以及一般化二次最佳化問題(general convex optimization)之整數解。

切割平面法先求解非整數線性規劃問題，如果最佳解也是整數解，則停止運算；否則，加入所新的限制式或切面(由超平面(hyperplane)構成)，重新求解。在切除的區域中，不得包含所有可能的整數可行解，由於演算的過程中，可使可行解區域不斷的被切割、縮小，最後找出最佳解。

4. 分枝切割法

分枝切割法(branch and cut)為結合「切割平面法」與「分枝界限法」之改良演算法。其求解步驟如下：

步驟 1：利用單形法(simplex algorithm)求解線性規劃問題。假如最佳解亦是整數解，停止；
　　　　否則，繼續。

步驟 2：引用切割平面法求解，直到找出整數解或找不到切割平面為止。

步驟 3：引用分枝界限法求解，引進新的變數，分割成兩個線性規劃問題，然後回到步驟 1。

5. 動態規劃

動態規劃(dynamic programming)最主要的特色是將問題分解成數個相連階段(stages)，每階段有多種可能的狀態(states)，再於每個階段上進行決策上的最佳化。每個階段最佳化的過程中，無論一開始的狀況和決策為何，往後的最佳策略都只取決於一開始決策所形成的當時狀態。換言之，後續決策是以前一決策所形成的狀態為起始狀態，再產生該階段最佳解。

6. 變數產生法

變數產生法(column generation method)其求解概念是將原來的大規模主問題劃分為受限制主問題與子問題兩部份，然後運用線性規劃中的對偶理論來將受限主問題與子問題緊密的串連起來。

其運作方式先透過人工方式或啟發式解法求得一組變數集合，放入受限制主問題並確保此一受限制主問題存在一個基本可行解，然後放鬆受限制主問題並求解得到一組對應每個限制式的對偶變數向量，接著將此組對偶變數向量放入子問題中，使子問題能運用對偶理論來產生對目前受限制主問題目標值有貢獻的新變數並加入受限制主問題中，藉由受限制主問題與子問題之互動，逐步改善受限制主問題的 LP 最佳解，直到無法再改善為止，最後所得之解即為放鬆後受限制主問題之最佳解，若不為整數解，則需再採用分枝定限法以獲得目前受限制主問題的整數解，此演算法的求解效率佳而且可避免因問題規模過大而無法有效求解。

7. 其它方法

有不等式截面法(facet-defining inequalities)、班德氏分解法(Benders' decomposition)、以及分枝定價法(branch and price)。

(二) **近似解法**

近似解法分為兩階段求解法(two stage solution algorithm)與綜合解法(composite solution algorithm)兩大類。

1. 兩階段求解法

兩階段求解法的概念是先找尋一個可行初始解，其滿足所有限制式條件，但不滿足目標式之最佳化條件，故須在第二階段進行初始解的改善。因此兩階段解法的第一階段為初始路線建構(tour construction)，而在第二階段則進行路線改善(tour improvement)的工作，以下分別介紹兩階段之相關演算法。

(1) 第一階段路線構建法

構建可行初始路線的方法很多，以下僅介紹其中六種，即最近鄰接點法(nearest neighbor algorithm, NNA)、最省節線法(cheapest link algorithm, CLA)、來回法(twice around method)、Christofides 近似解法、最遠/最近插入法(farthest/nearest insertion method)、節省法(savings method)。

(a) 最近鄰接點法

最近鄰接點法為貪婪法(greedy algorithm)的一種，最近鄰接點法的原理是任選一個起始點，將距離起始點最近的節點相連接，接著再找出與前一次剛加入的節點距離最近的節點再與該點相連，然後反覆進行此步驟，直到所有節點皆已完成加入，最後再將路線的第一節點與最後節點相接形成一個封閉的網路。

最近鄰接點法的求解步驟可描述如下：

步驟1：選定路徑的起始點。

步驟2：挑選距離當前路徑最後一點最近且未曾訪問過的節點，加入當前路徑之中(若權重相同可隨機選擇)。

步驟3：持續選取節點，直到其他所有節點皆訪問完畢。

步驟4：最後回到起始點。

(b) 最省節線法

最省節線法的概念亦類似貪婪法，不斷挑選權重最小的節線加入現有的子圖形當中(若權重相同可任意選擇)，在挑選節線時必須注意：

(i) 加入新節線時不可產生迴路；

(ii) 加入新節線時不可發生單一節點度數大於 2 的情形。

最省節線法利用距離成本矩陣運算之求解步驟可描述如下：

步驟 1：在成本矩陣中搜尋最小成本節線，然後將該節線加入 TSP 之路線。

步驟 2：若選定之最小成本節線位於矩陣之(i,j)位置，則將 i 列及 j 欄其他所有元素值，以及(j,i)的元素值以∞取代。或直接刪除。

步驟 3：在剩餘之成本矩陣中，搜尋最小成本節線，然後將該節線暫時的加入此 TSP 之路線中。如果形成可行解，選定該節線，然後到步驟 5。不可行解可能包括形成子路線、或節線方向衝突、以及無法回到起始點等。

步驟 4：假如步驟 3 找到的是不可行路線，則將最後一條節線從建構路線中移除，並將對應於該節線成本之矩陣元素值設定為∞，或直接刪除，然後到步驟 3。

步驟 5：檢查 TSP 路線是否已建構完成？若是，已經找到近似最佳解；否則，回到步驟 2。

(c) 來回法

來回法是以最小伸展樹為基礎來找尋可行起始解，其求解步驟如下：

步驟 1：步驟 1. 在圖形 **G=(N,A)**中，找尋建構最小伸展樹。

步驟 2：從一個特定或任意之起始點開始，沿著伸展樹前進，一直到達某一個終點為止；在回程之途中，找尋另一個終點。重覆執行，直到所有的節點至少被訪問一次，而且每一條節線至少被訪問兩次為止。

步驟 3：根據步驟 2 的移動順序，重新訪問每一個節點，但這一次，從終點 i 到下一個終點 k 僅能選取其最短路徑，而這條最短路徑通常不會由經過中間節點 j 之節線(i,j)與(j,k)所形成。這個道理可以從三角不等式 $c_{ij} + c_{jk} \geq c_{ik}$ 推論出來。

步驟 4：重覆執行步驟 3，一直到 TSP 路線回到起始點為止。

(d) Christofides 近似解法

TSP 之 Christofides 近似解法(Christofides, 1976)，亦是以最小伸展樹為基礎來找尋可行起始解，其求解步驟如下：

步驟 1：求解最小伸展樹，**T**。

步驟 2：對最小伸展樹 T 之奇度數節點，找出最小成本配對 **M**。

步驟 3：T∪M 即為近似解。

步驟 4：若有需要(optional)，亦可針對被訪問兩次之節點進行改善。

(e) 最遠/最近插入法

最遠/最近插入法是先連接某些種子成為子路線，再根據某種法則將剩餘未服務點逐一插入路線當中。其中最遠插入法為以距離子路線最遙遠的需求點作為下一個插入點，再以最小插入成本來決定插入的位置，重複進行選取與插入的步驟，直到所有需求點服務完畢；而最近插入法則以距離子路線最接近的需求點作為下一個插入點，再以最小插入成本來決定插入的位置，重複進行選取與插入的步驟，直到所有需求點服務完畢。

(f) 節省法

　　節省法(clark and wright, 1964)包含連結、併入與合併三種運算在內。假設 n 個需求點由 n 條路線所服務，而後計算路線間合併節省值，將節省值以遞減排序而一次修正路線，直到沒有大於零的節省值為止。節省值之計算公式為 $S_{ij} = d_{io} + d_{oj} - d_{ij}$，參見圖 5-9。

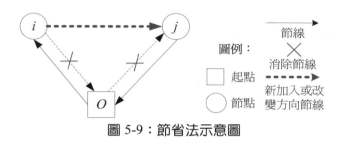

圖 5-9：節省法示意圖

(2) 第二階段路線改善

　　第二階段改善可行起始解的方法大致可歸納為兩大類，即區域搜尋法(local search)與巨集式啟發式解法(meta heuristics)，其中巨集式啟發式解法會在第七章、第八章探討，本章僅介紹區域搜尋法之各種演算法。

　　區域搜尋法主要係以節線交換(link exchange)或節點交換(node exchange)的方式來改善路線成本。

a. 節線交換

　　利用路線內的節線進行交換，節線交換的方法會造成路線方向性的改變，本小節介紹 *K*-opt 節線交換法以及 LK 節線交換法。

(a) *K*-opt 節線交換法

　　K-opt 節線交換法(Lin, 1965)：*K* 表示每次交換的節線數目，最常採用的 *K*-opt 節線交換法為：

(i)　　兩條節線交換的 2-opt 法，參見圖 5-10，原本的(1,2)和(3,4)由(1,3)和(2,4)所取代，交換的結果造成了路線內某些節線的方向改變。

(ii)　　交換三條節線的 3-opt 法，參見圖 5-11(A)、(B)、(C)、(D)，交換的三條節線分別是(2,3)、(4,5)以及(6,1)，從圖中看出，三條節線的交換會有四種不同的組合。

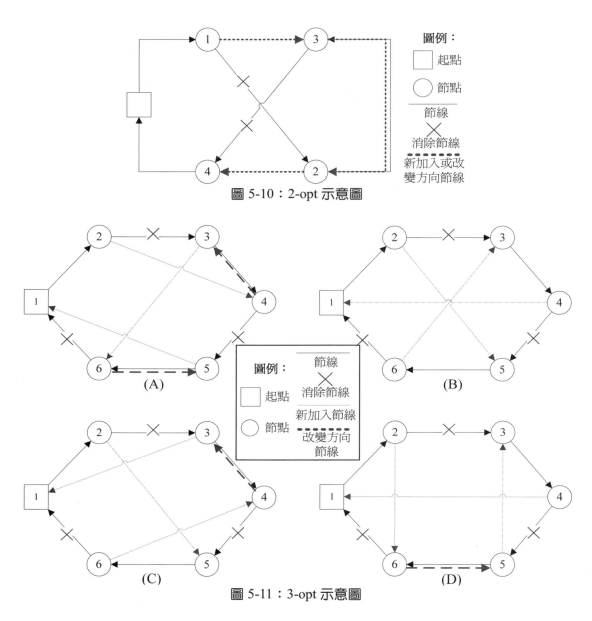

圖 5-10：2-opt 示意圖

圖 5-11：3-opt 示意圖

若干經驗顯示 K-opt 法之參數設定效果如下：

(i)　　若 $K = 2$，則精度不足(除非問題規模小且起始解的品質佳)；

(ii)　　若 $K \geq 4$，則每次交換運算的成本太高；

(iii)　　若 $K = 3$，則通常爲最佳的選擇。

(b) LK 節線交換法

LK 節線交換法(Lin & Kernighan, 1973)的特色爲每次所交換的節線數並非固定，爲一種變動深度的節線交換法，故產生交換解的機制就更爲複雜。此方法的主要概念在於利用實際計算的經驗進行更有彈性的交換，例如，當 2-opt 法無法改善解的品質時，則會採用交換三條節線的 3-opt 法，如圖 5-12 所示。

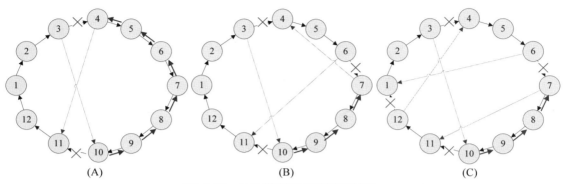

圖 5-12：LK 節線交換法示意圖

b. 節點交換

節點交換法是利用路線內的節點進行交換，並且能維持路線的方向性。

(a) Or-opt 節點交換法

Or-opt 是利用路線內的節點進行交換，將路線中任意 P 個節點自路線中抽出，再插入路線中的其他兩相鄰節點之間以改善成本，並且能維持路線的方向性。

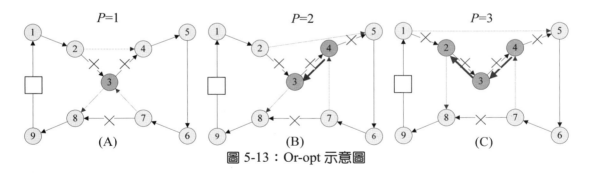

圖 5-13：Or-opt 示意圖

2. 綜合解法

綜合解法是將「路線建構」與「路線改善」合併舉行，或一面建構路線一面改善路線。

三、旅行銷售員問題之數例演算

TSP 數例演算，包含正確解法(exact solution algorithm)以及近似解法(heuristics)兩類，分別介紹如下。

(一) 正確解法之數例演算

1. 分枝界限法

圖 5-14 為一個包含 6 個節點、30 條節線的之測試路網，其距離矩陣整理如表 5-2 所示。

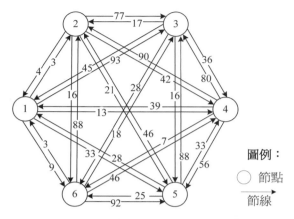

圖 5-14：6 個節點、30 條節線的之網路圖

表 5-2：6 個節點 30 條節線之距離矩陣

節點	1	2	3	4	5	6
1	--	3	93	13	33	9
2	4	--	77	42	21	16
3	45	17	--	36	16	28
4	39	90	80	--	56	7
5	28	46	88	33	--	25
6	3	88	18	46	92	--

茲將分枝界限法求解 TSP 最佳路徑的步驟說明如下：

第一回合：依照原距離矩陣執行列縮減，參見表 5-2(A)。

第二回合：執行行縮減，參見表 5-2(B)。

表 5-2(A)：列縮減之距離矩陣(第一回合)

節點	1	2	3	4	5	6	列扣除值
1	--	0	90	10	30	6	3
2	0	--	73	38	17	12	4
3	29	1	--	20	0	12	16
4	32	83	73	--	49	0	7
5	3	21	63	8	--	0	25
6	0	85	15	43	89	--	3

表 5-2(B)：行縮減之距離矩陣(第二回合)

節點	1	2	3	4	5	6
1	--	0	75	2	30	6
2	0	--	58	30	17	12
3	29	1	--	12	0	12
4	32	83	58	--	49	0
5	3	21	48	0	--	0
6	0	85	0	35	89	--
欄扣除值	0	0	15	8	0	0

在縮減成本矩陣中每一列及每一行均至少有一個零元素。追蹤這些 $c_{ij} = 0$ 的節線將會

產生最小可能之路徑長度(minimum possible tour length)。這條路徑不見得可行，但可做為 TSP 最佳解之下限 (lower bound, LB)。表 5-2(B) 中元素值為零之行列位置有：$(1,2),(2,1),(3,5),(4,6),(5,6),(6,1),(6,3)$，其對應之下限值計算如下：

$$\sum_i Rr(i) + \sum_j Cr(j) = (3+4+16+7+25+3) + (15+8) = 58 + 23 = 81 \qquad \therefore LB = 81$$

至於 TSP 最佳解之上限(upper bound, UB) 值，可從任一可行解中計算而得，例如：

$$c_{12} + c_{23} + c_{34} + c_{45} + c_{56} + c_{61} = 3 + 77 + 36 + 56 + 25 + 3 = 200 \qquad \therefore UB = 200$$

第三回合：開始執行分枝界限法的搜尋樹。

找尋造成最大下限變動的零元素，將該零元素值從 0 設定為∞，參見表 5-2(C)。

若令 $c_{63} = \infty$,由於 $c_{53} = 48$, 因此下限將由 LB = 81 增加為 LB = 81+ 48 = 129。

假如元素(6,3)包含在 TSP 之中間解當中，則第六列與第三行之其它所有元素就不能再考慮，在這同時也必須令 $c_{36} = \infty$以避免產生子迴路。

經過列、行縮減之成本矩陣會減少一個維度，即縮小為 5×5 之成本矩陣，參見表 5-2(D)。

第四回合：重覆步驟 3。令 $c_{46} = \infty$, 由於 $c_{41} = 32$，成為最差之ΔLB。

表 5-2(C)：分枝界限法的搜尋樹(第三回合)

節點	1	2	3	4	5	6	△LB
1	--	0	75	2	30	6	2
2	0	--	58	30	17	12	12
3	29	1	--	12	0	12	1
4	32	83	58	--	49	0	32
5	3	21	48	0	--	0	0
6	0	85	0	35	89	--	0
△LB	0	1	48	2	17	0	

表 5-2(D)：分枝界限法的搜尋樹(第四回合)

節點	1	2	4	5	6	△LB
1	--	0	2	30	6	2
2	0	--	30	17	12	12
3	29	1	12	0	∞	1
4	32	83	--	49	0	32
5	3	21	0	--	0	0
△LB	3	1	2	17	0	

第五回合：重覆步驟 3。令 $c_{21} = \infty$, 由於 $c_{25} = 17$，成為最差之ΔLB，參見表 5-2(E)。

第六回合：此時發現行列中，有缺少零值的情況。故執行步驟 1 及 2。

表 5-2(E)：分枝界限法的搜尋樹(第五回合)

節點	1	2	4	5	△LB
1	--	0	2	30	2
2	0	--	30	17	17
3	29	1	12	0	1
5	3	21	0	--	3
△LB	3	1	2	17	

表 5-2(F)：分枝界限法行列縮減(第六回合)

節點	2	4	5
1	∞	2	30
3	1	12	0
5	21	0	--

第七回合：重覆步驟 3。令 $c_{35} = \infty$, 由於 $c_{15} = 28$，成為最差之ΔLB，參見表 5-2(G)。

第八回合：重覆步驟 3。令 $c_{14} = \infty$, 由於 $c_{12} = \infty$，成為最差之 ΔLB，參見表 5-2(H)。

表 5-2(G)：分枝界限法的搜尋樹(第七回合)

節點	2	4	5	△LB
1	∞	0	28	28
3	0	12	0	0
5	20	0	--	20
△LB	20	0	28	

表 5-2(H)：分枝界限法的搜尋樹(第八回合)

節點	2	4	△LB
1	∞	0	∞
5	20	0	20
△LB	∞	0	

第九回合：最後只剩下節線(5,2)可供選擇。

　　執行上述演算步驟可得到最佳的 TSP 路線：

$(6,3) \rightarrow (4,6) \rightarrow (2,1) \rightarrow (3,5) \rightarrow (1,4) \rightarrow (5,2)$：$18 + 7 + 4 + 16 + 13 + 46 = 104$

讀者可自行檢查，本數例亦存在如下兩個 TSP 路線：

(a)　$(6,3) \rightarrow (4,6) \rightarrow (3,5) \rightarrow (2,1) \rightarrow (1,4) \rightarrow (5,2)$：104

(b)　$(6,3) \rightarrow (4,6) \rightarrow (2,1) \rightarrow (3,5) \rightarrow (5,2) \rightarrow (1,4)$：104

(二)　兩階段近似解法之數例演算

1.　最近鄰接點法構建初始路線(第一階段)之數例演算

　　圖 5-15 為一個包含 6 個節點、10 條節線之測試數例。以最近鄰接點法求解 TSP 初始解的步驟如下：

第一回合：選擇 1 為起始點，參見圖 5-15(A)。

第二回合：挑選 4 加入當前路徑中，參見圖 5-15(B)。

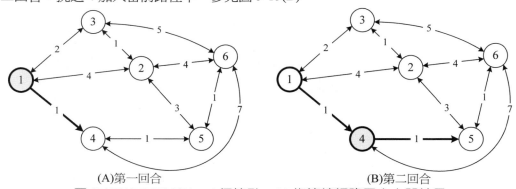

(A)第一回合　　　　　　　　　　　(B)第二回合

圖 5-15(A)、5-15(B)：6 個節點、10 條節線網路圖之中間結果

第三回合：挑選 5 加入當前路徑中，參見圖 5-15(C)。

第四回合：挑選 6 加入當前路徑中，參見圖 5-15(D)。

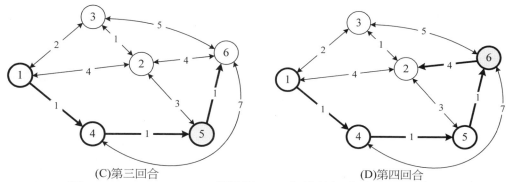

(C)第三回合　　　　　　　　　　　　　(D)第四回合
圖 5-15(C)、5-15(D)：6 個節點、10 條節線網路圖之中間結果

第五回合：挑選 2 加入當前路徑中，參見圖 5-15(E)。

第六回合：挑選 3 加入當前路徑中。擇選完所有節點，{1→4→5→6→2→3→1}為最佳路線。

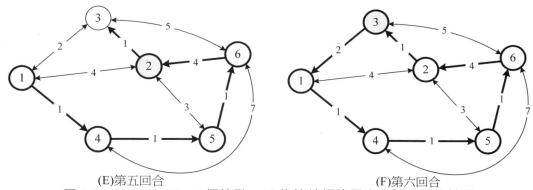

(E)第五回合　　　　　　　　　　　　　(F)第六回合
圖 5-15(E)、5-15(F)：6 個節點、10 條節線網路圖之中間、最終結果

2.　　最省節線法構建初始路線(第一階段)之數例演算

範例 1：圖 5-16 為一個包含 6 個節點 20 條節線之測試數例，其距離矩陣整理如表 5-3。

表 5-3：6 個節點、20 條節線之距離矩陣

節點	1	2	3	4	5	6
1	--	4	2	1	--	--
2	4	--	1	--	3	4
3	2	1	--	--	--	5
4	1	--	--	--	1	7
5	--	3	--	1	--	1
6	--	4	5	7	1	--

　　以最省節線法求 TSP 初始解可敘述如下：

第一回合：搜尋最小成本節線(4,5)，加入路線中。因(4,5)已經走過，故要刪除(5,4)。

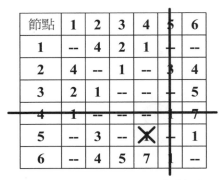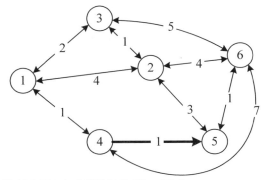

圖 5-16(A)：6 個節點、20 條節線圖形之中間結果(第一回合)

第二回合：搜尋最小成本節線(1,4)，加入路線中，參見圖 5-16(B)。

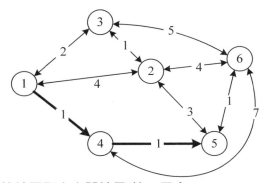

圖 5-16(B)：6 個節點、20 條節線圖形之中間結果(第二回合)

第三回合：搜尋最小成本節線(3,2)，加入路線中。因(3,2)已經走過，故要刪除(2,3)，參見圖 5-16(C)。

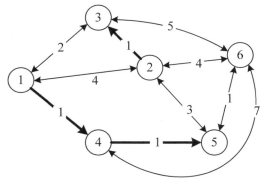

圖 5-16(C)：6 個節點、20 條節線圖形之中間結果(第三回合)

第四回合:搜尋最小成本節線(5,6),加入路線中,參見圖 5-16(D)。

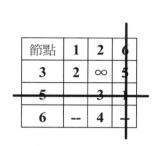

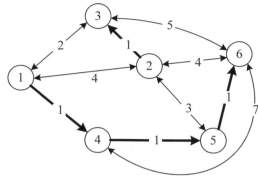

圖 5-16(D):6 個節點、20 條節線圖形之中間結果(第四回合)

第五回合:搜尋最小成本節線(3,1),加入路線中,參見圖 5-16(E)。

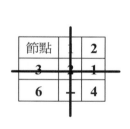

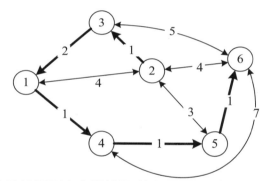

圖 5-16(E):6 個節點、20 條節線圖形之中間結果(第五回合)

第六回合:最後將節線(6,2),加入路線中,得一 TSP 初始路線,參見圖 5-16(F)。

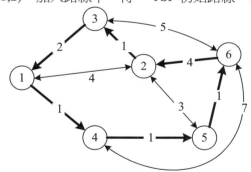

圖 5-16(F):6 個節點、20 條節線圖形之最終結果(第六回合)

範例 2:圖 5-17 為包含 7 個節點、16 條節線之測試數例,其距離矩陣整理如表 5-4 所示。

表 5-4：7 個節點、16 條節線之距離矩陣

節點	1	2	3	4	5	6	7
1	--	3	×	×	×	×	16
2	3	--	5	×	7	×	×
3	×	5	--	×	×	24	×
4	×	×	×	--	13	17	15
5	×	7	×	13	--	×	×
6	×	×	24	17	×	--	×
7	16	×	×	15	×	×	--

　　經由執行最省節線法求解 TSP 初始解的步驟後發現，本數例最終結果找不到可行解，如圖 5-17 所示。

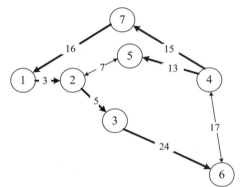

圖 5-17：7 個節點、16 條節線圖形之結果

3.　來回法之構建初始路線(第一階段)之數例演算

　　圖 5-18(A)為包含 7 個節點之測試數例。以來回法求解 TSP 問題初始解之步驟如下：

第一回合：建構最小伸展樹，參見圖 5-18(B)。

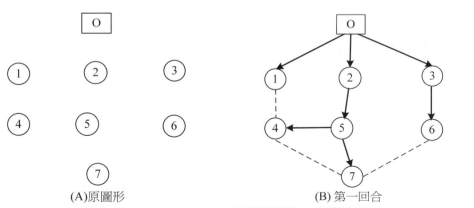

(A)原圖形　　　　　　　　　　　　(B) 第一回合

圖 5-18(A)、5-18(B)：7 個節點圖形之中間結果

第二回合：從 O 開始，沿著伸展樹前進到達某一個終點為止；回程找尋另一個終點。重覆
執行，直到所有的節點至少被訪問一次，而且每一條節線至少被訪問兩次為止，
參見圖 5-18(C)。

第三回合：根據第二回合的移動順序，重新訪問每一個節點，但此次從一個節點到下一個
節點僅能選取其最短路徑，最後可得一條可行之初始路線，參見圖 5-18(D)。

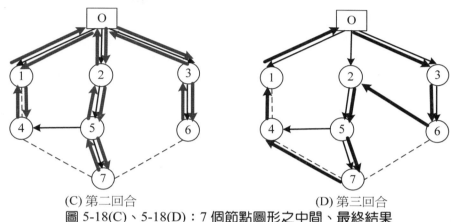

(C) 第二回合　　　　　　　　　　　　　(D) 第三回合

圖 5-18(C)、5-18(D)：7 個節點圖形之中間、最終結果

4. Christofides 近似解法構建初始路線(第一階段)之數例演算

圖 5-19(A)為一個包含 7 個節點之測試數例，以 Christofides 近似解法求 TSP 初始解如
下所示：

第一回合：建構最小伸展樹 T，參見圖 5-19(B)。

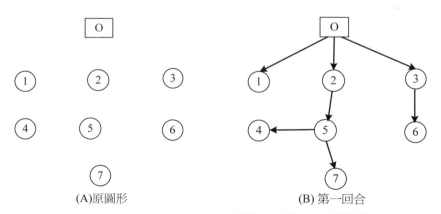

(A)原圖形　　　　　　　　　　　　　(B) 第一回合

圖 5-19(A)、5-19(B)：7 個節點之圖形之中間結果

第二回合：對奇度數節點，參見圖 5-19(C)，找出最小成本配對，M。

第三回合：T∪M 即為近似解，參見圖 5-19(D)。

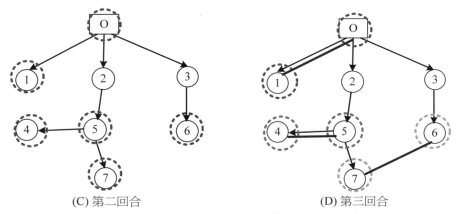

(C) 第二回合　　　　　　　　　　　　(D) 第三回合

圖 5-19(C)、5-19(D)：7 個節點圖形之中間、最終結果

5.　最遠插入法之初始路線構建(第一階段)之數例演算

　　圖 5-20(A)為包含 8 個節點之測試數例，以最遠插入法求解 TSP 初始解如下所示：

第一回合：距離子路線最遙遠的需求點 7 作為下一個插入點，參見圖 5-20(B)。

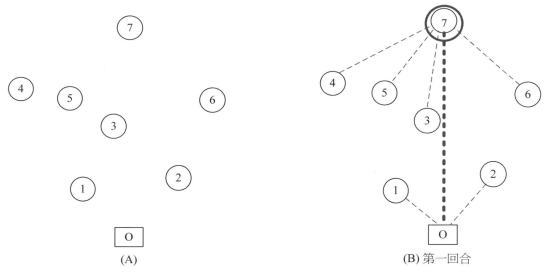

(A)　　　　　　　　　　　　　　　(B) 第一回合

圖 5-20(A)、5-20(B)：8 個節點之圖形之中間結果

第二回合：距離子路線最遙遠的需求點 4 作為下一個插入點，參見圖 5-20(C)，再以最小插
　　　　　入成本來決定插入的位置。

第三回合：距離子路線最遙遠的需求點 3 作為下一個插入點，參見圖 5-20(D)，再以最小插
　　　　　入成本來決定插入的位置。

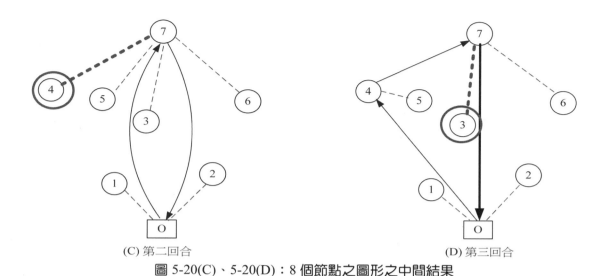

(C) 第二回合 　　　　　　　　　　　　(D) 第三回合

圖 5-20(C)、5-20(D)：8 個節點之圖形之中間結果

第四回合：距離子路線最遙遠的需求點 6 作爲下一個插入點，參見圖 5-20(E)，再以最小插入成本來決定插入的位置。

第五回合：距離子路線最遙遠的需求點 1 作爲下一個插入點，參見圖 5-20(F)，再以最小插入成本來決定插入的位置。

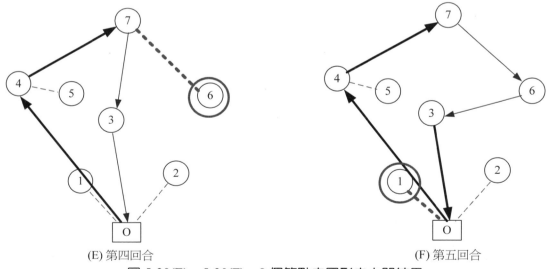

(E) 第四回合 　　　　　　　　　　　　(F) 第五回合

圖 5-20(E)、5-20(F)：8 個節點之圖形之中間結果

第六回合：距離子路線最遙遠的需求點 2 作爲下一個插入點，參見圖 5-20(G)，再以最小插入成本來決定插入的位置。

第七回合：距離子路線最遙遠的需求點 5 作為下一個插入點，參見圖 5-20(H)，再以最小插入成本來決定插入的位置。

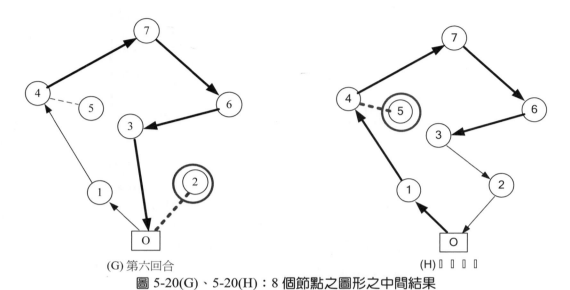

(G) 第六回合　　　　　　　　　　　　　　(H) 　　　　

圖 5-20(G)、5-20(H)：8 個節點之圖形之中間結果

第八回合：TSP 路線建構完成，參見圖 5-20(I)。

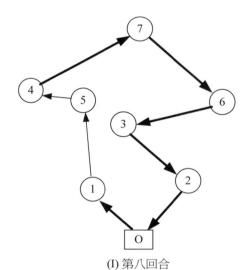

(I) 第八回合

圖 5-20(I)：8 個節點之圖形之中間、最終結果

四、旅行銷售員問題之延伸性問題與國際標竿題庫

TSP 問題可以因應現實面之需要而加以改良延伸，同時為了便於新的演算法與現有演算法之間進行效率的比較，目前亦設立網站設立國際標竿題庫，茲分別說明如下：

(一) TSP 之延伸性問題

TSP 之延伸性問題，大致可包含下列五種：

1. *M*-TSP：m 個銷售員拜訪 n 個節點，每個顧客只被其中一個銷售員拜訪服務，以總旅行成本最小為目標。

2. 時間限制的 TSP(time-constrained TSP)：當 TSP 旅行總時間 $\leq \tau$ 時有存在最大利潤，其中 τ 為預設之時間限制。

3. 車輛途程問題(vehicle routing problem, VRP)：含車輛容量限制且(或)有路線長度限制等額外限制式之延伸性問題，請參考第六章說明。

4. 循序送貨問題(sequential ordering problem, SOP)：在求解 TSP 問題時必須遵守事先設定之服務順序，例如節點 i 必須比某些節點 j 提前訪問服務。

5. 鬆弛 TSP(relaxed traveling salesman problem, RTSP)：節點通過的次數大於一次，這種 TSP 亦可視之為節點擴充問題(node augmenting problem, NAP)。

(二) TSP 之國際標竿題庫

TSP 之國際標竿題庫與到目前為止之最佳解可自下列兩個網站取得並進行效率比較：

1. http://www.iwr.uni-heidelberg.de/groups/comopt/software/TSPLIB95/

2. http://www.tem.nctu.edu.tw/~network/

第四節 結論與建議

旅行銷售員問題屬於一種節點途程問題，是非常困難的組合數學問題，現有之正確解法僅能處理中小型的網路問題，對於較大規模的網路問題，仍然必須倚賴近似解法。

旅行銷售員問題由於並未考慮現實世界中之諸多限制，例如車輛容量限制、需求時窗限制、駕駛人工作時間限制等，因此實務上之應用並不廣泛，但卻是許多更為複雜的節點途程問題之核心與基礎。

本章的內容包括相關專有名詞的定義、漢米爾頓路徑/迴路問題之介紹、以及TSP求解演算法之詳細探討，同時也對TSP之延伸性問題與標竿題庫等進行概要之說明。本書第六章將進一步針對延生性的車輛途程問題(VRP)進行深入的探討，但該問題中有許多觀念均與與本章之TSP類似，特別是許多演算法均可一體適用，或至多只須做些小幅度之修正即可。

問題研討

1. 名詞解釋：
    (1) 漢米爾頓迴路
    (2) 完全圖
    (3) 節省法

2. 網路涵蓋/途程問題的種類有幾種，請分別說明之。

3. 子迴路消去限制式之種類有幾種，試比較之。

4. 下圖為包括 5 個節點、30 條節線之小型網路，其成本矩陣整理如下表。請運用分枝界限法求算 TSP 之路線。

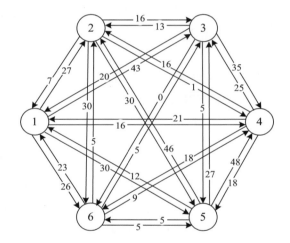

節點	1	2	3	4	5	6
1	--	27	43	16	30	26
2	7	--	16	1	30	30
3	20	13	--	35	5	0
4	21	16	25	--	18	18
5	12	46	27	48	--	5
6	23	5	5	9	5	--

第六章

車輛途程問題

車輛途程問題(vehicle routing problem, VRP)亦屬於以節點為主的網路組合最佳化問題。VRP問題為第五章旅行員銷售問題(TSP)的延伸發展，主要在於VRP考慮容量限制(capacity constraint)，因此性質上為多車輛的路線規劃問題。除車輛容量限制外，現今發展的VRP問題更因應實務需要考慮許多額外限制式，因此較TSP問題更為複雜，但應用層面也更廣泛。換句話說，VRP問題可更貼近實務的需求，規劃出的路線也更可供實際運作之用。正因為VRP問題具高度複雜性且非常具有實務應用價值，因此國內外的相關研究也非常豐富。

VRP 問題係指以最低之成本規劃有容量限制之車輛/車隊路線排程最佳化問題。在VRP 規劃的路線組合當中，各路線皆派遣一輛車行駛。車輛由場站出發，繞行至各顧客需求節點服務，最後回到場站，而路網中的所有顧客皆需服務且只能被服務一次。Garey and Johnson(1979)已證明傳統的車輛途程問題具有 NP-hard 的複雜度，屬於運算難度很高的組合最佳化問題(combinatorial optimization problem)。

VRP 問題的相關應用，大致可以舉例如下：

1. 校車或通勤車輛路線規劃(陳建都，1996；張淑詩，2005)；
2. 宅配或快遞物流路線規劃；
3. 卡車與拖車途程問題(劉建宏，2005)；
4. 虛擬場站接駁補貨車輛途程問題(陳惠國與許家筠，2008)；
5. 緊急救援物資配送問題(Hsueh et al., 2005)；
6. 災後緊急搶修路線排程(王福聖，2008；何秉珊，2008)；
7. 垃圾車輛路線問題(陳惠國與王宣，2006)；
8. 巡邏車輛路線問題(陳惠國與陳思齊，2007)；
9. 圖書分館間借閱圖書運送之途程研究：除了圖書圖館總館之外，每一間圖書分館也都同時擔任圖書需求點與圖書供給點的角色(陳奐宇，2009)。

本章第一節說明VRP問題的基本觀念，第二節則介紹VRP問題的基本數學模型，第三節則詳述求解演算法，最後於第四節提出結論與建議。

第一節 基本觀念

最基本的 VRP 問題可敘述如下：令 $G=(N,A)$ 為包含節點集合 $N(i = 0,1,...,n)$ 與節線集合 A ($(i,j): i \in N, j \in N$)之完全路網，除了場站節點"D"之外，每一個節點 i 具有不可分割之需求量為 q_i。每一條節線(i,j)之旅行成本為 c_{ij}，且每一台車輛 k 之容量限制為 C_k。VRP 問題的目標在於從路網 G 中求得一組車輛路線，使得從場站出發繞行服務所有節點一次後，再返回場站的總成本最小化。圖 6-1 為 VRP 車輛途程規劃結果範例，在此圖例中，場站共指派 4 個車次以服務路網中所有需求點。

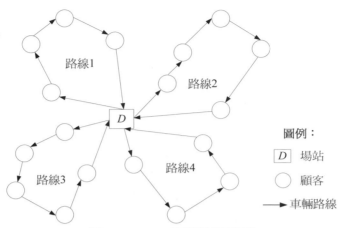

圖 6-1：VRP 車輛途程範例

一、車輛途程問題與旅行銷售員問題之比較

　　車輛途程問題(VRP)可視為旅行銷售員問題(TSP)問題的延伸應用，傳統的TSP問題僅考慮單場站與單一車輛，繞行路網中所有的需求節點路線最小化，並未考量車輛容量、需求點貨物裝卸量或車輛行駛路線長度上限等限制。

　　經TSP問題發展而來的VRP問題，包含有車輛容量限制或車輛行駛路線長度限制(route length constraint)且各需求點皆包含有貨物需求量，因此VRP問題的假設與定義較能貼近現實世界的情況，應用更為廣泛。換言之，TSP問題可視為VRP問題的一種特例。表6-1為基本的TSP問題與基本的VRP問題特性比較表。

表 6-1：基本 TSP 問題與基本 VRP 特性比較

比較特性	問題種類	
	基本TSP	基本VRP
最佳化目標	路線成本最小	路線成本最小
場站	單一場站	單一場站
車輛數	單一車輛	單一類型多車輛
車容量限制	無	有
路線長度限制	無	有
需求點需求量	無	已知且不可分割
各需求點服務次數	一次	一次

二、VRP 問題之實際應用

　　Dantzig and Ramser(1959)指出VRP問題是運輸(transportation)、配銷(distribution)以及物流(logistics)部門之核心問題。舉凡車輛排程與路線規劃的大部分問題皆可以轉化為VRP模型，然後以數學規劃方法加以管理。

　　除以上敘述的相關應用之外，VRP問題仍有許多已發展或發展中的實務應用，Toth and Vigo(2001)曾提出若應用電腦化的計算方式取代人工方式進行車輛排程，運輸總成本將可節省5%至20%，對企業營運來說，是相當具有效益的管理方式。

第二節 車輛途程問題數學模型

一、實體路網與 VRP 路網

　　在進行VRP問題的應用與求解前，必須釐清一個重要觀念，即實體路網與VRP問題路網並非完全相同。實體路網代表日常生活中的實際路網，為根據道路設施實際幾何配置所建構之路網圖。實體路網通常以節點代表實際路口，節線代表實際路段，節線長度代表實際路段長度。圖6-2為一個實體路網的示意圖。

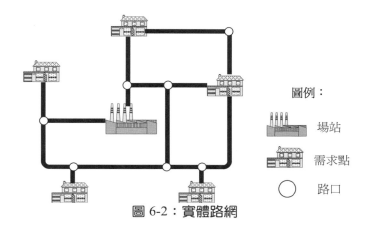

圖例：

場站

需求點

○　路口

圖 6-2：實體路網

　　在應用VRP問題進行路線規劃與求解時，VRP路網並非全然根據道路設施實際幾何配置所建構之路網圖。通常以節點代表顧客或需求點，節線代表兩節點之連線，節線長度代表兩節點間之最短路徑長度。圖6-3為由圖6-2轉換得到的VRP路網。

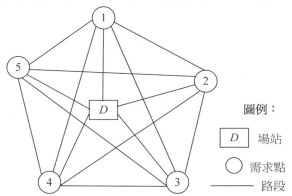

圖例：

D　場站

○　需求點

───　路段

圖 6-3：由圖 6-2 轉換得到之 VRP 路網

　　在進行規劃VRP最佳路線之前，須將所欲求解的實體路網，轉換爲對應的VRP路網，然後輸入VRP問題的資料，進行求解。

二、數學規劃模型

　　一般而言，VRP問題大多可以建構爲0-1整數數學規劃模型。Golden(1977)所建構的VRP問題數學模型如下：

$$\min \quad z = \sum_{i=0}^{N}\sum_{j=0}^{N}\sum_{k=1}^{K} c_{ij} x_{ijk} + \sum_{k=1}^{K} f_k \sum_{j=1}^{N} x_{0jk} \tag{1a}$$

subject to

　　出發與守恆限制式：

$$\sum_{j=1}^{N} x_{0jk} \leq 1, \quad k = 1, \cdots, K \tag{1b}$$

$$\sum_{i=1}^{N} x_{i0k} \leq 1, \quad k = 1, \cdots, K \tag{1c}$$

$$\sum_{i=0}^{N}\sum_{k=1}^{K} x_{ijk} = 1, \quad j = 1, \cdots, N \tag{1d}$$

$$\sum_{j=0}^{N}\sum_{k=1}^{K} x_{ijk} = 1, \quad i = 1, \cdots, N \tag{1e}$$

$$\sum_{i=0}^{N} x_{ihk} - \sum_{j=0}^{N} x_{hjk} = 0, \quad h = 0, \cdots, N; k = 1, \cdots, K \tag{1f}$$

　　車容量限制式：

$$\sum_{i=1}^{N}\sum_{j=0}^{N} d_i x_{ijk} \leq C_k, \quad k = 1, \cdots, K \tag{1g}$$

　　車輛行駛時間限制式：

$$\sum_{i=1}^{N} t_{ik} \sum_{j=0}^{N} x_{ijk} + \sum_{i=0}^{N}\sum_{j=0}^{N} t_{ijk} x_{ijk} \leq T_k, \quad k = 1, \cdots, K \tag{1h}$$

　　子路線消除限制式：

$$X = \{x_{ij}\} \in S \left(x_{ij} = \sum_{k} x_{ijk} \right) \tag{1i}$$

$$x_{ijk} = 1 \text{ or } 0, \quad \forall i, j, k \tag{1j}$$

符號定義如下：

c_{ij}：節線(i,j)運輸成本；

C_k：車輛 k 的容量；

d_i：節點 i 的需求量(customer demand)；

f_k：使用車輛之固定成本；

K：可供使用的車輛總數；

T_k：車輛行駛時間上限；

x_{ijk}：若車輛 k 經過節線(i,j)則為 1；反之，為 0；

y_i：若$y_i = l$，表示節點i在該路線上的第l個順序位置上。

在此VRP數學模型中，目標式(1a)為車輛路線規劃總成本最小化，其中有兩項成本加總，第一項為車隊路線總成本，第二項為使用車輛總固定成本。限制式(1b)與限制式(1c)為車輛進出場站次數限制，各以最多一次為限。限制式(1d)與限制式(1e)為需求點車流量進出限制，即任一需求點皆需被服務，且僅服務一次。限制式(1f)為車流量守恆限制式。

限制式(1g)為車容量上限限制式，限制式(1h)車輛行駛總時間限制。限制式(1i)為子迴路消除限制式，限制式(1j)為0-1整數限制式。在子迴路消除限制式部分，其與第五章所介紹的TSP模型相同，有多種處理方式，在此不多加贅述。

第三節 車輛途程模型求解演算法

VRP 問題屬於高度複雜的組合最佳化問題，求解相當不易。而 VRP 問題的求解法亦如同 TSP 問題，演算法大致可分為(1)正確解法與(2)近似解法兩大類。

一、正確解法

VRP 問題可建構為整數規劃問題，其採用之數學規劃的正確解法大致有下列幾種：

(1) 窮舉法

(2) 分枝界限法

(3) 切割平面法或切面法

(4) 分枝切割法(branch and cut method)

(5) 動態規劃法(dynamic programming method)

(6) 變數產生法(column generation method)

(7) 班德式分解法(Benders' decomposition method)

以上方法皆可以利用來求解 VRP 問題的最佳解，個別方法的簡單介紹可參考第五章。由於 VRP 問題已被證明為 NP-hard 問題，目前尚未開發出可在有限的多項式時間(polynomial time)內求得最佳解之演算法。所以雖然以上的正確解法理論上雖然可行，但求解時間無法掌握，尤其當問題規模較大時，通常不能在有限時間內求得答案。因此過去對 VRP 問題的相關研究皆以開發近似解法為主，目的在一定的時間內得到接近最佳解的解答。以下將介紹 VRP 問題的兩階段近似解法，至於巨集式啟發解法(meta-heuristics)則留待第七章與第八章加以探討。

二、近似解法

VRP 問題的近似解法與 TSP 問題類似，較常使用的方法為兩階段(two stage)近似解法。在兩階段近似解法中，第一階段建構初始解；第二階段為改善初始解，兩個階段求解無法獨立運作。在第一階段建構初始解時，又可分為構造法(constructive methods)以及兩相位演算法(2-phase algorithm)，以上兩種方式皆包含許多類型的演算法，目的在求得較佳的初始路線，之後再交由第二階段改善初始路線。

兩階段演算法的求解架構如圖 6-4 所示，在圖 6-4 中第一階段建構初始解時，可使用構造法或兩相位演算法。在第二部份改善初始解時，可視情況使用區域搜尋法、巨集啟發式演算法或兩者合併使用。以下將先介紹建構初始解的各種方法，稍後介紹區域搜尋法。

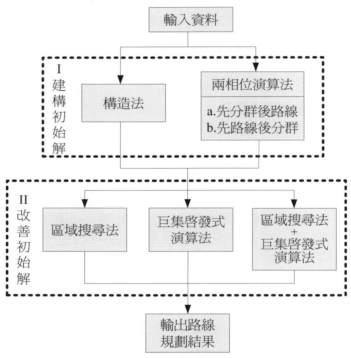

圖 6-4：VRP 兩階段求解架構

(一) 第一階段建構初始解

在建構初始解或初始路線時，可使用構造法或兩階段演算法。

1. 構造法

構造法為儘量找尋較低成本的可行解，但本身並不含改善階段在內。常見的方法包含如下所示：

(1) 節省法；

(2) 匹配基礎法(matching based method)(Desrochers and Verhoog, 1989; Altinkemer and Gavish, 1991)：為節省法的修正方法；

(3) 多路線改善近似解法(multi-route improvement heuristics)(Thompson and Psaraftis, 1993; Van Breedam, 1994; Kinderwater and Savelsbergh, 1997)；

(4) 鄰近點法；

(5) 最遠/最近插入法。

2. 兩相位演算法

兩相位演算法主要可分為先分群後路線(cluster-first route-second)與先路線後分群(route-first cluster-second)兩種。

A. 先分群後路線

先分群後路線為先將所有顧客依地理位置與車容量予以分群，再將各分群進行路線的安排，常見的方法有：

(a) 一般化指派啟發法

一般化指派啟發法(generalized assignment heuristic)(Fisher and Jaikumar; 1981)為求解一般化指派問題(generalized assignment problem, GAP)以獲得群組。假設已知固定車輛數為 K，一般化指派演算法之步驟如下：

步驟 1：選擇種子(seed)：從節點集合 $\mathbf{V}$ 中選擇種子 j_k 來初始化每一個群組 k。

步驟 2：將顧客分配至各個種子：計算將每一個顧客 i 分配至組群 k 之成本 d_{ik}。

$$d_{ik} = \min\left\{c_{oi} + c_{ij_k} + c_{j_k0}, c_{0j_k} + c_{j_ki} + c_{i0}\right\} - \left(c_{0j_k} + c_{j_k0}\right)$$

步驟 3：一般化指派：利用已知成本 d_{ik}、顧客權重 q_i 以及車輛容量 Q，求解 GAP 問題。

步驟 4：TSP 解：求解將 GAP 答案中之每一個組群，分別求解一個 TSP。

(b) 掃描法

掃描法(sweep algorithm)(Gillet and Miller, 1974)：掃描法屬於階層式方法(hierarchical approach)，可應用於平面型的 VRP 問題，演算法包括三個部份，先依照容量限制分割需求點(split)，然後求解多個 TSP 問題，最後進行路線改善：

(i) 分割(Split)：從場站(原點)指向節點 i 之極射線座標角度與長度，(θ_i, ρ_i)，逐漸旋轉以形成一個個群組。

(ii) 求解多個 TSP 問題：針對每一個群組建構車輛路線 TSP 之可行解。

(iii) 後優化階段(post-optimization phase)：相鄰兩群組之間交換節點，再進行最佳路線安排。

掃描法的求解步驟如下：

步驟 1：選擇未使用之車輛 k。

步驟 2：從未指派路線的節點中選擇角度最小的節點開始，按照掃描的順序將尙未指派路線的節點分派到車輛 k，直到車容量或最大路線長度限制達到爲止。若仍有顧客節點未服務到，回到步驟 1。

步驟 3：路線最佳化：求解每一輛車的 TSP 路線(精確解或粗略解)，產生初始解。

步驟 4：改善 TSP 路線初始解。

(c) 花瓣法

　　花瓣法(petal algorithm)(Ryan, Hjorring and Glover, 1993)爲掃描法的延伸，可以同時產生數條路線，稱之爲花瓣(petals)，並求解一組集合分割問題(set partitioning problem)以獲得最終解。以下爲花瓣法所對應的數學模型：

$$\min \quad z = \sum_{k \in S} c_k x_k \tag{2a}$$

subject to

$$\sum_{k \in S} a_{ik} x_k = 1 \quad i = 1, \cdots, n \tag{2b}$$

$$x_k = \{0,1\} \quad k \in S \tag{2c}$$

符號定義如下：

$a_{ik} = 1$：節點 i 屬於路線 k

c_k：花瓣 k 的成本

S：路線集合

$x_k = 1$：路徑 k 被選擇使用

　　目標式(2a)爲車輛路線規劃總成本最小化。限制式(2b)要求每一個節點必須被一條車輛路線服務一次。限制式(2c)定義 x_k 爲$\{0,1\}$整數。

(d) Taillard 演算法

　　Taillard 演算法(Taillard's algorithm)(Taillard, 1993)是應用 λ-交流產生機能(λ-interchange generation mechanism)(Osman, 1993) 來界定近鄰(neighborhood)。每一條路徑均應用 Volgenant and Jonker (1993)最佳化演算法重新最佳化。

　　Taillard 演算法將主問題分解成數個子問題，這些子問題是來自於將所有節點分配到以場站爲中心的扇形(sector)之中，以及每一扇形之同心區域(concentric regions within each sector)而獲得的。每一個子問題都是獨立求解，但週期性的將節點移動到鄰接之扇形是有必要的。這種做法特別適合應用於場站位處中心位置，且節點在平面上均匀分佈時之情形。至於非平面(non-planar)的問題或不具有上述性質之平面問題，Taillard 建議以最短伸展樹枝(shortest spanning arborescence)爲基礎來進行分割。

B. 先路線後分群

先路線後分群爲先忽略額外限制式來建構超大 TSP 路線(giant TSP tour)，意即建構一條服務完所有顧客的最佳車輛行駛路線，再依車容量分割爲單獨可行路線，例如 Solomon (1986)所提出的超大路線近似解法(giant tour heuristic)。

（二）第二階段改善初始解

改善的選擇策略可分成兩種：

1. 最先選擇策略(first accept strategy)：選擇第一個滿足接受準則(acceptance criterion)的鄰近解(neighbor)。

2. 最優選擇策略(best accept strategy)：所有滿足接受準則的鄰近解裡面，選擇其中最好的一個解。最優選擇策略通常可得到較佳的改善結果，但由於必須測試完所有的鄰近解再進行擇優，因此所耗費的時間亦較長。

初始解之改善方法一般以區域搜尋法(local search)爲主，可概分爲節點交換法(node exchange method)與節線交換法(link exchange method)兩大類，改善方式和 TSP 雷同，但必須另行檢查是否滿足額外限制式的條件。

1. 節線交換法

(1) *K*-opt 交換法

VRP 之 *K*-opt 交換法和 TSP 雷同，在此不多加贅述。

(2) 2-opt*交換法

2-opt*爲兩不同路線間的節線交換法，且路線間交換不會有方向改變的問題。

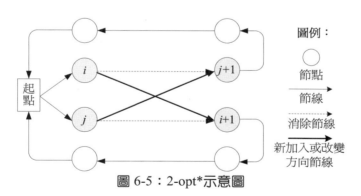

圖 6-5：2-opt*示意圖

(3) LK 節線交換法

VRP 之 LK 節線交換法和 TSP 雷同，在此不多加贅述。

2. 節點交換法

(1) Or-opt 交換法

VRP 之和 TSP 雷同，在此不多加贅述。

(2) 重安置法

重安置法(relocate)是將路線中之節點 i 移到另外一條路線上，此方法也可稱為兩路線間節點 1-0 交換法。

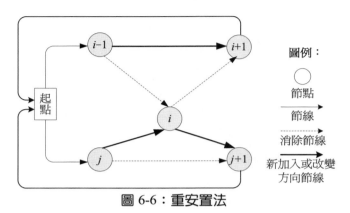

圖 6-6：重安置法

(3) 交換法

交換法(exchange)是將兩條不同路線中的節點i與節點j，相互交換配置，此方法亦可稱為兩路線間節點1-1交換法。

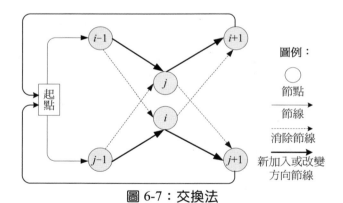

圖 6-7：交換法

(4) 交叉法

交叉法(cross)是將兩條不同路線中的節點$\{i,k\}$與節點$\{j,l\}$，相互交換配置，節點交換後方向性不變。

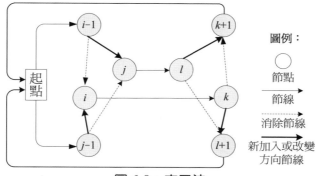

圖 6-8：交叉法

(5) 環狀轉移法

　　環狀轉移法(cyclic transfer)是將路線 1 之顧客{a,c}與路線 2 之顧客{f,j}與路線 4 之顧客{o,p}同時轉移至路線 2、4 與 1。而路線 3 則不做任何改變。

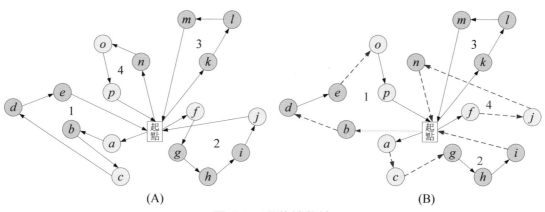

(A)   (B)

圖 6-9：環狀轉移法

(6) GENI 交換法

　　GENI 交換法(GENI-exchange)。

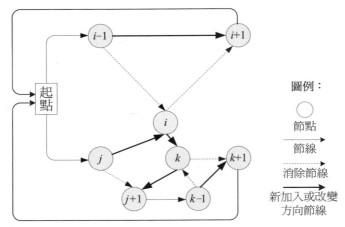

圖 6-10：GENI 交換法

四、VRP 之延伸性問題與標竿題庫

VRP 應用非常廣泛，除了一般性之問題以外，還有許多延伸性問題，許多常見之問題已收錄於國際標竿題庫，可做為後續研究測試比較之基礎。

(一) VRP 之延伸性問題

VRP問題除以上所敘述的基本限制式之外，過往的研究亦因應實務應用的情況，考量不同種類的問題假設與限制式，產生出許多更複雜的VRP問題的變化問題，如下所示：

(1) 時窗限制車輛途程問題(vehicle routing problem with time windows, VRPTW)：需求點以及場站有服務開始以及結束的時間，即所謂的時窗。時窗依性質又可區分為硬時窗(hard time windows)與軟時窗(soft time windows)兩種。所謂的硬時窗為各個需求點硬性規定要在時窗內服務完畢，否則不可行；而軟時窗則允許違反時窗進行服務，但必須要加上一個懲罰值。

(2) 多車種車輛途程問題(fleet size and mix vehicle routing problem, FSMVRP)。

(3) 多場站車輛途程問題(multiple depot vehicle routing problem, MDVRP)：多場站問題為單一場站問題之延伸，其車輛可由不同的場站出發，但是仍然必須回到原出發的場站。

(4) 同時收送貨車輛途程問題(pick-up and delivery vehicle routing problem, PDVRR)。

(5) 零擔送貨問題(split delivery VRP, SDVRP)：顧客需求點可由不同車輛服務。

(6) 隨機性車輛途程問題(stochastic vehicle routing problem, SVRP)；有些數據具隨機性質，例如：顧客數，顧客需求量，服務時間或旅行時間。

(7) 週期性車輛途程問題(periodic vehicle routing problem, PVRP)：輸送問題具有週期性(每隔幾天)。

(8) 動態車輛途程問題(dynamic vehicle routing problem, DVRP)：有些數據具動態性質，例如：顧客需求，路段旅行時間以及其他的即時資訊。

　　以上延伸性 VRP 問題皆由基本的 VRP 問題衍生而來，足見基本的 VRP 問題的重要性。為更貼近實務應用需要，目前 VRP 問題的相關研究發展，已由上述的延伸問題變化為更複雜的數學規劃問題。以上所考量的問題特性與限制式不一定獨立存在，時常同時包含於同一問題當中，例如 Chen et al. (2006)便以 VRP 問題為基礎，發展了包含動態需求與旅行時間資訊、依時性(time dependent)旅行時間與時窗限制式的動態 VRP 問題。由此可見 VRP 相關問題的研究已越趨複雜，同樣的，相關問題的求解難度亦隨之增高。

　　由此時窗限制是 VRP 問題中最常考量的因素，以下簡單介紹時窗限制車輛途程問題的限制式。

(二) 時窗限制車輛途程問題

　　時窗限制車輛途程問題(VRPTW)之限制式大致如下：

時窗限制與出發時間限制式：

$$e_i \leq a_i \leq l_i \qquad \forall i \in N \tag{3a}$$

$$a_{0k} \leq l_0 \qquad \forall k \in K \tag{3b}$$

$$d_i - (a_i + s_i) \geq 0 \qquad \forall i \in N \tag{3c}$$

$$d_i \geq 0 \qquad \forall i \in N \tag{3d}$$

$$d_{0k} + [1 - x_{0jk}]M \geq 0 \qquad \forall j \in N, k \in K \tag{3e}$$

定義限制式：

$$a_j = d_i + c_{ij} \qquad if \quad x_{ijk} = 1 \qquad \forall i \in N, j \in N, k \in K \tag{3f}$$

$$a_j = d_{0k} + c_{0j} \qquad if \quad x_{0jk} = 1 \qquad \forall j \in N, k \in K \tag{3g}$$

$$a_{0k} = d_i + c_{i0} \qquad if \quad x_{i0k} = 1 \qquad \forall i \in N, k \in K \tag{3h}$$

$$x_{ijk} = \{0,1\} \qquad \forall i \in N, j \in N, k \in K \tag{3i}$$

　　式(3a)要求到達節點 i 的時間 a_i 必須節介於上限 l_i 與下限 e_i 之間。式(3b)指車輛 k 回到場站"0"的時間 a_{0k} 不得超出場站下班的時間 l_0。式(3c)指離開節點 i 的時間 d_i 必須大於到達節點 i 的時間 a_i 加上服務節點 i 的時間 s_i。式(3d)要求離開節點 i 的時間 d_i 必須大於等於零。式(3e)要求離開場站"0"的時間 d_{0k} 必須大於等於零。式(3f)~(3h)定義離開節點的時間與到達下一個節點時間的關係。式(3i)定義 x_{ijk} 為(0,1)整數。

(三) VRP 之標竿題庫

　　VRP 自發展以來有很多各式各樣的型態及方法，為了便於比較，因此設置了 VRP 之標竿題庫(VRPLIB)，資料庫內含各種 VRP 例題以及相關的問題。

(1)　http://www.iwr.uni-heidelberg.de/groups/comopt/software/TSPLIB95/

(2)　http://neo.lcc.uma.es/radi-aeb/WebVRP/

(3)　http://www.tem.nctu.edu.tw/~network/

(4)　http://OR Library (mscmga.ms.ic.ac.uk/info.html)

(5)　http://www.geocities.com/ResearchTriangle/7279/vrp.html

第四節　結論與建議

　　本章主要介紹車輛途程問題的數學規劃模型、求解演算法及其延伸性問題與標竿題庫等。車輛途程問題在運輸物流業之應用上非常廣泛，目前運輸物流業之得以快速發展，除了直接受惠於網路分析技術的進步之外，也端賴先進科技之引進，例如地理資訊系統(geographic information system, GIS)，全球定位系統(global positioning system, GPS)，無限射頻辨識(radio frequency identification, RFID)，網路平台等技術。藉助這些先進科技，車輛貨物之位置可以更精確的掌握，更可以縮短運輸、驗證與處理時間，從而大幅度降低生產與管理的成本，有關這些先進技術所帶來之效益將在第十二章加以探討。

問題研討

1. 名詞解釋：

    (1) VRP路網

    (2) 種子(seed)

    (3) 超大路線(giant tour)

2. 車輛途程問題(VRP)與旅行銷售員問題(TSP)之差異為何？

3. VRP目前的應用範圍有那些？

4. 兩相位演算法的內容為何？

5. 試建構動態車輛途程問題之數學模型(參考Chen et al., 2006)。

第七章

巨集啟發式演算法之發展

　　網路分析所涵蓋之問題中有許多是屬於組合最佳化問題(combinatorial optimization problem, COP)，具有 NP-complete 的性質，即其求解時間將隨著問題規模增加而呈現急速增加，解決此類問題的方法相當的多，有需要耗費大量運算時間但是可能求得最佳解的正確解法(exact solution method)，也有在有效時間以內只需求出近似最佳解的啟發解法(heuristic method)。

　　傳統上啟發式演算法進行求解時，往往在求解過程中會落入區域最佳解而無法繼續改善，因此近年來發展出相當多的「巨集啟發式演算法」(meta heuristic algorithm)，(註：亦有學者翻譯成「萬用啟發式演算法」)，以鄰近搜尋法為核心架構，結合不同的搜尋策略，使得問題在求解過程當中得以跳脫區域最佳解，擴大其搜尋空間以便找出更佳解。

　　除了巨集啟發式演算法之外，近年來也有越來越多的學者投入限制規劃法(constraint programming method)的相關研究，其在求解大規模的組合最佳化問題上，也獲得相當豐碩的成果，有鑑於其未來發展之潛力，本章也對限制規劃法的基本概念做簡單的介紹。

　　以下第一節將說明巨集啟發式演算法的分類；第二節將探討各種巨集啟發式演算法的基本概念；第三節將簡單比較各種巨集啟發式演算法的效率；第四節探討限制規劃問題；第五節提出結論與建議。

第一節 巨集啟發式演算法的種類

　　巨集啟發式演算法大致上可按照兩種準則加以區分：(1)代理人之數量與變動性，以及(2)仿自然生態性質。

(一) 代理人之數量與變動性

　　代理人的數量可以是固定不變的也可以視情況而彈性變動調整的。前者又可區分為以單一代理人進行搜尋的演算法，在產生第一階段的初始解後，利用此初始解在可行解空間之中進行移動，進行單一方向的搜尋。而多代理人的演算法，在產生一定數量的初始解作為多個代理人，再利用代理人之間的交互作用機制進行演化。後者會在演算過程中適時的增減代理人數。

(二) 仿自然現象或生物智能

　　模仿自然生態之演算法可區分為仿自然現象與仿生物智能兩種類型。前者藉由仿照自然現象，將問題比擬如同大自然的變化過程藉以求解，仿自然現象類型的演算法在求解問題時並不會彼此分享資訊，僅能自行演化。而後者其設計理念乃藉由仿照生物的行為進行求解，生物之間往往為群體生活，生物能夠藉由某些行為彼此分享個體的資訊，形成群體智慧系統(swarm intelligence system)，由於具有三項智能特性，即：(1)自我組織(self-organization)，下層的個體行動不需要上層的管理者來指揮，只遵循著幾個簡單的原則；(2)彈性大(flexibility)，社會組織可以快速地因應環境的變動；(3)強韌性高(robustness)，即使組織中單一的個體失敗了不能完成任務，整個組織還是會繼續完成整體目標而不受太大的影響。因此相較於傳統數值方法，群體智慧系統對於大規模非決定性問題的求解(如 TSP)更能節省了記憶體和求解時間。

依照上述之說明，巨集啟發式演算法大致可按照代理人之變動性與數量或者仿自然現象或生物智能加以分類，如表 7-1 所示。

表 7-1：巨集啟發式演算法分類

演算法類別		演算法名稱
代理人數多寡	單代理人	禁制搜尋法(tabu search, TS)
		模擬退火法(simulated annealing, SA)
		門檻值接受法(threshold accepting, TA)
		大洪水演算法(great deluge algorithm, GDA)
	多代理人	基因演算法(genetic algorithm, GA)
		蟻群最佳化演算法(ant colony optimization, ACO)
		粒子群演算法(particle swarm optimization, PSO)
		蜂群演算法(bee colony optimization, BCO)
		仿電磁吸斥法(electromagnetism-like mechanism, EM)
	變動代理人	仿水流優化演算法(water flow-like algorithm, WFA)
仿自然生態	仿自然現象	仿水流優化演算法
		模擬退火法
		門檻值接受法
		大洪水演算法
		仿電磁吸斥法
	仿生物智能	基因演算法
		禁制搜尋法
		粒子群演算法
		蟻群最佳化演算法
		蜂群演算法

第二節 各種巨集啟發式演算法的基本概念

一、禁制搜尋法

由Glover(1989, 1990)所提出的禁制搜尋法(TS)，其觀念來自於人工智慧，TS於每次進展時先選取改善最多的搜尋方向，並藉由禁制串列(tabu list)防止搜尋的方向倒轉回來，禁制串列為先進先出(first-in first-out)]的佇列，其目的在於記錄最近幾次移動時的部份屬性。

在禁制串列中的解稱爲禁制解(tabu solution)，任何會導致禁制解的移動方向(tabu move)，當下次移動時若發現禁制串列中出現相同屬性資料則可拒絕此移動，以避免進展過程發生循環(cycling)。由於移動時若記錄所有屬性將花費大量時間在判別比對上，因此一般只記錄數個重要的屬性。另外，又運用渴望機制(aspiration level)讓新的移動在已被設定爲禁制進展時，若其成本小於渴望機制函數則仍可接受此移動，因此仍然能彈性選取較好的特定方向移動。

二、模擬退火法

模擬退火法(Metroplis et al., 1953; Kirkpatrick et al., 1983)又稱爲模擬降溫法，屬於機率式尋優法，藉由模擬物質系統的鍛鍊過程，以系統達到均衡時的穩定狀態及緩慢降溫的程序，來求解組合最佳化問題。SA 在搜尋鄰近點時，對於目標函數值的改善之向下(downhill)的移動(move)必然接受；而避免落入區域最佳解，當新的移動目標值沒有改善時，對此向上(uphill)的移動仍以一機率 $exp(-\Delta/T_m)$ 接受之，其中 Δ 爲目標函數值的增量，參數 T_m 爲目前的溫度。

三、門檻值接受法

門檻值接受法(Dueck and Scheuer, 1990)其執行架構與傳統鄰域搜尋法之架構相似，差異之處僅在於使用的接受法則不同。傳統的鄰域搜尋法僅接受較佳的鄰解，TA則可接受較劣之鄰解。TA之基本概念在於：當鄰域搜尋過程陷入局部最佳解(local optimum)時，採取較鬆的接受法則來接受劣於現解之鄰解，以便脫離局部最佳解的束縛而繼續搜尋下去。TA預先產生一組固定的門檻值數列(通常爲遞減之正值)，並在鄰域搜尋過程中依次使用數列中的門檻值。對一極小化問題而言，其接受法則爲：

$$C(X^{neighbor}) - C(X^{current}) < T_k \tag{1}$$

式(1)中，$C(X^{current})$ 及 $C(X^{neighbor})$ 分別表示現行解與鄰近解的目標函數值，T_k 則爲第 k 個門檻值。當鄰近解的目標值小於現行解目標值加上門檻值時，即使鄰近解劣於現行解，搜尋過程仍可移動至鄰近解(亦即將該鄰近解視爲是新的現行解)。此外，若鄰近解的目標值原已低於現行解目標值，根據式(1)仍可接受該鄰近解，並據以更新搜尋過程中的暫優解。

四、大洪水演算法

大洪水演算法(Dueck, 1993)類似 TA，但兩者最大不同之處在於 TA 需考慮與前一解的差異是否落在門檻值以內，而 GDA 在接受鄰近解時並不需考慮，而是以其所設定的標準作一比較，只要在此標準內均予以接受，GDA 於演算初期預先設定起始水面，在往後的演算代次中逐漸降低水面值，直到符合停止條件爲止。

五、基因演算法

GA(Holland, 1975)為一種隨機平行式全域法。其基本概念源自於達爾文在進化論中所提出的「物競天擇、適者生存」，透過選擇族群中環境適應能力較強之個體，當作繁殖下一代之種子(親代)，經過複製、交配、突變等三個演化過程，產生新的下一代(子代)。

基因係用來代表問題中的決策變數，基因經量化或由符號定義後組成染色體，每個染色體為獨立的個體並代表一個問題的可行解。在演算初期，GA 先以隨機方式產生數組親代作為搜尋的起點，而由於遵從適者生存法則概念，某些特殊型態的遺傳因子，因較適合環境固具有較高的適合度之染色體有越高的機率透過交配結合親代的優良特質產生子代以供下一代進行演算，並以突變方式增加代次間的變異性來跳脫出區域，減少局部最佳解之可能性，最後獲得對環境適應性最佳之物種。基因演算法主要在於有效運用其平行搜尋及交配、突變等演化機制，並藉由各可行解適應度的大小作為繼續演化之方向依據，形成全域的搜尋演算法，較一般鄰近搜尋法的搜尋範圍更廣。

六、蟻群最佳化演算法

蟻群最佳化演算法(Dorigo, 1992; Dorigo et al, 1996; Gambardella et al., 1999)為基於螞蟻行為所發展出來的各類型人工智慧啟發式演算法之總稱，其基本概念來自於模擬螞蟻外出覓食時，會在行經巢穴與食物間路徑上，留下「費洛蒙」(pheromone)。自然界螞蟻間乃是藉由費洛蒙做為溝通的媒介，與其他螞蟻互相傳遞資訊，使螞蟻能夠不依賴視覺輔助，只依靠費洛蒙以及螞蟻之間的共同合作，便能找出蟻巢與食物間的最短路徑，但人工螞蟻則賦予視覺之功能。

七、粒子群演算法

粒子群最佳化演算法是 Kennedy 和 Eberhart(1995)提出，他們觀察鳥群或魚群行動時發現，透過個體間的訊息傳遞方式，不斷的修正，可以使整個團體朝同一方向移動。因此藉由模仿此類生物行為反應，即參考個體的最佳經驗以及群體的最佳經驗來修正搜尋方向，可以尋求群體最大的利益。

八、蜂群最佳化演算法

蜂群最佳化演算法為多代理人演算法，每一隻蜜蜂皆視為一個代理人。蜜蜂在採蜜過程中，會出現兩種移動行為：(1)離巢移動(forward pass)：由蜂巢出發進行一連串的局部移動，此一連串的局部移動可視為部分解的建立，結合個別探索及過去經驗以產生新的多樣部分解，群蜂逐漸的增加解組合成目前的部分解，群蜂間透過直接溝通而形成可行解；(2)返巢移動(backward pass)：蜜蜂返回蜂巢，決策程序在此處發生。蜜蜂間彼此交換信息並比較彼此間的部分解是否為最佳，蜜蜂會在比較後選擇是否要放棄目前所擁有的部分解。

於"離巢移動"的行為中(如圖 7-1(A)所示)，蜜蜂(B₁、B₂、B₃)會拜訪某些節點，建立部分解，然後回到蜂巢(節點 O)後(如圖 7-1(B)所示)，蜜蜂彼此會交換信息並做決策，決策是否要放棄自己先前的部分解然後跟隨其他蜜蜂或按照原本所找的部分解並繼續搜尋。蜜蜂 B_1 放棄原先的解並跟隨蜜蜂 B_2，而蜜蜂 B_3 則依照原先所得的解並繼續做搜尋(如圖 7-2 所示)。蜜蜂會一直做離巢與返巢的移動，直到所有節點皆被訪問過爲止。

BCO 曾應用於求解旅行銷售員問題，尋找最好解所需花用的時間非常少，即能夠在一個"合理"的計算時間內產生"非常好"的解。

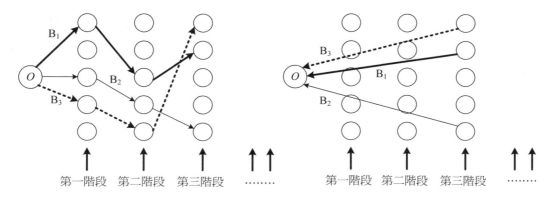

圖 7-1(A)：第一次離巢移動、(B)：第一次返巢移動行為

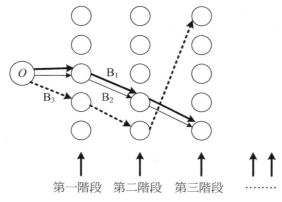

圖 7-2：第二次離巢移動行為

九、仿電磁吸斥法

仿電磁吸斥優化演算法(EM)係指模仿自然界電磁吸斥之物理現象，使一群代理人朝全域最佳解(global optimization)方向移動之演算法，其隨機搜尋之特性比傳統演算法(例如，梯度法)更適合處理之非線性最佳化問題(例如，含多峰態或不連續之函數)。仿電磁吸斥法將每一個中間解視爲一個帶電荷之粒子，目標函數值較高之解賦予較高之電荷(charge)，目

標函數值較低之解賦予較低之電荷。根據粒子所帶電荷以及彼此在空間之相對位置建立電磁磁力場，亦即模擬解集合空間之目標函數值的分佈狀況。

粒子移動之方向受其它粒子磁力合力方向與大小影響，高電荷粒子遠離低電荷粒子，低電荷粒子追向高電荷粒子。粒子移動之距離由隨機因子與基本移動距離所決定。當所有粒子移動至新的解集合空間後，即可進行區域搜尋，探索鄰近解之品質並朝好的方向移動，雖然區域搜尋可以提升解的品質，但相對的也會增加運算的負擔，在整個 EM 演算法過程中並非絕對必要是可以省略的。EM 啓發式解法(或仿電磁吸斥優化演算法)之演算步驟大致可歸納爲四個階段：(1)初始化；(2)鄰近搜尋；(3)計算作用在每一個粒子上之合力；(4)遵循合力方向移動。至於其停止標準則有兩種，即：(1)最大回合數，MAXITER $= 25n$，其中 n 代表維度數；(2)前後兩回合之暫存最佳解沒有改變。

十、仿水流演算法(WFA)

仿水流優化演算法爲王元鵬(2006)所提出的巨集啓發式演算法，WFA 的求解機制是仿照水流在地理空間的物理行爲特性所組合而成，一股水流即代表一個解，水流則爲求解問題目標值的代理人，當水流在流動的過程當中會隨著地理空間的變化會有分流、匯流等現象，藉由模仿水流的物理特性，並在求解過程當中可變動水流數目，使搜尋更具有彈性。

WFA 是一種以仿照水流物理行爲，以水流具有動量以及質量的概念，由於水流會因爲地心引力以及位能的趨使朝向低處流動，且在水的循環過程當中，水流也會因爲蒸發轉換在經過一段時間之後，在他處降水形成一股新水流，因此求解最小化問題時，解的空間如同地理特性一般，水流有極大的機率會流經地理上的最低點。

WFA 主要仿照水流的分流(flow splitting)、匯流(flow merging)、蒸發(water evaporation)、降水(precipitation)四個特性，利用分流的概念尋找鄰近解並朝其方向進行移動，在進行分流前必須先計算分流出的水流數，分流完畢之後依照新水流的目標值排名比例分配新水流的質量，水流移動後依照能量守恆原則計算新水流的速度。

透過匯流、蒸發、降水三項概念調整代理人的人數，避免搜尋上的過度或是不足，當有兩股以上的水流位於相同的位置時，代表該方向具有一定的搜尋價值，因此將兩股水流匯流成爲一股並提升其能量，增加該方向與範圍的搜尋潛能。接著進行蒸發作業，水流在每次流動過程中，皆會蒸發部分質量形成水氣，蒸發的水氣在固定的次代間隔之後將會以降水的形式形成一股新的水流，重新在空間中進行搜尋演化。WFA 屬於一近年來發展的創新優化演算法，已應用於求解裝箱問題(bin packing problem, BPP)(Yang and Wang, 2007)。

十一、其他演算法

(1)　噪音擾動法(noising method)(Charon and Hudery, 1993)

(2)　分散搜尋法(scatter search, SS)

(3) 禁制門檻法(tabu threshold, TT)

(4) 變動鄰域搜尋法(variable neighborhood search, VNS)

(5) 搜尋空間平滑法(search space smoothing, SSS)

(6) 記錄更新法(record-to-record travel, RRT)

(7) 貪婪隨機調適搜尋法(greedy random adaptive search procedure, GRASP)

(8) 跳躍搜尋法(jump search, JS)

(9) 隨機擴散搜尋法(stochastic diffusion search, SDS)

(10) 類神經網路(artificial neural network, ANN)

(11) 蟑螂演算法(cockroach colony algorithm)等。

第三節 巨集啟發式演算法的應用與績效比較

自 1953 年 SA 問世以來，巨集啟發式演算法的發展已有五十多年的歷史，從單代理人到多代理人；從固定代理人到變動代理人；有模仿自然生現象之演算法者，亦有模仿生物智能之演算法者。已發表之演算法可說是形形色色，林林總總，數量多達二十種以上，而且這個數字仍然不斷增加當中。

在這麼多演算法中，有那幾種特別適合求解某些特定問題？就目前之發展趨勢而言，巨集啟發式演算法的應用已經不再限定於固定之應用領域，已經遍及整個整數規劃問題(integer programming problem)或混合整數規劃問題(mixed integer programming problem)，但在物流領域，仍以應用在旅行銷售員問題、車輛途程問題最為常見。

至於那些演算法之求解績效要優於其他演算法?這並不是一個容易回答之問題，一方面演算法之求解績效常受到問題之性質與大小而異，並無一致性之表現，另一方面，目前發表之演算法求解績效結果，也因為使用軟硬體不同，數據之間也很難直接加以比較。值是之故，以下之說明，並未經嚴謹之測試，僅供讀者參考之用。一般說來，嚴謹之績效比較應該包括三項準則：(1)運算複雜度；(2)CPU 記憶體需求；(3)最終解品質。但由於資料欠缺，因此以下僅摘錄個別論文之比較說明。

1. Bräysy and Gendreau(2005)：禁制法之效率最佳。

2. Pham and Karaboga(2000)：將 GA、TS、SA 及類神經網路(ANN)等四種巨集啟發式演算法測試 50 個城市之旅行推銷員問題，目標式為巡迴的路線成本最小化，並以四種方法之測試結果做演算效果之比較，結果顯示 GA 最佳，而 SA 與 ANN 效果較差，而 GA 雖比 TS 之解佳，但其結果相近。

3. Demirhan et al.(1999)：EM 比基因演算法、模擬退火法表現要好。

4. Yang and Wang(2007)：WFA 求解裝箱問題(bin packing problem, BPP)相較於 GA、PSO以及 EM 有不錯的績效。

第四節 限制規劃法

限制規劃法(constraint programming, CP)最早是發源於1960至1976年代間，由人工智慧(artificial intelligence, AI)這個研究領域裡發展出來。限制規劃法是以限制式(constraints)為基礎的計算系統(computational system)，運用限制規劃法求解問題之構想是根據問題所陳述的限制或需求(requirements)，尋求滿足所有限制之解決方法。其中，限制條件可用來表示幾個變數間的邏輯關係(logical relations)，其約束了變數可能選擇的變數值(values)，而限制本身也可以是異質的(heterogeneous)，可以結合不同型態的值域範圍，例如數值結合字串型態；限制最重要的特性即是管理並建構了變數間特殊的關係。

近幾年來，限制規劃法已引起許多不同領域之專家學者的重視，它不僅具有完整的理論基礎，而且還能提供廣泛地商業用途，應用解決複雜之實際問題，特別是在處理異質性最佳化問題(heterogeneous optimization problem)及滿意問題(satisfaction problem)之應用(Bartak, 1998;1999)。限制規劃法本身來自於跨學域的整合，其主要結合了三個不同的科學領域，包括：電腦科學(computer science)、人工智慧(artificial intelligence)和作業研究(operations research)。

限制規劃法可以在短時間內找到一個較好的解(good solution)，快速地提供決策者決策資訊，但傳統數學方法則無法達到。除此之外，在求解效率及彈性方面，限制規劃法對某些問題比傳統數學方法來的好，因此，限制規劃法目前仍處於急待深入研究及開發之科技領域之一(Bartak, 1998; 1999)。

利用限制規劃法來解決問題的優點是，易於執行、使用者對於問題的處理較具彈性，即使用者可以彈性地處理限制、降低求解的計算時間和可獲得較高品質的解(Brailsford et al., 1999)，所以許多NP-hard問題都可利用限制規劃法得到較傳統方法更滿意的解答。限制規劃法異於一般傳統求解技術的特色就在於以限制滿意問題(constraint satisfaction problem, CSP)與限制基礎推理(constraint-based reasoning, CBR)區隔規劃問題層面與搜尋求解層面，規劃問題的模式與搜尋求解方法的彼此不會互相束縛。藉由CSP的模式可以很容易地規劃問題與限制條件，並可讓使用者彈性地隨時加入新的限制條件；將問題的核心的架構規劃完成後，運用CBR來作為求解的技術，可整合其他演算法來改善個別演算法可能發生的缺點與限制(蔡佳吟，2003)。

Bartak 學者(1999)提出運用限制規劃法求解問題可分為主要二大部分：第一部分為滿足限制問題 CSP，主要用於規劃問題模式；第二部分為限制式推理 CBR，主要用於搜尋求解(Bartak, 1998;1999)。在台灣，限制規劃法已被應用於以求解多資源產能分派問題(盧明宏，2002)、全年無休人員護理排班問題(李俊德，2005)以及液晶面板模組專案資源配量問題(王柏康，2008)等主題上，其未來之應用將更為廣泛而豐富。

第五節　結論與建議

根據關西學院大學(Kwansei Gukuin University)的 Ibaraki 教授在第二十三屆歐洲作業研究研討會之大會演講內容，現實世界的混合整數規劃問題，例如限制滿足問題 CSP，資源限制專案排程問題(resource constrained project scheduling problem)，車輛途程問題(VRP)等等，既多且雜，難度都非常高，若要針對每一個單獨問題發展特定用途之軟體，恐怕不具經濟效益，因此需要發展一般用途之求解軟體才能符合需求。

如何才能發展出有效率的一般用途之求解軟體？啟發式演算法雖然對於求解無限制式之大規模問題非常有效率，但對於大規模之含限制式問題卻顯得力不從心，特別是當限制式大量增加時，恐怕面臨連找到一個可行解都會發生困難，更別說要找到好的可行解了。但在另一方面，限制規劃法卻非常適合求解多限制式的問題(highly constrained problems)，但其缺點則為處理大規模問題時，所必須考量的解之數量太多。由於兩類方法之功能互補，因此若能發展整合求解法，兼取兩者的優點，將能有效求解大規模的多限制式問題。

目前 Ibaraki 已成功發展出一般用途之求解軟體，在其內所採用之演算法均屬於巨集式近似演算法(meta-heuristics)，但同時也納入限制規劃法的功能，該軟體已經成功應用到不同主題問題上，例如 ITC2007(International Timetabling Competition)以及工業界之應用上，成果相當豐碩。

整合巨集式近似演算法(mix constraint programming and meta-heuristics)與限制規劃法的求解演算法，未來之應用潛力無窮，然到目前為止，將整合求解法直接應用到交通領域之運輸規劃、交通安全以及交通控制之研究仍然十分有限，因此還有很大研究努力空間。

問題研討

1. 巨集啓發式演算法的分類方式有幾種，其內容爲何？

2. 禁制搜尋法之內容爲何？

3. 基因演算法之內容爲何？

4. 限制規劃法之內容與重要性爲何？

5. 請回顧相關文獻(例如：Meyer and Ernst, 2004)，闡述如何才能整合蟻群最佳化法(ant colony optimization method, ACO)與限制規劃法(constraint programming, CP)成爲一個有效的混合最佳化方法(hybrid optimization method)？

第八章

螞蟻族群
最佳化演算法

近幾年來，巨集啟發式演算法(meta heuristics)的發展非常迅速，研究成果也非常豐碩，目前已公開發表之啟發式演算法不下數十種之多，而且這種快速發展趨勢仍然方興未艾、仍然不斷的持續進行當中。為了讓讀者對啟發式演算法能有更深入之瞭解，本章特別以螞蟻族群演算法(ant colony optimization, ACO)為例，詳細說明其發展過程與演算法之求解步驟。

以下第一節將簡介螞蟻族群最佳化演算法；第二節將說明螞蟻族群最佳化特性；第三節整理螞蟻族群最佳化之演進情形；第四節歸納比較各種改良螞蟻演算法之費洛蒙更新方式；第五節探討螞蟻族群演算法；第六節以數例說明螞蟻系統(ant system, AS)演算法求解步驟；第七節提出結論與建議。

第一節 螞蟻族群最佳化簡介

螞蟻族群演算法(ant colony optimization, ACO)由 Dorigo et al.(1991)根據真實螞蟻尋找食物之行為產生靈感，藉由人工螞蟻模擬真實螞蟻之行為模式所發展出來的一個人工智慧啟發式演算法。其基本概念來自模擬螞蟻外出覓食時，會在行經巢穴與食物間的路徑上，留下一種稱為「費洛蒙」(pheromone)自然化學物質，而螞蟻間乃是藉由費洛蒙作為溝通的媒介，利用此媒介與其他螞蟻間相互傳遞訊息。

當螞蟻由巢穴出發前往食物來源處的過程中，螞蟻會依循著費洛蒙的多寡決定要走的路徑，並遵循費洛蒙濃度較高的路徑。隨著時間增長，較短的路徑則會累積較多的費洛蒙，使得後面較晚出發的螞蟻會依循費洛蒙濃度較高的路徑，最後逐漸集中於同一條路徑上，螞蟻此種隨時間變動逐漸修正覓食行為並趨向於最佳路徑的過程，請參見圖 8-1 示意圖。

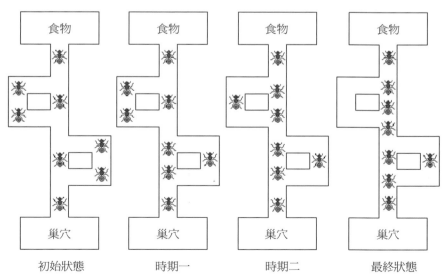

圖 8-1：路徑費洛蒙濃度之變化(資料來源：McMullen, 2001)

第二節 螞蟻族群最佳化特性

螞蟻族群演算法中的人工螞蟻雖然係藉由模仿真實螞蟻之行為所發展出來，但不全然接受自然界螞蟻的所有生活模式。Dorigo et al.(1991)提出人工螞蟻與自然界螞蟻的差異主要有下列三點：

1.　人工螞蟻具有自己的記憶空間。

2.　人工螞蟻並非全盲，其能分辨距離長短的機制類似於視覺能力，當它進行路徑選擇時，會考慮費洛蒙及距離後才決定，此與自然螞蟻完全依賴費洛蒙不同。

3.　人工螞蟻為方便費洛蒙濃度及螞蟻位置的更新，採行離散化的時間定義，這與真實生活中連續時間的觀念並不相同。

人工螞蟻模擬自然界螞蟻行為，具有下列三大特性(Dorigo and Gambardella, 1997)：

1.　螞蟻傾向於選擇具有較高費洛蒙之路徑。

2.　較短路徑之費洛蒙濃度累積速度較快。

3.　螞蟻藉由費洛蒙達到間接溝通(indirect communication)的效果。

此外，人工螞蟻在搜尋最佳路徑的過程中，均採取以下三種作法以提升求解效率(Dorigo et al., 1991)：

1.　分散計算

分散計算(distributed computation)是利用多數的螞蟻於不同起點出發，增加其探索的可能性，因此可避免過早選擇完全相同的路徑，即所謂過早收斂(premature convergence)；而單隻螞蟻與多數的螞蟻雖然都受到費洛蒙軌跡影響來尋找路徑，但是由於單隻螞蟻在搜尋路徑時，所面臨的選擇有限，缺乏多樣性，容易在選擇時集中於某些特定的路徑上。

2.　正向回饋

正向回饋(positive feedback)是一種自我加強的過程，即所謂自動催化(autocatalytic)的過程的行為。此種現象即將原來聚集較多螞蟻選擇的路徑，會吸引更多的螞蟻前來。此特性為能快速取得相當好的解答之能力。

3.　建構式啟發法

一般使用最普遍的建構式啟發法(constructive greedy heuristic)為貪婪式解法，其主要目的為在短時間內構建出一個不算太差的可行解，如此作法可加速解題的過程，避免早期浪費時間進行無效的搜尋。

現今螞蟻理論已被成功應用於求解許多NP-hard 問題，如對稱或不對稱之旅行銷售員問題(TSP)、車輛途程問題(VRP)、二次指派問題(quadratic assignment problem, QAP)和循序訂購問題(sequential ordering problem, SOP)等。

第三節 螞蟻族群最佳化之演進

螞蟻族群最佳化的最早版本稱之為螞蟻系統(ant system, AS)係由 Dorigo et al.(1991)所提出，其最初應用於求解旅行銷售員問題上。螞蟻系統經過不斷的改良而產生許多強化的螞蟻系統，而此些改良的方法都統稱爲螞蟻族群最佳化(ACO)演算法，並且被廣泛的應用在許多離散型的最佳化問題上。

以下將僅針對較爲著名的改良式螞蟻演算法加以說明如下：

1. 螞蟻系統

螞蟻系統(AS)是由Dorigo et al.於1991年提出，此演算法是藉由自然界螞蟻尋找食物的行爲所發展出的一套法則，最初應用於求解TSP問題上，其後亦成功運用於各類型問題上，例如：二次指派問題(Taillard and Gambardella, 1997)。

2. 菁英螞蟻系統

菁英螞蟻系統(elitist ant system, Elitist AS)爲Dorigo et al.(1996)在AS中提出的菁英策略(elitist strategy)，可使產生的解品質獲得提高，而後Bullnheimer et al.(1999)承襲並改良AS的菁英架構以求解TSP。其中，菁英策略作法如同基因演算法中所採用的篩選策略，保留每世代中最佳個體直接保送至下一代存活，此方法提高了深度搜尋的重要性。

3. 螞蟻族群系統

螞蟻族群系統(ant colony system, ACS)是由Dorigo and Gambardella於1997年提出，承襲了先前的螞蟻系統的精神，在方法上則改良了狀態移轉的方式與費洛蒙濃度的更新方式。ACS與AS主要差異有三項：(1)在狀態轉移規則(state transition rule)上，ACS將螞蟻的選擇行爲進一步區分爲「開拓」(exploitation)與「探索」(exploration)(註：前者「開拓」亦有學者翻譯成「探究」)。(2)AS在進行費洛蒙更新時，係以每隻螞蟻所得到的結果進行更新，乃加總所有螞蟻所殘留的費洛蒙量，均勻的更新於最佳解，但ACS僅更新所有螞蟻中搜尋出之最佳路徑上的費洛蒙濃度，進行整體費洛蒙更新。(3)ACS加入「區域費洛蒙更新法」(local pheromone updating rule)的觀念，即當每一隻螞蟻選擇完下一節點時，針對該路段作一次費洛蒙的更新，以使得各路徑的費洛蒙值不致過高，導致收斂至局部解。

4. 極大-極小螞蟻系統

極大-極小螞蟻系統(max-min ant system, MMAS)係由Stützle and Hoos於1997年提出，並應用於求解TSP與QAP問題。MMAS與ACS的觀念相似，但此方法設定了費洛蒙的上限及下限，將每條路徑上的費洛蒙控制在一範圍內，此設計可以使螞蟻在搜尋的過程中不會過早收斂於某一範圍內。

5. 評等爲基礎的螞蟻系統

評等爲基礎的螞蟻系統(rank-based ant system, AS_{rank})係由Bullnheimer et al.於1997年提出，並應用於求解VRP問題。在AS_{rank}的設計上，每個回合結束後，先將所有螞蟻以該回合中所求得路徑長度排序，僅有路徑較短的數隻螞蟻可增加費洛蒙的量，且路徑越短費洛蒙增加的量越多。

6.　快速螞蟻系統

快速螞蟻系統(fast ant system, FANT)係由Taillard and Gambardella於1997年提出，並應用於求解QAP問題。FANT於每回合只使用一隻螞蟻，再以螞蟻搜尋出的解進行區域搜尋的改善，且增加爲了避免收斂於區域最佳解的機制。

7.　近似不定樹狀搜尋

近似不定樹狀搜尋(approximate nondeterministic tree-search procedures, ANTS)係由Maniezzo於1998年所提出，並應用於求解QAP問題。此演算法名稱看似與螞蟻演算法無關，但其求解過程的確是屬於螞蟻演算法的一種。此演算法特色在於更新機制沒有費洛蒙蒸發的機制，而是以螞蟻搜尋的解決定是否要增加或減少費洛蒙濃度，當螞蟻搜尋的解很好時，就於此解上增加費洛蒙濃度，反之則減少該解的費洛蒙濃度。

有鑑於螞蟻系統變化與衍伸出來的許多改良的螞蟻演算法已經有效的求解許多組合最佳化問題，Dorigo et al.(1999)將螞蟻系統、螞蟻族群系統與其他相關應用的法則歸納成一套啓發式演算法，稱爲螞蟻族群最佳化巨集啓發式方法(ACO)。以下將螞蟻族群最佳化之演進表整理如表 8-1：

表 8-1：螞蟻族群最佳化之演進表

演算法	特性	作者
螞蟻系統 (AS)	藉由自然界螞蟻尋找食物的行爲所發展出的一套法則。	Dorigo et al. (1991)
菁英螞蟻系統 (Elitist AS)	提出菁英策略，保留每代中最佳的個體至下一代，提高深度搜尋。	Dorigo et al. (1996)
螞蟻族群系統 (ACS)	承襲螞蟻系統之精神，改良狀態轉移規則及費洛蒙濃度之更新方式。	Dorigo and Gambardella (1997)
極大-極小螞蟻系統 (MMAS)	設定費洛蒙值的上下界限制，避免過早收斂。	Stützle and Hoos (1997)
評等爲基礎的螞蟻系統 (AS_{rank})	提出固定數量優秀螞蟻，來更新其費洛蒙濃度。	Bullnheimer et al. (1997)
快速螞蟻系統 (FANT)	每個回合只使用一隻螞蟻，再以螞蟻搜尋出的解進行區域搜尋之改善。	Taillard and Gambardella (1997)
近似不定樹狀搜尋 (ANTS)	無費洛蒙蒸發機制，以螞蟻搜尋解的優劣來決定是否要增加或減少費洛蒙濃度。	Maniezzo (1998)

第四節　各種改良螞蟻演算法之費洛蒙更新

螞蟻族群最佳化中的各種改良之螞蟻演算法彼此之間的主要差異在於路徑費洛蒙濃度之更新方式，上述的各種改良之螞蟻演算法其費洛蒙濃度更新公式整理如表 8-2 所示。

表 8-2：各改良螞蟻演算法費洛蒙更新公式

演算法	費洛蒙更新公式	
螞蟻系統 (AS)	$\tau_{ij}(t+1) = (1-\rho)\tau_{ij} + \sum_{k=1}^{m} \Delta\tau_{ij}^{k}(t)$	(1)
菁英螞蟻系統 (Elitist AS)	$\tau_{ij}(t+1) = \rho\tau_{ij}(t) + \dfrac{e(t)}{L_{gb}(t)}$	(2)
螞蟻族群系統 (ACS)	$\tau_{ij}(t+1) = (1-\rho)\tau_{ij}(t) + \rho \cdot \tau_0(t)$ (local update) $\tau_{ij}(t) = (1-\sigma)\tau_{ij}(t) + \sigma \cdot \Delta\tau_{ij}$ (global update)	(3) (4)
極大-極小螞蟻系統 (MMAS)	$\tau_{ij}(t+1) = (1-\rho)\tau_{ij}(t) + \rho \cdot \Delta\tau_{ij}^{best}(t)$	(5)
評等為基礎的螞蟻系統 (AS$_{rank}$)	$\tau_{ij}(t+1) = (1-\rho)\tau_{ij}(t) + \sum_{r=1}^{w-1}(w-r) \cdot \Delta\tau_{ij}^{r}(t) + w \cdot \tau_{ij}^{gb}(t)$	(6)
快速螞蟻系統 (FANT)	$\tau_{ij}(t+1) = \tau_{ij}(t) + \Delta\tau_{ij}(t)$	(7)
近似不定樹狀搜尋 (ANTS)	$\tau_{ij}(t+1) = \tau_{ij}(t) + \sum_{k=1}^{m} \Delta\tau_{ij}^{k}(t)$	(8)

公式符號說明：

q_0：轉換規則參數，$0 \le q_0 \le 1$

τ_0：費洛蒙起始值

ρ：局部費洛蒙衰退參數，$0 < \rho < 1$

σ：局部費洛蒙衰退參數，$0 < \sigma < 1$

w：可增加費洛蒙之螞蟻數量，為一參數值，$w \ge r$

m：螞蟻數

k：第 k 隻螞蟻

$\tau_{ij}(t)$：第 t 回合路段 ij 之費洛蒙濃度

$\tau_{ij}^{gb}(t)$：第 t 回合最佳解之路段 ij 的費洛蒙濃度

$\Delta\tau_{ij}^{k}(t)$：第 k 隻螞蟻在第 t 回合路段 ij 之費洛蒙量；$\Delta\tau_{ij}^{k}(t) = \dfrac{Q}{L_k}$（$L_k$：第 k 隻螞蟻建構之總路徑長度，Q 為一常數）

$\Delta\tau_{ij}$：表目前最佳解路段 ij 之費洛蒙量；$\Delta\tau_{ij} = \dfrac{Q}{L_{gb}}$（$L_{gb}$：目前最佳解之路徑長度，$Q$ 為一常數）

$e(t)$：第 t 回合目前最佳解之螞蟻數量

$L_{gb}(t)$：第 t 回合最佳解之路徑長度

r：選取較優解之數量

以下則將上述的改良之螞蟻演算法其費洛蒙更新公式簡略加以說明：

1. 螞蟻系統更新：當所有螞蟻皆完成各自的路徑後，則利用式(1)將各路徑的費洛蒙濃度重新更新一次，此為全域費洛蒙更新，其主要是將原殘留路段上之費洛蒙會隨時間消逝而逐漸揮發，而螞蟻巡行過之路段則會再留下新的費洛蒙，使得此路段之費洛蒙濃度增加。

2. 菁英螞蟻系統更新：Elitist AS僅以目前最佳解進行路徑費洛蒙濃度的更新，其為了加強最佳路徑上的費洛蒙濃度，則再經"t"回合運算結束後，以運算出目前最佳解之螞蟻數量作為利用目前最佳路徑進行費洛蒙更新的次數，更新公式如式(2)。

3. 螞蟻族群系統更新：ACS的費洛蒙更新包含式(3)的局部費洛蒙更新，以及式(4)的全域費洛蒙更新。局部費洛蒙更新為當每一隻螞蟻選擇完下一節點時，即進行費洛蒙的消散，更新費洛蒙濃度；全域費洛蒙更新則僅在表現最佳的那一隻螞蟻才會遺留下費洛蒙。

4. 極大-極小螞蟻系統更新：更新方式式(5)與ACS的全域更新公式相同，僅在表現最佳的那一隻螞蟻才會遺留下費洛蒙，與ACS不同處在於MMAS令所有路徑上的費洛蒙濃度限制在(τ_{min}, τ_{max})的範圍內。

5. 評等為基礎的螞蟻系統更新：每個回合結束後，先將所有螞蟻以該回合中所求得路徑長度排序，僅有排在前面的$w-1$隻螞蟻可增加費洛蒙濃度(w為演算法中設定之參數)，且排在越前面費洛蒙增加的量越多，如式(6)所示。

6. 快速螞蟻系統更新：FANT之費洛蒙更新方式並沒有納入費洛蒙發散機制，如式(7)所示。

7. 近似不定樹狀搜尋更新：ANTS沒有費洛蒙發散的機制，僅以螞蟻搜尋出的解決定其費洛蒙濃度是否增加或減少，若螞蟻搜尋出的解的品質佳就增加費洛蒙，反之減少，如式(8)所示。

第五節 螞蟻族群演算法(ACS)

螞蟻族群演算法具有多點尋優及回饋機制之功能，透過節線上費洛蒙濃度之差異，以多數螞蟻利用「開拓機制」(exploitation)往較佳解方向搜尋，並利用「探索機制」(exploration)增加其他解的搜尋機會，以避免局部最佳解的吸引。圖 8-2 為螞蟻族群演算法求解 TSP 之流程圖。

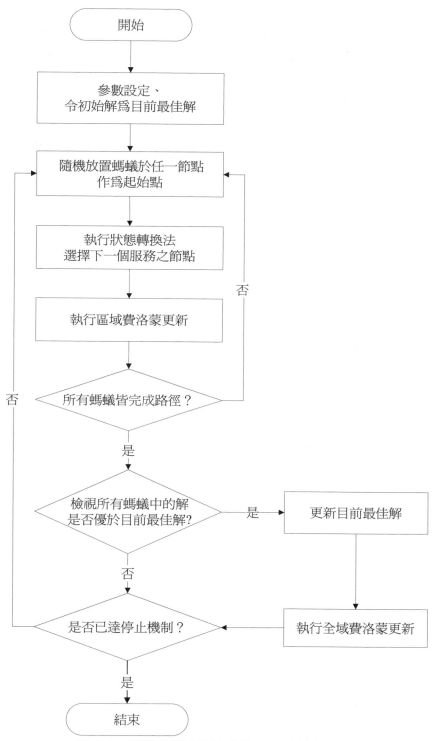

圖 8-2：螞蟻族群演算法求解 TSP 之流程圖

由圖 8-2 可知，螞蟻族群演算法主要由初始狀態、途程建構準則、費洛蒙濃度更新法則以及停止準則四大部份所組成，其中費洛蒙濃度更新法則又區分為費洛蒙區域更新及費洛蒙全域更新。以下則詳細說明其四大部份內容。

一、初始狀態

主要為設定參數之初始值，參見表8-3對照表。一般而言，費洛蒙起始值可設定為：$\tau_{ij} = \tau_0 = (NL_{nn})^{-1}$，$N$為節線總數，$L_{nn}$(nn：nearest neighbor search)為以貪婪解法(greedy heuristic)所求解的總距離，其中貪婪解法為採用最鄰近解搜尋法。α、β 值則以試誤法嘗試之，而β值一般會較大。

表 8-3 參數定義對照表

參數	定義
q_0	轉換規則參數，$0 \le q_0 \le 1$
τ_0	費洛蒙起始值
ρ	區域費洛蒙衰退參數，$0 < \rho < 1$
σ	全域費洛蒙衰退參數，$0 < \sigma < 1$
α、β	參數值
m	螞蟻數

二、途程建構準則

螞蟻族群演算法以狀態轉換法則(state transition rule)完成路線之建構，而之狀態轉換法則係利用隨機亂數值(q)的方式，將螞蟻的選擇行為區分為「開拓」與「探索」兩種狀況。

1. 開拓狀態：當隨機亂數值 $q \le q_0$ 時，則直接選擇效果最大的節點，即費洛蒙濃度高及距離長度短的節點，如式(9)所示。

2. 探索狀態：為隨機亂數值 $q > q_0$ 時，則 ACS 的轉換規則與 AS 的轉換規則相同，螞蟻以機率方式進行選擇，即當費洛蒙濃度越高或距離越短者，則機率越高，被選中的機會越大，但不表示選擇結果必定為機率最大者，如式(10)所示。

$$開拓狀態：s = \begin{cases} \arg\ \max_{j \in J_k(i)} \left\{ \left[\tau_{ij}\right]^\alpha \cdot \left[\eta_{ij}\right]^\beta \right\} & if\ q \le q_0 \\ S & otherwise \end{cases} \tag{9}$$

$$探索狀態：S_k(i,j) = \begin{cases} \dfrac{\left[\tau_{ij}\right]^\alpha \cdot \left[\eta_{ij}\right]^\beta}{\displaystyle\sum_{u \in J_k(i)} \left[\tau_{iu}\right]^\alpha \cdot \left[\eta_{iu}\right]^\beta} & if\ j \in J_k(i) \\ 0 & otherwise \end{cases} \tag{10}$$

符號定義如下：

τ_{ij}：表示路段 i 到路段 j 之費洛蒙濃度。

η_{ij}：為能見度(visibility)，表示節點 i 到節點 j 距離之倒數，即 $\eta_{ij} = \dfrac{1}{L_{ij}}$ 。

L_{ij}：為節點 i 到節點 j 距離。

$J_k(i)$：為記錄螞蟻 k 尚未拜訪過的節點"i"之集合。

α：費洛蒙濃度之參數，$\alpha > 0$。

β：能見度之參數，$\beta > 0$。

q：為一隨機變數，其數值在 0 與 1 之間呈均一分佈。

s：其值由(9)式所求得，為下一個服務的節點。

S_k：其值由(10)式所求得，為下一個服務的節點。

三、費洛蒙更新法則

費洛蒙更新法則(pheromone updating rules)可細分成區域費洛蒙更新法則(local updating rule)及全域費洛蒙更新法則(global updating rule)兩種：

1. 區域費洛蒙更新：當每一隻螞蟻選擇完下一節點時，即針對所有路徑作一次費洛蒙的更新，此動作使拜訪過之路段上費洛蒙減少，可避免螞蟻侷限在某一範圍內，其更新公式如式(11)所示。

$$\tau_{ij}(t+1) = (1-\rho)\tau_{ij}(t) + \rho \cdot \tau_0(t) \tag{11}$$

符號定義如下：

ρ：區域費洛蒙衰退參數，$0 < \rho < 1$。

σ：全域費洛蒙衰退參數，$0 < \sigma < 1$。

2. 全域費洛蒙更新：所有螞蟻皆完成路徑後，則進行全域費洛蒙更新，而全域更新法中，則針對目前最短路徑進一步的強化費洛蒙濃度，在目前最短路徑上留下費洛蒙，其更新公式如式(12)所示。

$$\tau_{ij}(t) = (1-\alpha)\tau_{ij}(t) + \alpha \cdot \Delta\tau_{ij} \tag{12}$$

符號定義如下：

$$\Delta\tau_{ij} = \begin{cases} \dfrac{Q}{L_{gb}} & \text{如果路段}ij\text{為最佳解時} \\ 0 & \text{其他} \end{cases}$$

Q：常數。

L_{gb}：目前最佳解之路徑長度。

四、停止準則

停止準則是用來終止演算法的條件，一旦演算法執行到達此停止準則，則停止搜尋，演算法結束。目前較常被使用停止機制大約有下列四種方式：

1. 演算法執行之最大迭代次數；
2. 目前最佳目標函數值持續未改善之最大迭代次數；
3. 演算法之最長執行時間；
4. 可接受之目標函數值。

第六節 螞蟻系統(AS)求解步驟與例題説明

AS 為 ACO 理論中最早提出，也是其相關理論的基礎，且 AS 為最早應用於求解 TSP 問題，故本節將以 AS 求解方法作為例題之說明，以一小路網為例求解 TSP 問題，來說明 AS 的解法。

一、AS 演算法求解步驟

以下為 AS 求解步驟之簡述：

步驟一：初始狀態。

主要為參數之設定，包括費洛蒙濃度起始值(τ_0)、費洛蒙衰退參數(ρ)、參數值(α 和 β)、螞蟻數(m)、回合數(t_{max})。參數設定參照前節所述。

步驟二：建構TSP路線。

將m隻螞蟻隨機放置於節點上，依據轉換機率，選擇下一個拜訪節點，以完成一完整路線。轉換機率計算公式如下：

$$P_{ij}^m = \begin{cases} \dfrac{\left[\tau_{ij}(t)\right]^\alpha \left[\eta_{ij}\right]^\beta}{\displaystyle\sum_{u \in J_k(i)}\left[\tau_{iu}(t)\right]^\alpha \left[\eta_{iu}\right]^\beta} & if \quad j \in J_s(i) \\ \\ 0 & otherwise \end{cases} \tag{13}$$

符號定義如下：

τ_{ij}：表示路段 i 到路段 j 之費洛蒙濃度。

η_{ij}：為能見度(visibility)，表示節點 i 到節點 j 距離之倒數，即 $\eta_{ij} = \dfrac{1}{L_{ij}}$。

L_{ij}：為節點 i 到節點 j 距離。

$J_k(i)$：為記錄螞蟻k尚未拜訪過的節點(i)之集合。

P_{ij}^m：其值由(13)式所求得，為下一個服務的節點。

步驟三：更新費洛蒙濃度。

當所有螞蟻皆完成一完整路線，進行整體費洛蒙更新，更新公式如式(14)所示：

$$\tau_{ij}(t+1)=(1-\rho)\tau_{ij}(t)+\rho\cdot\Delta\tau_{ij} \tag{14}$$

符號定義如下：

ρ：區域費洛蒙衰退參數，$0<\rho<1$。

$$\Delta\tau_{ij}=\begin{cases}\dfrac{Q}{L_{gb}} & \text{如果路段}ij\text{為最佳解時}\\[2mm]0 & \text{其他}\end{cases}$$

Q：為一常數。

L_{gb}：目前最佳解之路徑長度。

步驟四：更新最佳路徑。

若當回合之最佳路徑總距離小於目前最佳路徑總距離，則更新當回合之最佳路徑及最佳路徑總距離為目前最佳路徑及目前最佳路徑總距離。

步驟五：停止準則。

若執行回合數已達設定之停止條件，則結束；反之，則回到步驟二。

二、AS 演算法數值範例

圖 8-3 為 7 個節點之測試網路，其距離矩陣整理如表 8-4。

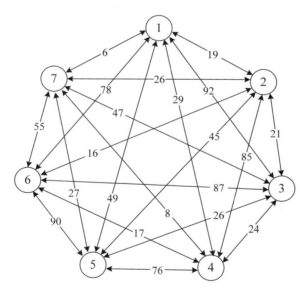

圖 8-3：7 個節點之網路圖

表 8-4：網路之距離矩陣

節點編號	1	2	3	4	5	6	7
1	0	19	92	29	49	78	6
2	19	0	21	85	45	16	26
3	92	21	0	24	26	87	47
4	29	85	24	0	76	17	8
5	49	45	26	76	0	90	27
6	78	16	87	17	90	0	55
7	6	26	47	8	27	55	0

AS 演算法求解 TSP 問題的步驟如下：

第一回合：初始狀態及參數設定

設定螞蟻之數 $m=3$、$\alpha=1$、$\beta=2$、$\rho=0.9$、$Q=100$、

費洛蒙起始值 $=\tau_{ij}=\tau_0=(NL_{nn})^{-1}=0.000167$、$t_{\max}=100$。

第二回合：建構 TSP 路徑。

將此 3 隻螞蟻隨機放至任一節點上。假設第一隻螞蟻先置於節點 4，則其他之 6 個節點均可能為其下一拜訪之節點。表 8-5(A)為此隻螞蟻對各節點之選擇機率。

表 8-5(A)：第 1 隻螞蟻在節點 4 選擇拜訪下一節點的機率

節點編號	$[\tau_{iu}(t)]^\alpha [\eta_{iu}]^\beta$	P_{ij}^s	$\sum P_{ij}^s$
1	1.98573E-03	0.053269	0.05
2	2.31142E-04	0.006201	0.06
3	2.89931E-03	0.077776	0.14
4	0	0	-
5	2.89127E-04	0.007756	0.15
6	5.77855E-03	0.155014	0.30
7	0. 0260938	0.699985	1.00

第三回合：建構 TSP 路徑(續)。

產生一隨機亂數值，假設為 0.28，表示將選擇節點 6。而下一拜訪節點的選擇機率如表 8-5(B)所示。

表 8-5(B)：第 1 隻螞蟻在節點 6 選擇拜訪下一節點的機率

節點編號	$[\tau_{iu}(t)]^\alpha [\eta_{iu}]^\beta$	P_{ij}^s	$\sum P_{ij}^s$
1	2.7449E-04	0.035296	0.04
2	6.52344E-03	0.838833	0.87
3	2.20637E-04	0.028371	0.90
4	0	0	-
5	2.06173E-04	0.026511	0.93
6	0	0	-
7	5.52066E-04	0.070989	1.00

第四回合：建構 TSP 路徑(續)。

　　產生一隨機亂數值，假設為 0.78，表示將選擇節點 2。而拜訪下一節點的選擇機率如表 8-5(C)所示。

表 8-5(C)：第 1 隻螞蟻在節點 2 選擇拜訪下一節點的機率

節點編號	$[\tau_{iu}(t)]^\alpha [\eta_{iu}]^\beta$	P_{ij}^s	$\sum P_{ij}^s$
1	4.62604E-03	0.395118	0.40
2	0	0	-
3	3.78685E-03	0.323441	0.72
4	0	0	-
5	8.24691E-04	0.070438	0.79
6	0	0	-
7	2.47041E-03	0.211002	1.00

第五回合：建構 TSP 路徑(續)。

　　產生一隨機亂數值，假設為 0.48，表示將選擇節點 3。而拜訪下一節點的選擇機率如表 8-5(D)所示。

表 8-5(D)：第 1 隻螞蟻在節點 3 選擇拜訪下一節點的機率

節點 編號	$[\tau_{iu}(t)]^{\alpha}[\eta_{iu}]^{\beta}$	P_{ij}^{s}	$\sum P_{ij}^{s}$
1	1.97306E-04	0.57629	0.06
2	0	0	-
3	0	0	-
4	0	0	-
5	2.47041E-03	0.721559	0.78
6	0	0	-
7	7.55998E-04	0.220812	1.00

第六回合：建構 TSP 路徑(續)。

產生一隨機亂數值，假設為 0.25，表示將選擇節點 5。而拜訪下一節點的選擇機率如表 8-5(E)所示。

表 8-5(E)：第 1 隻螞蟻在節點 5 選擇拜訪下一節點的機率

節點 編號	$[\tau_{iu}(t)]^{\alpha}[\eta_{iu}]^{\beta}$	P_{ij}^{s}	$\sum P_{ij}^{s}$
1	6.95544E-04	0.232907	0.23
2	0	0	-
3	0	0	-
4	0	0	-
5	0	0	-
6	0	0	-
7	2.29081E-03	0.767093	1.00

第六回合：建構 TSP 路徑(續)。

產生一隨機亂數值，假設為 0.61，表示將選擇節點 7。

此時第 1 隻螞蟻已完成路徑，即 4→6→2→3→5→7→1，總距離為 142。

假設其他 2 隻螞蟻也依此程序完成路徑，分別為 5→1→6→4→7→2→3，總距離為 225；及 5→1→3→4→6→2→7，總距離為 251。

第七回合：更新費洛蒙濃度。

將此 3 隻螞蟻所完成的路徑，分別進行各路段的費洛蒙濃度更新。

例如：

路段 12 未有任一何螞蟻通過，故其費洛蒙濃度更新為：

$\tau_{12}(1) = (1-0.9)\tau_{12}(0) = 0.000017$ 。

路段 13 則有第 3 隻螞蟻經過，其費洛蒙值更新為：

$\tau_{13}(1) = (1-0.9)\tau_{13}(0) + 0.9\Delta\tau_{13}^3 = 0.000017 + 0.35857 = 0.358587$

又如路段 23 有第 1 隻及第 2 隻螞蟻通過，故其費洛蒙值更新為：

$\tau_{23}(1) = (1-0.9)\tau_{23}(0) + 0.9\left(\Delta\tau_{23}^1 + \Delta\tau_{23}^2\right) = 0.000017 + 1.033803 = 1.033820$

下表 8-6 為各路段費洛蒙更新結果：

表 8-6：各路段的費洛蒙更新結果

節點編號	1	2	3	4	5	6	7
1	0	0.000017	0.358587	0.633820	0.000017	0.400017	0.000017
2	0.000017	0	0.000017	0.000017	0.000017	0.000017	0.358587
3	0.000017	1.033820	0	0.358587	1.033820	0.000017	0.000017
4	0.000017	0.000017	0.000017	0	0.000017	0.992386	0.400017
5	0.758583	0.000017	0.000017	0.000017	0	0.000017	0.633820
6	0.000017	0.992386	0.000017	0.400017	0.000017	0	0.000017
7	0.633820	0.400017	0.000017	0.000017	0.358587	0.000017	0

第八回合：持續更新最佳路徑。

令 $L_{gb} = L_1 = 142$、$T^+ = T_1 = 4 \rightarrow 6 \rightarrow 2 \rightarrow 3 \rightarrow 5 \rightarrow 7 \rightarrow 1$。更新回合數 $t = 2$。

L_1：第一回合最短路徑總距離

T^+：目前最短路徑

T_1：第一回合最短路徑

第九回合：測試停止條件。

由於 $t = 2 < 100$，故回到步驟二。重複步驟二至五，直到停止條件成立為止。

第七節 結論與建議

　　蟻群最佳化法屬於仿生物智能、多代理人的巨集啟發式演算法，藉由模擬自然界螞蟻族群的覓食行為，開發出費洛蒙濃度更新機制來搜尋最短路徑。截至目前為止，這種人工智慧啟發式演算法，已經成功的應用到不同的組合最佳化問題上，例如推銷旅行員問題(TSP)、車輛途程問題(VRP)、循序訂購問題等，由於求解品質穩定且運算效率不差，為值得採用的良好方法之一。近年來亦有學者開始研究如何將蟻群最佳化法與限制規劃法加以整合，以更進一步提高其求解績效，這種觀念也已逐漸成為當前重要的研究課題。

問題研討

1. 名詞解釋：
   (1) 菁英螞蟻系統
   (2) 評等為基礎的螞蟻系統
   (3) 開拓
   (4) 探索

2. 螞蟻族群最佳化演算法的主要四大部份為何？

3. 自然界螞蟻在覓食過程中，具有那三大特性。

4. 提升人工螞蟻搜尋最佳路徑的求解效率之作法有那些？

最大流量與最小成本流量問題

　　最大流量問題(maximum flow problem)以及最小成本流量問題(minimum cost flow problem)爲網路分析中重要且應用廣泛的網路流量問題。

　　最大流量問題係指在一個有節線容量限制的網路中，求取由起點至迄點可運送的最大流量的問題，其應用的範圍包括：

1. 尖峰時間的交通管制；
2. 大型活動(如演唱會、集會遊行、運動比賽)前後的交通管制；
3. 從精煉廠將最大的油量輸送至儲油設備之問題；
4. 石油公司的管線輸送；
5. 設置電子訊息傳送系統基地選址之問題，須先將原問題轉換成"邏輯網路"來表達連結基地之間節線收益之目標；
6. 處理物料之輸送帶系統；
7. 公司貨物的供應鏈系統設計；
8. 其他流體、交通、電力、資訊、生產流程中個別作業容量限制問題(production sequences with task capacities)、運輸問題以及指派問題等。

　　至於最小成本流量問題則係指在一個網路中，將已知的需求量經過網路系統以總成本最小的方式從起點送達迄點，且符合流量守恆及容量限制的條件，因爲有許多其他的網路問題皆是由此問題衍生發展而來，因此屬於比較一般化的網路問題，其可能的應用包括：

1. 以最低之成本將貨品從批發店配送至零售商店；
2. 天然瓦斯之配送系統；
3. 生產排程問題等。

　　以下第一節說明基本觀念與解釋重要名詞；第二節探討最大流量問題之內涵，包括數學模型、求解演算法以及數例等；第三節探討最小成本流量問題之內涵，包括數學模型、求解演算法以及數例等；第四節提出結論與建議。

第一節　基本觀念與名詞解釋

　　茲將最大流量問題與最小成本流量問題相關之專有名詞介紹如下：

1. 可增加流量節線(increasable arc)：假設已得到一組可行流量解之網路中，節線(i,j)間之容量爲u_{ij}，流量爲$x_{ij} \geq 0$，若$x_{ij} < u_{ij}$，則節線(i,j)間之流量仍可增加。圖 9-1 四條節線$(r,1),(r,2),(2,1),(2,s)$中任一節線均屬於可增加流量節線。

2. 可增加流量節線集合(increasable set, I)：在一個網路中，由所有可增加流量節線所形成之集合謂之，以圖 9-1 爲例，集合 I 爲$\{(r,1),(r,2),(2,1),(2,s)\}$。

3. 可減少流量節線(reducible arc)：假設已得到一組可行流量解之網路中，節線(i,j)間之容量爲u_{ij}，流量爲$x_{ij} \geq 0$，則節線(i,j)間之流量可減少。圖 9-1 兩條節線$(r,1),(1,s)$中任一節線均屬於可減少流量節線。

4. 可減少流量節線集合(reducible set, R)：在一個網路中，由所有可減少流量節線所形成之集合，以圖 9-1 為例，集合 **R** 為 {(r,1),(1,s)}。同一條節線可能同時為集合 **I** 與集合 **R** 之元素。

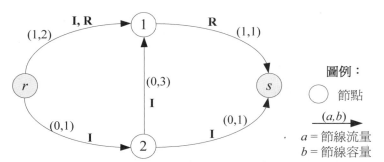

圖 9-1：可增加流量節線集合 I、可減少流量節線集合 R

5. 節線正向剩餘容量(forward residual capacity)：假設節線(i,j)間之流量為 x_{ij}，容量為 u_{ij}，節線(i,j)之正向剩餘容量 $r_{ij} = u_{ij} - x_{ij}$，亦為此節線仍可增加之最大流量，參見圖 9-2。

6. 節線反向剩餘容量(backward residual capacity)：假設節線(i,j)的流量為 x_{ij}，則反向剩餘容量即為 x_{ij} 本身，為節線仍可減少之最大流量為 x_{ij}，參見圖 9-2。

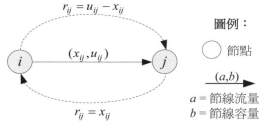

圖 9-2：節線(i,j)的正向剩餘容量與反向剩餘容量

7. 剩餘網路(residual network)：係指在流量問題求解過程中，由各節線的正向與反向剩餘容量所形成的網路。圖 9-3(A)為原網路之節線容量與流量解，圖 9-3(B)為此流量解所對應的剩餘網路範例，其中實線部分為正向剩餘容量，虛線部分為反向剩餘容量。

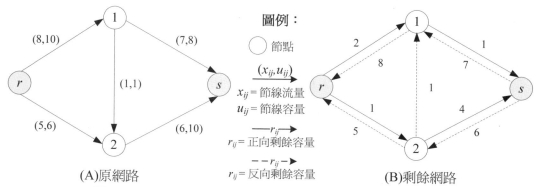

(A)原網路　　　　　　　　　　　　　　　　(B)剩餘網路

圖 9-3：(A)原網路與可行流量解；(B)剩餘網路與剩餘容量

8. 擴增路徑(augmenting path)：擴增路徑 P 為剩餘網路中起點 r 至迄點 s 之路徑。擴增路徑的剩餘容量 $\delta(P)$ 為路徑上各節線剩餘容量中之最小值：

$$\delta(P) = \min\{r_{ij} : (i, j) \in P\} \tag{1}$$

9. 切割(cut)：在一個網路中，給定任一個包含迄點但不包含起點的節點集合 $\mathbf{V}'$，則節線 (i,j) 所組成的集合，其中節點 i 不屬於 $\mathbf{V}'$(屬於 $\mathbf{V}$)而節點 j 屬於 $\mathbf{V}'$。圖 9-4 為切割之示意圖，$\mathbf{V} = \{r,1\}$，$\mathbf{V}' = \{2,s\}$。

10. 切割容量(cut capacity, CAP_{cut})：為切割中的節線容量加總，即 $CAP_{cut} = \sum_{i \in V'} \sum_{j \in V} u_{ij}$。圖 9-4 中之切割流量 $= 8 + 1 + 6 = 15$。

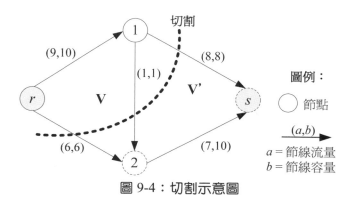

圖 9-4：切割示意圖

11. 基變數(basic variable)：在求解一個含 m 個限制式與 n 個決策變數之線性規劃問題時，若可找出 m 個決策變數不受其上限與下限的約束，則可稱之為基變數。

12. 非基變數(nonbasic variable)：n 個決策變數中不屬於其中 m 個基變數的其他受到上限與下限約束的 $n-m$ 個決策變數。

13. 縮減成本(reduced cost)：亦稱之為機會成本(opportunity cost)，係指在線性規劃中變動

　　　　某一非基變數的單位數量，所能改善其目標函數之數值。縮減成本亦可用以判斷目前可行解是否可繼續改善的條件，或是否已達到收斂標準。

14.　入基變數(entering variable)：相對正收益或負成本為最高的非基變數。

15.　離基變數(leaving variable)：被入基變數所取代的基變數謂之。

第二節　最大流量問題

　　　　最大流量問題為一特殊的線性規劃問題，且為最小成本流量問題的重要特例，其主要性質包括：

(1)　最大流量定義為所有自起點出發之流量，亦為所有流入迄點之流量；

(2)　除起點與迄點外，其餘節點皆為中間節點；

(3)　節線容量限制：每一節線皆設定容量限制。

　　　　以下將介紹最大流量問題的最佳化數學模型、求解演算法，並以範例說明演算法的執行步驟。

一、最大流量問題數學模型

　　　　最大流量問題數學模型係由流量最大化之目標式，以及流量守恆與流量上下限之限制式所組成，其線性規劃模型之架構如下：

$$\max \quad z = v \tag{2a}$$

subject to

$$\sum_{j=1}^{N} x_{rj} - \sum_{j=1}^{N} x_{jr} = v \tag{2b}$$

$$\sum_{j=1}^{N} x_{sj} - \sum_{j=1}^{N} x_{js} = -v \tag{2c}$$

$$\sum_{j=1}^{N} x_{ij} - \sum_{j=1}^{N} x_{ji} = 0, \quad \forall i \in N, i \neq r, s \tag{2d}$$

$$0 \leq x_{ij} \leq u_{ij}, \quad \forall (i, j) \in A \tag{2e}$$

符號定義如下：

x_{ij}：流量變數，代表節線(i,j)的流量；

u_{ij}：參數，代表節線(i,j)的容量限制；

r：供給流量的起點；

s：接收流量的迄點；

A：路網中所有節線集合。

　　　　目標式(2a)為最大化起點供給(或迄點接收)總流量。限制式(2b)為起點 r 之流量守恆限制式，代表起點總供給流量為 v。限制式(2c)為迄點 s 流量守恆限制式，代表起點總接收流

量爲 v，也等於總供給流量。限制式(2d)爲其他所有節點之流量守恆限制，流進等於流出。限制式(2e)設定節線流量的上、下限，在大部分的情況中，最大流量問題中的流量變數均爲非負值，因此本模型將流量下限設爲零。

二、最大流量問題求解演算法

最大流量問題可直接利用傳統的線性規劃求解法求解，亦可使用較具效率的特定目的之演算法求解，而其中最常應用的求解方法爲 Ford-Fulkerson 演算法(1962)。

(一) Ford-Fulkerson 演算法步驟

Ford-Fulkerson 演算法之求解步驟如下：

步驟 0：找到一組流量可行解(可令所有節線流量爲 0，爲一組可行解)。

步驟 1：令起點 i 爲「已標籤」。

步驟 2：若節線(i,j)之節點 i 爲「已標籤」，而節點 j 爲「未標籤」且節線(i,j)屬於 I 集合，則節線(i,j)爲正向節線，將節點 j 與節線(i,j)設爲「已標籤」。令 $j=i$，重複步驟 2。

步驟 3：若節線(j,i)中節點 j 爲「未標籤」，節點 i 爲「已標籤」且節線(j,i)屬於 R 集合，則節線(j,i)爲反向節線，將節點 j 與節線(j,i) 設爲「已標籤」。令 $j=i$，回到步驟 2。

步驟 4：此時，節線(i,j)不屬於 I 集合(或不存在)且節線(j,i)也不屬於 R 集合。若起點 i 亦爲網路之迄點，則：

　　步驟 4.1：在剩餘網路中搜尋擴增路徑 P 及其剩餘容量 $\delta(P)$；

　　步驟 4.2：更新流量解與目標值；

　　步驟 4.3：更新剩餘網路與節線剩餘容量 r_{ij}：

　　　　(i)　若節線(i,j)爲正向，$r_{ij} = r_{ij} - \delta(P)$。

　　　　(ii)　若節線(i,j)爲反向，$r_{ji} = r_{ji} + \delta(P)$。

　　步驟 4.4：回到步驟 1。

步驟 5：迄點無法被設定標籤，符合收斂條件，停止，目前流量解已爲最佳解。

在步驟 4.3 中必須更新節線剩餘容量，茲以圖 9-5 說明過程：

(1) 圖 9-5(A)爲一組網路流量解，目標值(目前最大流量)爲 13；

(2) 圖 9-5(B)爲根據此流量解所求得對應的剩餘網路。在此剩餘網路中搜尋到擴增路徑 $P = \{r \to 2 \to 1 \to s\}$，擴增路徑剩餘容量 $\delta(P) = \min\{1,1,1\} = 1$；

(3) 圖 9-5(C)將 1 個流量單位指派給擴增路徑 $P = \{r \to 2 \to 1 \to s\}$後之更新網路流量解，目標值爲 14；

(4) 圖 9-5(D)爲更新後之剩餘網路。

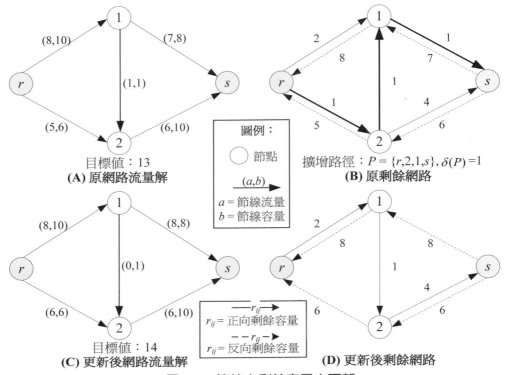

圖 9-5：節線之剩餘容量之更新

在步驟 5 中，若認定迄點無法被設定標籤，即符合收斂條件，應停止，目前流量解已為最佳解。茲以圖 9-6 說明其情況：

(1) 圖 9-6(A)為一組網路流量解；

(2) 圖 9-6(B)之剩餘網路顯示由起點 r 無法搜尋到任何路徑到達迄點 s，不存在擴增路徑，虛線節點(節點 2 與節點 s)為無法由起點到達之節點，當利用標籤法時無法將迄點設定「已標籤」，因此已達最佳解。

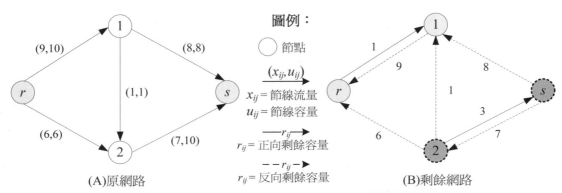

圖 9-6：(A)原網路可行流量解(x_{ij}, u_{ij})；(B)剩餘網路與剩餘容量 r_{ij}

　　為了更嚴謹說明 Ford-Fulkerson 演算法之收斂條件與最佳流量解，以下將進一步從切割之觀點(請參見第一節名詞解釋)，探討切割對偶理論(cut duality theory)與最大流量最小切割理論(max flow min cut theorem)之內容。

1.　切割對偶理論

　　由下面定理 1 與定理 2 可以說明，當網路之迄點無法被設定標籤時，起迄對(r,s)間的最大流量(最佳解)即為當前之流量解。

定理 1：在網路中，任何由起點輸送至迄點的流量必小於等於網路中任何一個切割。

　　假設已得到一組可行的流量解 **x**，並且已搜尋到一個包含迄點之節點集合 **V'**，為一個切割，令網路中其他節點集合為 **V**，藉由流量守恆限制式的加總，可以得到下式：

$$\sum_{i \in V'; j \in V'} x_{ij} - \sum_{i \in V'; j \in V} x_{ij} = \mathbf{x} \tag{3}$$

　　因為式(3)之等號左邊第一項小於等於切割容量，且等號左邊第二項恆為正值，因此可以得到定理 1 之結果。

　　定理 1 為弱對偶(weak duality)定理，代表若在求解時得到一組可行流量解與一個切割，且目標值等於切割之容量，則求得最佳流量解。

定理 2：若在設定標籤步驟時，迄點無法被設定，則切割之容量 = 目前之目標值。

　　令 **V'**為「未標籤」之節點集合，**V** 為「已標籤」之節點集合，若有一節線(i,j)之起點 i 位於集合 **V** 中而迄點 j 位於集合 **V'**中，則 x_{ij} 應等於節線(i,j)之容量，否則節點 j 將被設定為「已標籤」(正向)而節點 j 將自 **V'**中移除；若有一節線(i,j)之節點 i 位於集合 **V'**而 j 位於集合 **V** 中，則 x_{ij} 必須要等於 0，否則節點 i 將被納入集合 **V**(反向)。因此，數學式表示流量必須滿足切割之容量 = 目前之目標值。

2.　最大流量最小切割理論

　　由下面定理 3 與推論 1，可以說明最大流量問題的最佳化條件。

定理 3：最大流量問題的最佳化條件，以下條件皆相等：

　　(1)　流量解為最大化。

　　(2)　在剩餘網路中無法搜尋到擴增路徑。

　　(3)　存在一個切割，且此切割容量等於起迄對間流量。

推論 1：最大流量值即為最小切割值。且當最佳解成立時，以下條件亦成立：

　　(1)　若 $i \in \mathbf{V}$ 且 $j \in \mathbf{V'}$，則 $x_{ij} = u_{ij}$，$(i \neq j)$。

　　(2)　若 $i \in \mathbf{V'}$ 且 $j \in \mathbf{V}$，則 $x_{ij} = 0$，$(i \neq j)$。

　　特別值得說明的是，因為 Ford-Fulkerson 演算法不會增加且會持續減少與起點 r 相連節線(s,i)之剩餘容量 r_{si}，由於從起點連出之所有節線剩餘容量總和下限為 0，因此演算法保證在有限回合數內結束。另 Ford-Fulkerson(1962)亦指出，Ford-Fulkerson 演算法之運算複雜度為 $O(nU)$，其中 n 為路網中節點數，U 為路網中之最大容量。

三、最大流量問題之數例計算

　　圖 9-7 為包括 4 個節點、7 條節線之測試網路,其中節線上之數字代表節線流量與節線容量(或流量上限),擬從起點 r 輸送最大流量到達迄點 s。

　　Ford-Fulkerson 演算法之求解最大流量之步驟如下:

第一回合:初始化,令所有節線流量為 0,參見圖 9-7(A)。

第二回合:搜尋到擴增路徑 $\{r,3,s\}$,增加 3 單位流量,目標值為 3,參見圖 9-7(B)。

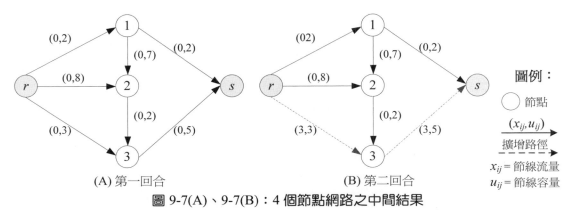

(A) 第一回合　　　　　　　　　　　(B) 第二回合

圖 9-7(A)、9-7(B):4 個節點網路之中間結果

第三回合:搜尋到擴增路徑 $\{r,1,2,3,s\}$,增加 2 單位流量,目標值為 5,參見圖 9-7(C)。

第四回合:搜尋到擴增路徑 $\{r,2,1,s\}$,增加 2 單位流量,目標值為 7,參見圖 9-7(D)。

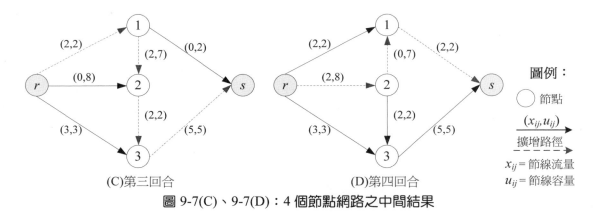

(C)第三回合　　　　　　　　　　　(D)第四回合

圖 9-7(C)、9-7(D):4 個節點網路之中間結果

第五回合:無法搜尋到擴增路徑,得到最佳解,目標值為 7,各節線流量值如圖 9-7(E)所示。

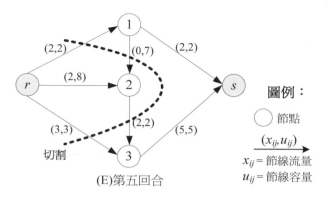

圖 9-7(E)：4 個節點網路之最終結果

四、最大流量問題為指派問題與運輸問題之一般化問題

　　最大流量問題為指派問題(assignment problem)與運輸問題(transportation problem)之一般化問題，因此透過網路表達方式(network representation)，指派問題與運輸問題可以轉換為最大流量問題，並以最大流量問題之演算法求解。

(一) 指派問題轉換為最大流量問題

　　如圖 9-8 所示，假設指派問題為將四項工作分配給四位人員，所有工作皆必須有人員負責且一項工作由一人負責。

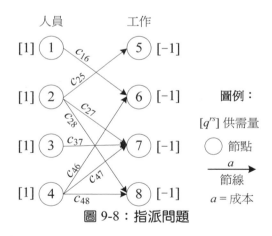

圖 9-8：指派問題

　　若將指派問題加入超級起點(r)、超級迄點(s)、超級起點與所有起點(人員)之間的虛擬節線、以及所有迄點(工作)與超級迄點之間的虛擬節線，並令原網路中所有節線容量亦為 1，求解此最大流量問題，則可得到一組可行的指派解，如圖 9-9 所示。

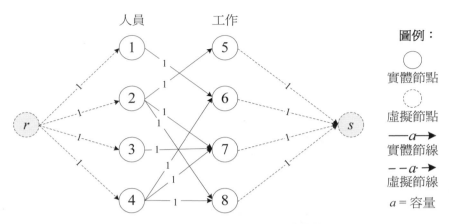

圖 9-9：指派問題轉換為最大流量問題

(二) 運輸問題轉換為最大流量問題

圖 9-10 為一運輸問題範例，各節點旁邊的數字為倉庫的供給量與零售商的需求量。

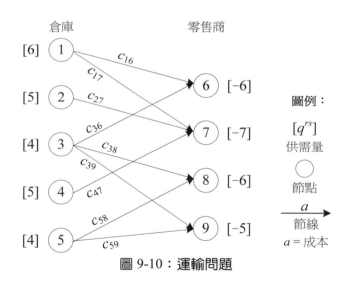

圖 9-10：運輸問題

若將運輸問題加入超級起點(r)、超級起點與所有起點(倉庫)之間的虛擬節線、超級迄點(s)、以及所有迄點(零售商)與超級迄點之間的虛擬節線，並令虛擬節線之流量上限與原起點(迄點)之供給(需求)量相等，便可將其轉換為最大流量問題(如圖 9-11)，求解此問題可得到運輸問題的一組可行解。

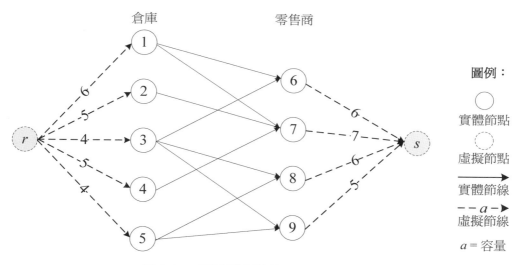

圖 9-11：運輸問題轉換為最大流量問題

第三節 最小成本流量問題

最小成本流量問題為線性規劃問題的重要特例，但卻為上述最大流量問題的一般化問題。因此，其內涵除了包括最大流量問題的主要性質之外，也增加了最小配送成本的考量在內。以下將介紹最小成本流量問題的最佳化數學模型、最佳化條件、求解演算法，並以範例說明演算法的執行步驟。

一、最小成本流量問題的最佳化數學模型

最小成本流量問題可建構為線性最佳化模型如下：

$$\min \quad z = \sum_{i,j \in N} c_{ij} x_{ij} \tag{4a}$$

subject to

$$\sum_{j=1}^{N} x_{ij} - \sum_{j=1}^{N} x_{ji} = b_i, \quad \forall i \in N \tag{4b}$$

$$L_{ij} \le x_{ij} \le U_{ij}, \quad \forall (i,j) \in A \tag{4c}$$

符號定義如下：

c_{ij}：節線(i,j)的單位運輸成本，為常數值；

x_{ij}：流量變數，代表流經節線(i,j)的流量；

b_i：節點 i 的淨供給流量(總流出流量扣除總流入流量)

$$b_i \begin{cases} > 0,\ \text{節點}\ i\ \text{表「供給點」}; \\ < 0,\ \text{節點}\ i\ \text{表「需求點」}; \\ = 0,\ \text{節點}\ i\ \text{表「中間節點」} \end{cases}$$

L_{ij}：節線(i,j)的流量下限，$L_{ij} \geq 0$；

U_{ij}：節線(i,j)的流量上限。

目標式(4a)為總路網成本的最小化。限制式(4b)為流量守恆限制式，對任一節點 i 而言，總流出流量 $\sum_{j=1}^{N} x_{ij}$ 減去總流進流量 $\sum_{j=1}^{N} x_{ji}$ 必須等於淨供給流量 b_i。如前所述，藉由觀察 b_i 值，也可得知節點 i 為供給點、需求點亦或是中間節點。限制式(4c)設定節線(i,j)之流量上限與下限。

最小成本流量問題亦會視情況之需要引用下列假設條件：

1.　網路為有向網路；

2.　總需求量等於總供給量，即 $\sum_{i \in N} b_i = 0$；

3.　若需產生整數解，假設所有節點之 b_i、所有節線之 U_{ij}、L_{ij} 為整數。

二、最小成本流量問題的最佳化條件

最小成本流量問題屬於線性規劃問題，除了傳統的單體法之外，亦陸續發展許多因應網路特殊結構的求解演算法，其中有些因為演算效率高因此更加適用於大型問題的求解。茲僅列出其中少數演算法如下：

1.　網路單體法(network simplex method)；

2.　Out-of-Kilter 演算法(Yakovleva,1959; Minty, 1960; Fulkerson, 1961)；

3.　消除迴圈演算法(cycle-canceling algorithm; Klein, 1967)；

4.　連續最短路徑法(successive shortest path algorithm; Jewell, 1958; Iri, 1960; Busacker and Gowen, 1961)；

5.　原始對偶演算法(primal-dual algorithm; Ford and Forkerson, 1957, 1962)；

6.　變數產生法(column generation method)；

7.　鬆弛演算法(relaxation algorithm; Bertsekas, 1991)；

8.　Dantzig-Wolfe 分解法(Dantzig-Wolfe decomposition method)等。

最小成本流量問題之最佳化條件，會因決策變數與推導方式不同而呈現不同的形式，上述方法中網路單體法最常利用，以下僅介紹網路單體法及 Out-of-Kilter 法兩種。

(一)網路單體法適用之最佳化條件

數學模型(4)可以改寫為數學模型(5)：

$$\min \quad z = \sum_{i,j \in N} c_{ij} x_{ij} \tag{5a}$$

subject to

$$\sum_{j=1}^{N} x_{ij} - \sum_{j=1}^{N} x_{ji} = b_i, \quad \forall i \in N, (i,j) \in A \text{..........對偶變數}(y_i) \tag{5b}$$

$$\sum_{i=1}^{N} x_{ji} - \sum_{i=1}^{N} x_{ij} = b_j, \quad \forall j \in N, (i,j) \in A \text{.........對偶變數}(y_j) \tag{5c}$$

$$L_{ij} - x_{ij} \le 0, \quad \forall (i,j) \in A \text{..............................對偶變數}(\lambda_{ij}^1) \tag{5d}$$

$$x_{ij} - U_{ij} \le 0, \quad \forall (i,j) \in A \text{..............................對偶變數}(\lambda_{ij}^2) \tag{5e}$$

限制式(5b)~(5e)的對偶變數分別為 y_i、y_j、λ_{ij}^1 與 λ_{ij}^2，則相對應之拉氏函數(Lagrangian function)可以表示如下：

$$\max_{y_i, \lambda_{ij}^1, \lambda_{ij}^2} \min_{x_{ij}} \quad \mathscr{L} = \sum_i \sum_j c_{ij} x_{ij} + \sum_i y_i (b_i - \sum_j x_{ij} + \sum_j x_{ji}) + \sum_j y_j (b_j - \sum_i x_{ji} + \sum_i x_{ij})$$
$$+ \sum_i \sum_j \lambda_{ij}^1 (L_{ij} - x_{ij}) + \sum_i \sum_j \lambda_{ij}^2 (x_{ij} - U_{ij}) \tag{6}$$

分別以利用流量變數 x_{ij} 與對偶變數 y_i、y_j、λ_{ij}^1、λ_{ij}^2 對拉氏函數(6)偏微，可得最小成本流量問題之最佳化條件，如式(7a)~(7i)所示：

$$\frac{\partial \mathscr{L}}{\partial x_{ij}} = c_{ij} - y_i + y_j - \lambda_{ij}^1 + \lambda_{ij}^2 = 0, \quad \forall (i,j) \in A \tag{7a}$$

$$\sum_{j=1}^{N} x_{ij} - \sum_{j=1}^{N} x_{ji} = b_i, \quad \forall i \in N \tag{7b}$$

$$\sum_{i=1}^{N} x_{ji} - \sum_{i=1}^{N} x_{ij} = b_j, \quad \forall j \in N \tag{7c}$$

$$\lambda_{ij}^1 (L_{ij} - x_{ij}) = 0, \quad \forall (i,j) \in A \tag{7d}$$

$$L_{ij} - x_{ij} \le 0, \quad \forall (i,j) \in A \tag{7e}$$

$$\lambda_{ij}^2 (x_{ij} - U_{ij}) = 0, \quad \forall (i,j) \in A \tag{7f}$$

$$x_{ij} - U_{ij} \le 0, \quad \forall (i,j) \in A \tag{7g}$$

$$\lambda_{ij}^1 \ge 0, \quad \forall (i,j) \in A \tag{7h}$$

$$\lambda_{ij}^2 \ge 0, \quad \forall (i,j) \in A \tag{7i}$$

若將 $c_{ij} - y_i + y_j$ 定義為節線(i,j)之縮減成本 $\bar{c}_{ij}$，即 $\bar{c}_{ij} = c_{ij} - y_i + y_j$，式(7a)可簡化為：

$$\frac{\partial \mathscr{L}}{\partial x_{ij}} = \bar{c}_{ij} - \lambda_{ij}^1 + \lambda_{ij}^2 = 0, \quad \forall (i,j) \in A \tag{7j}$$

　　式(7b)~(7j)的最佳化條件中，由於最佳解 x_{ij} 值的不同，式(7j)必須分為三種情形討論：

(1) $L_{ij} < x_{ij} < U_{ij}$

　　若達到最佳解時，節線流量變數 x_{ij} 之值介於流量上下限之間(非零)，因對偶變數 λ_{ij}^1 與 λ_{ij}^2 必須符合互補鬆弛條件(7d)與(7f)，使得 λ_{ij}^1 與 λ_{ij}^2 之值皆等於零，因此最佳化條件式(7j)可改寫為：

$$\bar{c}_{ij} = c_{ij} - y_i + y_j = 0, \quad if\ L_{ij} < x_{ij} < U_{ij} \tag{7k}$$

(2) $L_{ij} = x_{ij}$

　　若達到最佳解時，節線流量變數 x_{ij} 之值等於 L_{ij}，因對偶變數 λ_{ij}^1 與 λ_{ij}^2 必須符合互補鬆弛條件(7d)與(7f)，使得 λ_{ij}^1 不一定為零，而 λ_{ij}^2 之值等於零，因此最佳條件最佳化條件式(7j)可改寫為：

$$c_{ij} - y_i + y_j - \lambda_{ij}^1 = \bar{c}_{ij} - \lambda_{ij}^1 = 0, \quad if\ L_{ij} = x_{ij} \tag{7l}$$

　　因 λ_{ij}^1 必須符合最佳化條件(7h)，其值大於等於零，因此式(7l)可再度改寫為式(7m)：

$$\bar{c}_{ij} = c_{ij} - y_i + y_j \geq 0, \quad if\ L_{ij} = x_{ij} \tag{7m}$$

(3) $x_{ij} = U_{ij}$

　　若達到最佳解時，節線流量變數 x_{ij} 之值等於 U_{ij}，與第二種情形相同，對偶變數 λ_{ij}^1 與 λ_{ij}^2 必須符合互補鬆弛條件(7d)與(7f)，因此 λ_{ij}^1 等於零，而 λ_{ij}^2 不一定為零，因此最佳化條件式(7j)可改寫為：

$$c_{ij} - y_i + y_j + \lambda_{ij}^2 = \bar{c}_{ij} + \lambda_{ij}^2 = 0, \quad if\ x_{ij} = U_{ij} \tag{7n}$$

　　同樣的，因 λ_{ij}^2 必須大於等於零，因此式(7n)可改寫為式(7o)，如下所示：

$$\bar{c}_{ij} = c_{ij} - y_i + y_j \leq 0, \quad if\ x_{ij} = U_{ij} \tag{7o}$$

　　由以上三種情境分析可以得知，若最小成本流量問題達到最佳解時，節線流量變數 x_{ij} 應符合以下最佳化條件：

若 $L_{ij} < x_{ij} < U_{ij}$，則 $\bar{c}_{ij} = 0$ ； $\tag{7p}$

若 $L_{ij} = x_{ij}$，則 $\bar{c}_{ij} \geq 0$ ； $\tag{7q}$

若 $x_{ij} = U_{ij}$，則 $\bar{c}_{ij} \leq 0$ 。 $\tag{7r}$

　　以上即為最小成本流量問題的最佳化條件，最佳化條件除定義最佳解外，尚有一項重要的功能，就是在演算法求解的運算步驟中，可利用最佳化條件檢查目前可行解是否為最佳解，作為演算法停止機制的判斷條件。

(二) Out-of-Kilter 法

假若在最小成本流量問題所對應之路網中，加入一條迄起點間容量限制等於起迄需求量之間的折返虛擬節線$(s \rightarrow r)$，並令該折返虛擬節線成本等於零，則最小成本流量問題之性質並未改變，但此時卻可以將起點與迄點均視同中間節點一併處理。以圖 9-12(A)為例，該網路包括 3 個節點、2 條節線，經增加虛擬節線的成本與上下限後，如圖 9-12(B)所示(包括3 個節點、3 條節線)，最小成本流量問題之本質仍然得以維持不變。

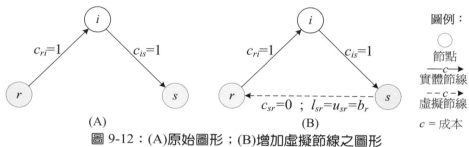

圖 9-12：(A)原始圖形；(B)增加虛擬節線之圖形

以上述修正網路表示之最小成本流量問題可以建構成一個 Out-of-Kilter 法適用之線性規劃模型如下：

$$\min_{x_{ij}} \quad z = \sum_i \sum_j c_{ij} x_{ij} \tag{8a}$$

subject to

$$\sum_j x_{ij} - \sum_j x_{ji} = 0, \quad \forall i \in N \qquad \leftarrow \lambda_i \tag{8b}$$

$$L_{ij} \leq x_{ij} \leq U_{ij}, \quad \forall i, j \in N \qquad \leftarrow \gamma 1_{ij}, \gamma 2_{ij} \tag{8c}$$

$$x_{ij} \geq 0, \quad \forall i, j \in N \tag{8d}$$

式(8c)亦可寫成下式：

$$\text{or} \begin{cases} x_{ij} - L_{ij} \geq 0, & \forall i, j \in N \qquad \leftarrow \gamma 1_{ij} \\ U_{ij} - x_{ij} \leq 0 & \forall i, j \in N \qquad \leftarrow \gamma 2_{ij} \end{cases} \tag{8e}$$

符號定義如下：

c_{ij}：節線(i,j)的成本

x_{ij}：節線(i,j)的流量

L_{ij}：節線(i,j)的流量下限

U_{ij}：節線(i,j)的流量上限

最小成本流量問題(8)可以建構成如下之對偶問題(9)：

$$\max_{\gamma 1_{ij}, \gamma 2_{ij}} \quad z = \sum_i \sum_j (l_{ij} \gamma 1_{ij} - u_{ij} \gamma 2_{ij}) \tag{9a}$$

subject to

$$\lambda_i - \lambda_j + \gamma 1_{ij} - \gamma 2_{ij} \le c_{ij}, \quad \forall i, j \in N, \quad (i, j) \in A \tag{9b}$$

$$\gamma 1_{ij} \ge 0, \quad \forall (i, j) \in A \tag{9c}$$

$$\gamma 2_{ij} \ge 0, \quad \forall (i, j) \in A \tag{9d}$$

$$\lambda_i : \text{UR}, \quad \forall i \in N \tag{9e}$$

令 $\gamma_{ij} = c_{ij} - \lambda_i + \lambda_j$, γ_{ij} 之變數值不受限制，則對偶問題之限制式變成 $\gamma 1_{ij} - \gamma 2_{ij} \le \gamma_{ij}$。

若 $\gamma_{ij} > 0$，令 $\gamma 1_{ij} = \gamma_{ij}, \gamma 2_{ij} = 0$； $\tag{10a}$

若 $\gamma_{ij} < 0$，則令 $\gamma 2_{ij} = -\gamma_{ij}, \gamma 1_{ij} = 0$。 $\tag{10b}$

另根據主問題的互補鬆弛性條件可知：

當 $\gamma 1_{ij} > 0$，則 $x_{ij} = L_{ij}$； $\tag{11a}$

當 $\gamma 2_{ij} > 0$，則 $x_{ij} = U_{ij}$。 $\tag{11b}$

因此可得最小成本流量問題之之最佳化條件：

若 $\gamma_{ij} > 0$，則 $\gamma 1_{ij} > 0$，表示 $x_{ij} = L_{ij}$； $\tag{12a}$

若 $\gamma_{ij} < 0$，則 $\gamma 2_{ij} > 0$，表示 $x_{ij} = U_{ij}$。 $\tag{12b}$

三、最小成本流量問題求解演算法

以下僅就網路單體法及 Out-of-Kilter 法兩種演算法加以介紹。

(一) 網路單體法

網路單體法，在演算法進行之初先產生初始解，然後以最佳化條件式(7p)~(7r)為基礎，運用對偶問題的觀念先設定「基變數」的縮減成本為零，從而據以計算「非基變數」的縮減成本的值。檢查其是否符合收斂條件，若不符合，則目前之暫存解為非最佳解，必須透過旋轉(pivoting)之作業，由非基變數中挑選違反最佳化條件者最大者(縮減成本最小者)為入基變數並將之引入基變數集合，同時由基變數中挑選一個離基變數，藉以改進目標值，重覆執行；若為最佳解，演算法結束。

網路單體法易於理解與執行，其步驟如下：

步驟 1：利用伸展樹法或人工法求得一基本可行解，判斷基變數與非基變數。

步驟 2：對所有基變數 x_{ij}，計算對偶價格 y_i 利用對偶價格求出所有非基變數第 0 列之係數 $\bar{c}_{ij}$ (縮減成本)，計算方式為 $\bar{c}_{ij} = c_{ij} - y_i + y_j$。利用最佳解判斷條件判斷目前解是否最佳，若為最佳解，演算法結束。

 (1) 若 $x_{ij} = L_{ij}$，在最佳解時 $\bar{c}_{ij} \ge 0$ 必成立。

 (2) 若 $x_{ij} = U_{ij}$，在最佳解時 $\bar{c}_{ij} \le 0$ 必成立。

若為非最佳解，由非基變數中挑選違反最佳化條件(最嚴重)者為入基變數。

步驟 3：尋找迴路(此迴路為唯一)，依流量守恆原則計算入基變數之改變值 θ，並判斷離基變數。

步驟 4：根據步驟 3 所得之 θ 更新當前可行解之流量、基變數集合與非基變數集合，回步驟 2。

在步驟 1 中須先找到一組初始可行解，再進行後續回合的迭代運算。假設網路中有 n 個節點，因最小成本流量問題具有 $n-1$ 條獨立限制式，因此可行初始解中必須包含 $n-1$ 個基變數。初始的可行解可以經由下列兩種方式求得：

(1) 伸展樹

如前所述，若在網路中給定一個伸展樹(剛好包含 $n-1$ 條節線)，即可找出(假定解存在)此伸展樹所代表的可行基解(feasible basic solution)。圖 9-13(A)為一最小成本流量問題範例，節線流量變數非負；圖 9-13(B)為利用伸展樹所搜尋得到原問題的初始解。

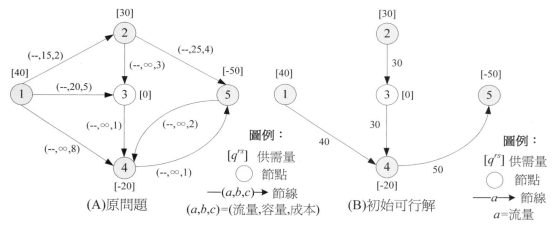

圖 9-13：(A)最小成本流量原問題、(B)伸展樹所得之可行基解

(2) 人工解

除利用伸展樹來求取可行解之外，亦可利用加入人工虛擬節線的方式尋找初始解，此做法簡單，速度亦較快。缺點是必須加入人工節線，等同於添加額外變數與限制式，對求解運算造成額外負擔。

人工解(artificial solutions)作法，參見圖 9-14，是在網路中加入一個虛擬節點 d，加入由虛擬節點 d 至所有需求點之額外節線，不限制其容量，但給予極大之成本 M。同樣的，利用極大成本節線串連所有供給點與虛擬節點 d，不限制節線容量。此時將所有流量皆指派給虛擬節線，可得一組可行解，利用此解進行網路單體法之運算。在得到最佳解的同時，因虛擬節線成本極大，因此虛擬節線上將不會有流量經過。

圖 9-14(A)為最小成本流量原問題，利用人工解產生之初始解如圖 9-14(B)所示，虛線為虛擬節線。

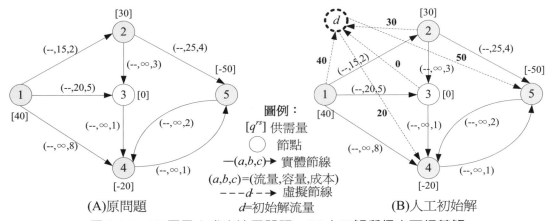

(A)原問題　　　　　　　(B)人工初始解

圖 9-14：(A)原最小成本流量問題、(B)人工解所得之可行基解

在步驟 2 中，須先界定基變數與非基變數，然後算出所有非基變數之縮減成本 $\bar{c}_{ij}$，亦即其可改善目標函數的值，以便決定入基變數候選人。一般說來，在一組可行解中，若為非退化解，則流量變數符合 $L_{ij} < x_{ij} < U_{ij}$ 條件者即為基變數，其餘變數皆為非基變數，必須符合 $x_{ij} = L_{ij}$ 或 $x_{ij} = U_{ij}$。

至於縮減成本定義如下：

$$\bar{c}_{ij} = c_{ij} - y_i + y_j \tag{13}$$

其中 y_i 為節點 i 的對偶價格(dual price)，若對節點 i 而言為流出流量，y_i 為負號，反之則為正號。

茲以圖 9-15 為例，說明縮減成本計算之步驟。圖 9-15(A)為一原始問題網路，圖 9-15(B)描述縮減成本 $\bar{c}_{ij}$ 之計算方式。以節線(1,2)為例，$\bar{c}_{12} = 3 - y_1 + y_2$，依此類推。一般說來，在一非退化可行解中，所有基變數之縮減成本皆為 0，因此只需計算與判斷非基變數之縮減成本即可。

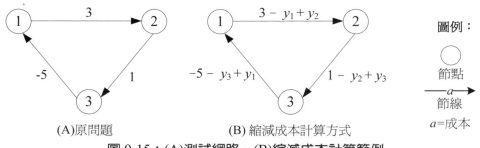

(A)原問題　　　　　(B) 縮減成本計算方式

圖 9-15：(A)測試網路、(B)縮減成本計算範例

對非基變數 x_{ij} 而言，若節線縮減成本違反最佳化條件，代表增加(或減少) x_{ij} 之值可改善目標值，演算法尚未收斂，選擇此變數為「入基變數」。若同時有多個非基變數違反最佳化條件，則可選擇引入改善量最大之非基變數爲入基變數。選定入基變數後，則必須剔除目前可行解中其中一個基變數，以維持可行解中的基變數數量等於節點數減 1，被選定剔除的基變數稱作此回合的「離基變數」。這種運算執行步驟，即網路單體法的旋轉(pivoting)。

　　搜尋離基變數的方法如下說明：假設已選定一入基變數，搜尋一個包含被選擇之離基變數的迴路，在此迴路中，加入一流量變化量 θ，最先降爲零(下限)或最先達到上限的節線即爲離基變數，令 θ 爲此離基變數的變化量，則將所有與迴路方向相同的節線流量加上 θ，與迴路方向相反的節線流量減去 θ，即可得到下一個基本可行解。

　　茲以圖 9-16 說明網路單體法的旋轉的過程。圖 9-16(A)爲一網路範例，供給點爲節點 1，虛求點爲節點 5，供給與需求皆爲 10 單位流量。其中虛線節線爲非基變數(x_{12}、x_{14}、x_{32} 與 x_{34})，實線節線爲基變數(x_{13}、x_{25}、x_{35} 與 x_{45})。圖 9-16(B)爲已選定非基變數 x_{34} 爲入基變數，利用迴路(迴路以粗黑線表示)並依流量守恆原則與容量限制式計算 x_{34} 之改變值 θ，可求得 θ 之值爲 1。而基變數 $x_{35} = 1-1 = 0$，爲離基變數，由基變數轉爲非基變數。

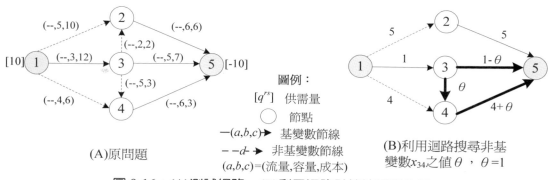

圖 9-16：(A)測試網路、(B)利用迴路計算流量變化量 θ

　　求得入基變數、離基變數與 θ 值後，便可更新網路流量解，接著利用縮減成本與最佳化條件式(7p)~(7r)判斷是否以求得最佳解，若求得最佳解演算法即停止，反之則進入下一回合。

　　另在步驟 2 中，在每一回合求解過程中，皆必須判斷演算法是否已搜尋到最佳解，而最佳解判斷條件有三項(參見最佳化條件式 7p~7r)，分別爲：

1. 目前解爲可行解。
2. 若對非基變數 x_{ij}，若 $x_{ij} = L_{ij}$，則在最佳解時，$\bar{c}_{ij} \geq 0$ 必成立。
3. 若對非基變數 x_{ij}，若 $x_{ij} = U_{ij}$，則在最佳解時，$\bar{c}_{ij} \leq 0$ 必成立。

　　第二項與第三項最佳化判斷條件爲由最佳化條件推導而來，可參考式(7p)~(7r)之推導過程。

(二) Out-of-Kilter 演算法

如同網路單體法之求解觀念，Out-of-Kilter 演算法亦是以最佳化條件為基礎發展演算步驟。若演算法之中間暫存解符合收斂條件，則停止，目前解即為最佳解；否則，針對違反最佳化條件的變數就必須予以改善，以便改善目標值。茲參考最佳化條件式(11)，將最小成本流量問題之求解過程當中，可能產生之節線流量狀況區分為九種，整理列如表 9-1，並將各狀況違反最佳化條件的程度，以 Kilter 數表示。

表 9-1：節線流量違反最佳化條件的 Kilter 數

	節線流量的九種情況			Kilter 數(k_{ij})	節線屬性
I	$\gamma_{ij} < 0$	and	$x_{ij} < U_{ij}$	$\gamma_{ij}(x_{ij} - U_{ij})$	可增加流量
II	$\gamma_{ij} < 0$	and	$x_{ij} = U_{ij}$	0	-
III	$\gamma_{ij} < 0$	and	$x_{ij} > U_{ij}$	$x_{ij} - U_{ij}$	可減少流量
IV	$\gamma_{ij} = 0$	and	$x_{ij} < L_{ij}$	$L_{ij} - x_{ij}$	可增加流量
V	$\gamma_{ij} = 0$	and	$L_{ij} \leq x_{ij} < U_{ij}$	0	-
VI	$\gamma_{ij} = 0$	and	$x_{ij} > U_{ij}$	$x_{ij} - U_{ij}$	可減少流量
VII	$\gamma_{ij} > 0$	and	$x_{ij} < L_{ij}$	$L_{ij} - x_{ij}$	可增加流量
VIII	$\gamma_{ij} > 0$	and	$x_{ij} = L_{ij}$	0	-
IX	$\gamma_{ij} > 0$	and	$x_{ij} > L_{ij}$	$\gamma_{ij}(x_{ij} - L_{ij})$	可減少流量

註：Kilter 數是指在該情況下節線流量違反容量限制的數量，
也就是 Out-of-Kilter 的數量。

Out-of-Kilter 演算法的基本概念就將節線流量所產生之 Kilter 數(k_{ij})依序消除，使逐漸達到符合最佳化條件的最終結果。綜上所述，Out-of-Kilter 演算法步驟可以說明如下：

步驟 1：初始化。先行找出符合節點流量守恆的一組解，順便一提的是這一組解並不一定要滿足容量限制條件。

步驟 2：計算 Kilter 數 k_{ij}。

$\gamma_{ij} = c_{ij} - \lambda_i + \lambda_j$

從表 9-1 的九種節線流量情況 I ~IX中找出適用的一種，並計算其 k_{ij} 值。

如果所有 $k_{ij} = 0, \forall i, j$，則停止演算過程。

步驟 3：節線分類。將每一條節線(i,j)歸類為可增加流量或可減少流量的種類。

可減少流量的節線(i,j)$\in D$ 包括兩種情況：

(a) $\gamma_{ij} \geq 0$ 及 $x_{ij} > L_{ij}$ 或

(b) $\gamma_{ij} \leq 0$ 及 $x_{ij} > U_{ij}$

可增加流量的節線$(i,j) \in A$ 包括兩種情況：

(c) $\gamma_{ij} \geq 0$ 及 $x_{ij} < L_{ij}$ 或

(d) $\gamma_{ij} \leq 0$ 及 $x_{ij} < U_{ij}$

假如節線$(i,j) \in D$，則令節線流量的減少量為：

若 $\gamma_{ij} \geq 0$，令 $q_{ij}^- = x_{ij} - L_{ij}$ ；

若 $\gamma_{ij} < 0$，令 $q_{ij}^- = x_{ij} - U_{ij}$ 。

假如節線$(i,j) \in A$，則令節線流量的增加量為：

若 $\gamma_{ij} > 0$，令 $q_{ij}^+ = L_{ij} - x_{ij}$ ；

若 $\gamma_{ij} \leq 0$，令 $q_{ij}^+ = U_{ij} - x_{ij}$ 。

選取任一 $k_{ij} > 0$ 的節線。假如節線$(i,j) \in A$，則令迄點 $s = i$，起點 $r = j$；假如節線(i,j) $\in D$，則令起點 $r = i$，迄點 $s = j$

步驟 4：最大流量問題模組。執行起點 r 至迄點 s 的最大流量演算法。假如節線(r,s)滿足最佳化條件(in-Kilter)，則回到步驟 2。假如沒有更多的流量可以從起點 r 送到迄點 s，則到步驟 5。

步驟 5：增加節點標記數。假如步驟 4 最大流量演算模組無法找出流量擴增鏈(flow augmenting chain)，則停止。令 **C** 表前面流量擴增回合"著色"的節點集合，$\overline{\mathbf{C}}$表「未著色」的節點集合，很顯然的 $r \in \mathbf{C}$，$s \in \overline{\mathbf{C}}$。現定義兩組集合為下：

$$L_1 = \left\{ (i,j): i \in \mathbf{C}, j \in \overline{\mathbf{C}}, \gamma_{ij} > 0, x_{ij} \leq U_{ij} \right\}$$
$$L_2 = \left\{ (j,i): i \in \mathbf{C}, j \in \overline{\mathbf{C}}, \gamma_{ji} > 0, x_{ji} \leq L_{ji} \right\}$$

若 $L_1 = \varphi$，則令 $\delta_1 = \infty$；否則，令 $\delta_1 = \min_{L_1} \left\{ \gamma_{ij} \right\} > 0$ 。

若 $L_2 = \varphi$，則令 $\delta_2 = \infty$；否則，令 $\delta_2 = \min_{L_2} \left\{ -\gamma_{ij} \right\} > 0$ 。

令 $\delta = \min\{\delta_1, \delta_2\} > 0$

若 $\delta = \infty$，停止，這個網路問題並不存在可行流量；

若 $\delta < \infty$，則令 $\lambda_i = \lambda_i + \delta$，$\forall i \in \overline{\mathbf{C}}$，回到步驟 2。

四、最小成本流量問題之數例計算

圖 9-17 為一個包括 4 個節點，6 條節線之網路數例，其中節點 1 為供給點，節點 4 為需求點，供給量與需求量皆為 10 單位流量。

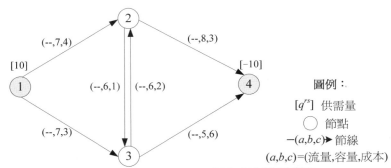

圖 9-17：4 個節點網路單體法範例網路

利用網路單體法求最小成本流量問題之步驟如下：

第一回合：利用伸展樹搜尋得到一組可行基解(目標值 $z = 80$)，如圖 9-17(A)所示：

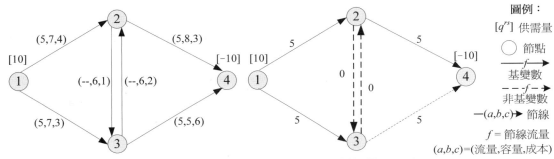

圖 9-17(A)：4 個節點網路之中間結果(第一回合)

第二回合：計算對偶價格 y_i 與非基變數之縮減成本 $\overline{c}_{ij}$。

計算對偶價格：

$$\overline{c}_{12} = c_{12} - y_1 + y_2 = 4 - y_1 + y_2$$
$$\overline{c}_{13} = c_{13} - y_1 + y_3 = 3 - y_1 + y_3$$
$$\overline{c}_{24} = c_{24} - y_2 + y_4 = 3 - y_2 + y_4$$
$$y_1 = 0, y_2 = -4, y_3 = -3, y_4 = -7$$

計算非基變數縮減成本：

$$\overline{c}_{23} = c_{23} - y_2 + y_3 = 1 + 4 - 3 = 2 \quad \text{(符合最佳條件)}$$
$$\overline{c}_{32} = c_{32} - y_3 + y_2 = 2 + 3 - 4 = 1 \quad \text{(符合最佳條件)}$$
$$\overline{c}_{34} = c_{34} - y_3 + y_4 = 6 + 3 - 7 = 2 \quad \text{(違反最佳條件，爲入基變數)}$$

第三回合：x_{34} 爲入基變數，搜尋迴路以決定 θ 值，$\theta = 2$，$x_{34} = 5 - 2 = 3$。

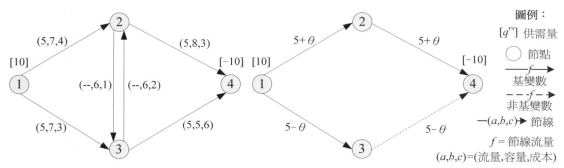

圖 9-17(B)：4 個節點網路之中間結果(第三回合)

第四回合：更新基變數值。

$$x_{12} = 5 + \theta = 7 \text{(離基變數)}$$
$$x_{13} = 5 - \theta = 3$$
$$x_{24} = 5 + \theta = 7$$
$$x_{34} = 5 - \theta = 3 \text{(入基變數)}$$

目前可行基解(目標值 $z = 76$)，如圖 9-17(C)所示：

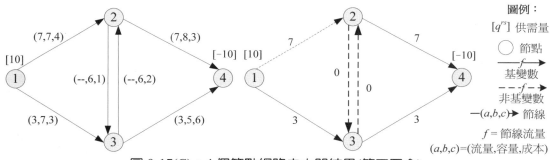

圖 9-17(C)：4 個節點網路之中間結果(第四回合)

第五回合：計算對偶價格 y_i 與非基變數之縮減成本 $\bar{c}_{ij}$。

計算對偶價格：

$$\bar{c}_{13} = c_{13} - y_1 + y_3 = 3 - y_1 + y_3$$
$$\bar{c}_{24} = c_{24} - y_2 + y_4 = 3 - y_2 + y_4$$
$$\bar{c}_{34} = c_{34} - y_3 + y_4 = 6 - y_3 + y_4$$
$$y_1 = 0, y_2 = -6, y_3 = -3, y_4 = -9$$

計算非基變數縮減成本：

$$\bar{c}_{12} = c_{12} - y_1 + y_2 = 4 - 0 - 6 = -2 \quad \text{(符合最佳條件)}$$
$$\bar{c}_{23} = c_{23} - y_2 + y_3 = 1 + 6 - 3 = 4 \quad \text{(符合最佳條件)}$$
$$\bar{c}_{32} = c_{32} - y_3 + y_2 = 2 + 3 - 6 = -1 \quad \text{(違反最佳條件，為入基變數)}$$

第六回合：x_{32} 為入基變數，搜尋迴路以決定 θ 值，$\theta = 1$，$x_{32} = 1$，如圖 9-17(D)。

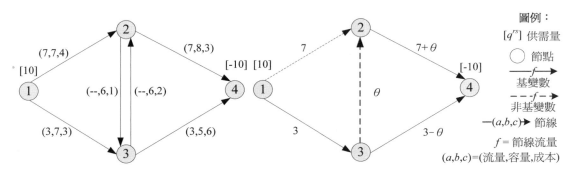

圖 9-17(D)：4 個節點網路之中間結果(第六回合)

第七回合：更新基變數值。

$x_{23} = \theta = 1$ (入基變數)

$x_{24} = 7 + \theta = 8$ (離基變數)

$x_{34} = 3 - \theta = 2$

目前可行基解(目標值 $z = 75$)，如圖 9-17(E)所示：

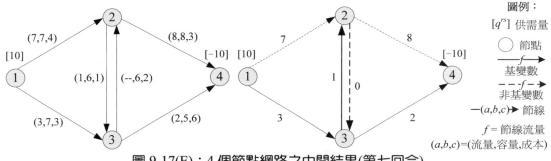

圖 9-17(E)：4 個節點網路之中間結果(第七回合)

第八回合：計算對偶價格 y_i 與非基變數之縮減成本 $\bar{c}_{ij}$。

計算對偶價格：

$\bar{c}_{13} = c_{13} - y_1 + y_3 = 3 - y_1 + y_3$

$\bar{c}_{32} = c_{32} - y_3 + y_2 = 2 - y_3 + y_2$

$\bar{c}_{34} = c_{34} - y_3 + y_4 = 6 - y_3 + y_4$

$y_1 = 0, y_2 = -5, y_3 = -3, y_4 = -9$

計算非基變數縮減成本：

$\bar{c}_{12} = c_{12} - y_1 + y_2 = 4 - 0 - 5 = -1$ (符合最佳條件)

$\bar{c}_{23} = c_{23} - y_2 + y_3 = 1 + 5 - 3 = 3$ (符合最佳條件)

$\bar{c}_{24} = c_{24} - y_2 + y_4 = 3 + 5 - 9 = -1$ （符合最佳條件）

求得最佳解的解答為：

目標值 $z = 75$

基變數：$x_{13} = 3$，$x_{32} = 1$，$x_{34} = 2$

達到上限之非基變數：$x_{12} = 7$，$x_{24} = 8$

達到下限之非基變數：$x_{23} = 0$

五、最小成本流量問題為最短路徑問題、運輸問題與最大流量問題之一般化問題

最小成本流量問題為最具一般化性質的網路問題，而許多著名的網路分析問題如要徑法(critical path method)、最短路徑問題、運輸問題、指派問題以及最大流量問題皆為最小成本流量問題的特例。因此，以上所敘述的各類基本的網路問題，皆可以藉由網路表達技巧轉換為最小成本流量問題，然後以最小成本流量問題之演算法加以求解；反之，當最小成本流量問題符合某些特定的條件時，亦可反過來轉換成為上述的特殊問題形式。

(一) 最短路徑問題轉換為最小成本流量問題

在圖 9-18 為求解起迄對(1,6)間之最短路徑問題。

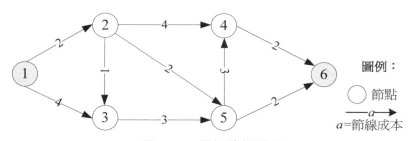

圖 9-18：最短路徑問題

若要將圖 9-18 之最短路徑問題改寫為最小成本流量問題，首先必須將起點供給量設為1，迄點供給量設為-1，其餘節點供給量設為 0，節線旅行成本不改變，即可得到對等的最小成本流量問題，如圖 9-19 所示。

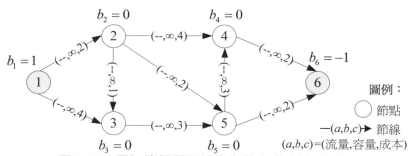

圖 9-19：最短路徑問題轉換為最小成本流量問題

(二) 運輸問題轉換為最小成本流量問題

　　圖 9-20 為包含四個節點的運輸問題。其中節點 1 與節點 2 為供給點，分別供給 4 單位與 5 單位流量，節點 3 與節點 4 為需求點，需求量分別為 6 單位與 3 單位流量。

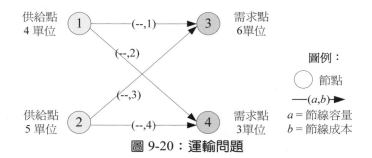

圖 9-20：運輸問題

　　運輸問題的目標式為網路總成本最小化，與最小成本流量問題類似，其數學規劃模式如下所示：

$$\min \quad z = x_{13} + 2x_{14} + 3x_{23} + 4x_{24} \tag{14a}$$

subject to

$$x_{13} + x_{14} = 4 \tag{14b}$$

$$x_{23} + x_{24} = 5 \tag{14c}$$

$$-x_{13} - x_{23} = -6 \tag{14d}$$

$$-x_{14} - x_{24} = -3 \tag{14e}$$

$$x_{13}, x_{14}, x_{23}, x_{24} \geq 0 \tag{14f}$$

　　若要將圖 9-20 之運輸問題改寫為最小成本流量問題，可先加入超級起點 r 與超級迄點 s 兩節點。將超級起點供給量設為 9(原供給點總供給量)，令超級起點與所有原供給點相連，並加入節線流量上下限，令上下限皆等於供給點之供給量。同樣的，將超級迄點供給量設為 -9(原需求點總需求量)，令超級迄點與所有原需求點相連，節線流量上下限設為原需求點需求量。其餘節點供給量設為 0，節線旅行成本不改變，即可得到對等的最小成本流量問題(如圖 9-21)。

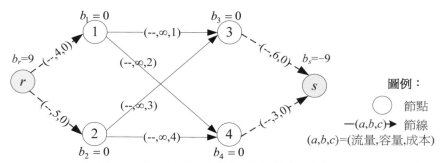

圖 9-21：運輸問題轉換為最小成本流量問題

(三) 最大流量問題轉換為最小成本流量問題

圖 9-22 為最大流量問題之範例，起迄對為(r,s)，各節線上數字為流量上限值，欲求出起點至迄點所能輸送的最大流量值。

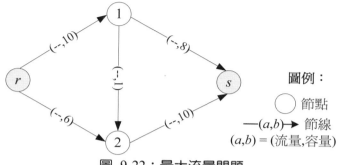

圖 9-22：最大流量問題

若欲將最大流量問題改寫為最小成本流量問題，首先必須將原問題之節線流量上限保留，令所有原節線之運輸成本為 0，加入連接迄點與起點之虛擬節線(s,r)並令其運輸成本為 −1。所有節點之供給量 b_i 為 0，則產生相對應之最小成本流量問題(如圖 9-23)。

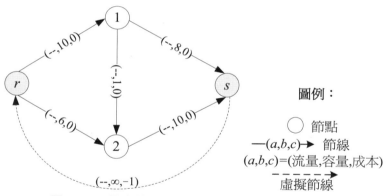

圖 9-23：最大流量問題轉換為最小成本流量問題

如前所述，大部分的網路問題均為最小成本流量問題的特例，本節利用例題示範如何利用網路表達技巧將其他網路分析問題轉換為最小成本流量問題，由此可知最小成本流量問題在符合某些特別條件時，即可轉換為特殊的網路問題，表 9-2 為各類特殊的網路問題與最小成本流量問題的轉換條件。

表 9-2：最小成本流量問題與其他網路問題的關係表

網路問題分類	轉換為最小成本流量問題之條件
最短路徑問題	1. 供給及需求節點各僅有一個，其餘均為轉運節點； 2. 供給節點的淨流量= 1，需求節點的淨流量= −1； 3. 各節線無容量限制。
指派問題	1. 無轉運節點； 2. 各節線無容量限制； 3. 供給節點的淨流量= 1，需求節點的淨流量= −1。
轉運問題	當各節線無容量限制時。
運輸問題	1. 無轉運節點； 2. 各節線無容量限制。
最大流量問題	1. 供給及需求節點各僅有一個，其餘均為轉運節點； 2. 加上額外節線(s,r)，並令其運輸成本為−1，且無容量限制； 3. 其餘所有節線成本c_{ij}為 0。

第四節 結論與建議

最大流量問題與最小成本流量問題均屬於線性規劃問題，但由於其具有特殊之網路結構，因此適合開發特殊的演算法，以提昇求解效率。在現有文獻裏，已發表的相關演算法相當的多，但囿於篇幅，僅能選取 Ford-Fulkerson 演算法說明求解最大流量問題，另選取網路單體法與 Out-of-Kilter 法說明求解最小成本流量問題，有興趣之讀者可以參考 Bazaraa, Jarvis and Sherali(1990)之專書"Linear Programming and Network Flows".

本章針對最大流量問題與最小成本流量問題進行深入之探討，分別建構數學最佳化數學模型、求解演算法、並舉數例詳加說明。在現實世界中，雖然網路流量的相關問題之演化日益複雜，但是電腦軟硬體技術卻也不斷提升，因此未來網路流量問題之應用將會更加蓬勃發展。

問題研討

1. 名詞解釋：

    (1) 正向剩餘容量

    (2) 擴增路徑

    (3) 切割容量

2. 試以 Ford-Fulkerson 之標籤法求解下圖之最大流量。

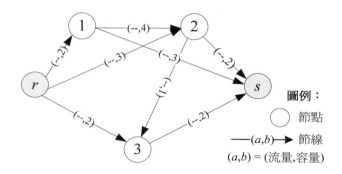

3. 請以圖示法表示如何透過網路表達方式將運輸問題轉換為最大流量問題。

4. 試以網路單體法求解下圖從 r 到 s 的最小成本流量。

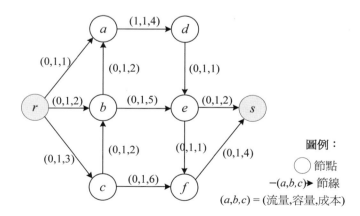

4. 試以 Out-of-Kilter 演算法找出從節點 1 與節點 3 至節點 9 的最小成本最大流量。

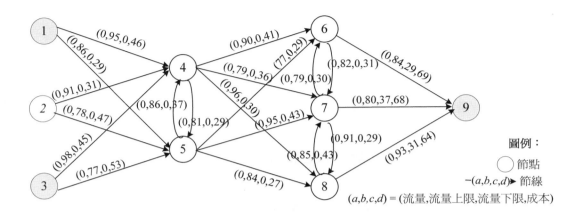

圖例：

⬤ 節點

→(a,b,c,d)▶ 節線

(a,b,c,d) = (流量,流量上限,流量下限,成本)

第十章

多商品流量問題

多商品流的概念最早由 Hu(1963)所提出，自此以後，多商品流問題逐漸受到各領域學者的重視。多商品流量問題(multicommodity flow problem, MFP)係指在一個已知固定節線成本的網路 **G=(N,A)** 中，將多種商品之起迄點需求以最小總成本的運送方式，指派至網路中，但同時必須符合滿足節線的容量限制條件。

多商品流量問題可以圖 10-1 之線性化多商品流量問題說明表示之，圖形範例之輸入資料包括 6 個節點 7 條節線，其中節點 1 與節點 4(商品 1)與節點 3 與節點 6(商品 2)為兩組起迄對(兩項商品種類)，商品之需求量 q^{rs} 分別為 5 個單位與 2 個單位，節線成本 c_{ij} 與節線容量 u_{ij} 表示於圖形節線上。

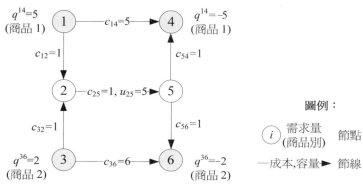

圖 10-1：線性化多商品流量問題範例

圖 10-2 為多商品流量問題範例之求解結果，虛線代表商品 1 流經此節線，實線代表商品 2 之貨物流。依貨物總運輸成本最小化目標，節線流量解 **x** 如圖 10-2 所示(x^{rs}_a 表示屬於起迄對 rs 之節線 a 上之流量，$a=(i,j)$，i,j 為節點編號)。

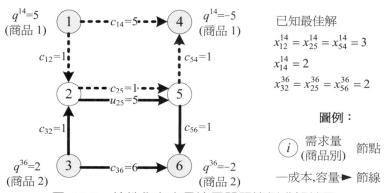

圖 10-2：線性化多商品流量問題範例求解結果

多商品流量問題探討不同種類商品流量在網路中的分布情形，因考慮多樣化的貨品種類，較最小成本流量問題更為一般化，因此被廣泛應用於求解各種現實問題中。除實體物流外，此問題亦常應用在電信或通訊等虛擬網路中，只是在網路中流量不再是車輛或物品，取而代之的為電流、訊息或資料封包等。多商品流量問題之應用包括：

1.　電信通訊網路設計(telecommunication network design)；

2.　多元化運具的貨物運輸(multimodal transportation)；

3.　多商品物流輸配送(multicommodity logistics/distribution)：例如將不同產地之各種農產品(玉米、小麥、稻米、大豆等)從生產國家運送至位於世界各地的消費國家，各國家對不同種類農產品的需求量皆不相同且不可替代；

4.　交通疏運計畫：為不同起迄對的旅客規劃其最佳的搭乘運具與路線，可將不同起迄對的旅客視為不同種類之商品流。

相關應用的內容比較如表 10-1 所示。

表 10-1：多商品流量問題應用類型比較

應用類型	比較項目		
	節點	節線	流量
通訊網路	訊息收發端(埠口)	通訊線路	訊息
電腦網路	儲存裝置或電腦	網路線路	資料與訊息
鐵路系統	場站或車站	軌道	火車
輸配送系統	工廠或倉庫	公路或軌道	貨運卡車

多商品流量問題亦可按照所處理問題之決策變數性質進一步分類為：

1.　線性化多商品流量問題；

2.　非線性多商品流量問題，考慮非線性之運輸成本，例如道路壅塞。

3.　整數型多商品流量問題，貨品無法分割運送，商品運送量為整數型態。

本章將以線性化多商品流量問題之探討為主。以下將分別介紹線性化多商品流量問題的數學模型、最佳化條件、求解演算法、數例並探討其與交通量指派問題之關連性。

第一節 多商品流量問題數學模型

線性化最小成本多商品流量問題的基本簡化假設如下：

1.　商品的流量單位相同：不同的商品均可轉換為相同的流量計量單位。

2.　固定節線成本：節線運輸成本為節線流量線性函數，不會因節線流量多寡(壅塞與否)而變化，一般稱為線性化多商品流量問題。

3.　商品的起迄需求已知：一種商品 k 通常對應單一起迄對(r,s)之需求，亦即商品編號 k

與起迄對編號(r,s)可互相替代，但此假設較爲嚴格。

4. 連續流量變數：商品流量單位可分割運送，不一定爲整數型態。即便輸入資料皆爲整數型態，在大部分的應用中，多商品流量問題中的流量皆爲可分割。原因在於整數型問題非常難求解，即使網路中僅包含兩種商品，仍然屬於 NP-complete 問題。

圖 10-3 爲分割流量範例，目標爲總運輸成本最小化，圖中包含三組起迄對，各起迄對需求流量皆爲 1。所有節線容量皆爲 1，僅其中三條節線成本大於零：節線(r_1,s_1)、節線(r_2,s_2)與節線(r_3,s_3)，其餘節線成本皆爲 0。

圖 10-4 爲分割流量範例求解結果，其中粗實線、虛線與細實線分別代表起迄對 1、2 與 3 的貨物流動情形。此問題最佳解爲圖 10-4 中所有節線皆輸送 0.5 單位流量(共 15 條節線)，目標值爲 3。

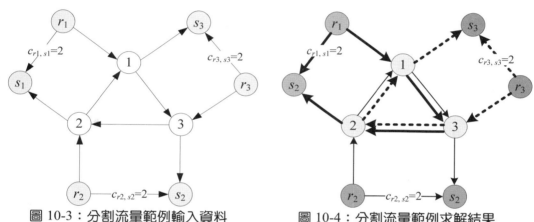

圖 10-3：分割流量範例輸入資料　　　　圖 10-4：分割流量範例求解結果
　　　　　　　　　　　　　　　　　　　　(所有節線流量= 0.5 單位)

爲方便問題本身的描述或演算法的說明或因個人習慣之不同，線性多商品流量問題可以建構爲不同之數學模型形式。多商品流量問題模型可依照其使用變數之型式區分爲路段基礎定式(link based formulation)或路徑基礎定式(path based formulation)。

一、路段基礎數學模型
(一)多商品流量問題之數學模型(商品別定義)
以下爲商品別定義的多商品流量問題數學模型(1)：

$$\min_{\mathbf{x}} \quad z = \sum_{i=1}^{N}\sum_{j=1}^{N}\sum_{k\in K} c_{ij} x_{ijk} \tag{1a}$$

subject to

$$\sum_{j=1}^{N} x_{ijk} - \sum_{j=1}^{N} x_{jik} = \begin{cases} q_k, & if \ i = r \\ -q_k, & if \ i = s \\ 0, & otherwise \end{cases} \quad \forall i \in N, k \in K \tag{1b}$$

$$\sum_{k=1}^{K} x_{ijk} \leq u_{ij}, \quad \forall (i,j) \in A \tag{1c}$$

$$x_{ijk} \geq 0, \quad \forall (i,j) \in A, k \in K \tag{1d}$$

符號定義如下：

k：商品編號，$k = 1,...,K$

(r,s)：起迄對編號

(i,j)：節線編號

q_k：起迄對間的商品 k 需求量

u_{ij}：節線(i,j)之容量上限

c_{ij}：節線(i,j)之運輸單位成本

x_{ijk}：節線(i,j)上商品 k 之流量

　　目標式(1a)為最小化多種商品貨物的總運輸成本。限制式(1b)定義節點流量守恆，若節點 i 為起迄對(r,s)之供給點 r，則供給商品 k 共 q_k 單位；反之若節點 i 為需求點 s，對商品 k 之需求量為 q_k 單位；若為中間節點，則淨流量為 0。限制式(1c)要求節線上之商品總流量必須小於或等於節線容量。限制式(1d)定義流量為非負值。

　　若在模式中加入流量變數的整數限制，則稱為整數型多商品流量問題。

(二)多商品流量問題之數學模型(起迄對定義)

　　以下介紹包含起迄對定義之多商品流量問題數學模型(2)：

$$\min_{\mathbf{x}} \quad z = \sum_{a \in A} c_a x_a \tag{2a}$$

subject to

$$\sum_{p \in P^{rs}} h_p^{rs} = q^{rs}, \quad \forall r,s \tag{2b}$$

$$x_a \leq u_a, \quad \forall a \in A \tag{2c}$$

$$x_a \geq 0, \quad \forall a \in A \tag{2d}$$

$$x_a = \sum_{rs} \sum_{p \in P^{rs}} h_p^{rs} \delta_{ap}^{rs}, \quad \forall a \in A \tag{2e}$$

$$c_p^{rs} = \sum_{a \in A} c_a \delta_{ap}^{rs}, \quad \forall r,s,p \tag{2f}$$

其中符號定義如下：

x_a：節線 a 之流量，爲方便說明，另以 x_a^{rs} 表示流經節線 a 的起迄對(r,s)流量；

p：路徑編號；

h_p^{rs}：起迄對(r,s)間路徑 p 之流量；

c_a：節線 a 之單位運送成本；

λ_a：節線 a 之容量限制對偶變數；

c_p^{rs}：起迄對(r,s)間路徑 p 之單位運送成本；

u_a：節線 a 之容量上限；

q^{rs}：起迄對(r,s)間總商品需求量；

δ_{ap}^{rs}：起迄對(r,s)間路徑 p 對路段 a 之鄰接變數，$\delta_{ap}^{rs} \in \{0,1\}$。若路段 a 屬於起迄對(r,s)間路徑 p，則爲 1；反之，爲 0。

$\mathbf{P}^{rs}$：起迄對(r,s)間之路徑集合。

　　目標式(2a)仍爲最小化總運輸成本；限制式(2b)要求節點流量守恆；限制式(2c)設定節線流量上限；限制式(2d)爲流量非負限制；限制式(2e)定義爲節線流量與路徑流量關係；限制式(2f)定義路徑成本爲行經路段成本的加總。

二、路徑基礎數學模型

　　路徑基礎模型建構的目的僅爲方便演算法說明，如下所示：

$$\min_{\mathbf{h}} \quad z = \sum_{rs} \sum_{p \in P^{rs}} c_p^{rs} h_p^{rs} \tag{3a}$$

subject to

$$\sum_{p \in P^{rs}} h_p^{rs} = q^{rs}, \quad \forall r,s \tag{3b}$$

$$\sum_{rs} \sum_{p \in P^{rs}} h_p^{rs} \delta_{ap}^{rs} \leq u_a, \quad \forall a \in A \tag{3c}$$

$$h_p^{rs} \geq 0, \quad \forall p \in \bigcup_{rs} P^{rs} \tag{3d}$$

　　目標式(3a)爲最小化總運輸成本，決策變數爲路徑流量；限制式(3b)爲流量守恆限制式；限制式(3c)限制節線容量上限，即起迄對(r,s)間所有路徑流量和等於該起迄對需求量；限制式(3d)限制路徑流量爲非負值。

第二節、多商品流量問題的最佳化條件

　　本節分別針對「路段基礎模型」與「路徑基礎模型」說明其最佳化條件。但同一種網

路問題不論他們的模型外觀形式為何，其最佳化條件所描述之最佳解必須完全相同。

一、路段基礎數學模型之最佳化條件

茲以多起迄對單一商品流問題之數學模型(2)為例，探討完全對偶化(full dualization)之最佳化條件與負成本迴圈(negative cycle)之檢驗，分別如下：

(一)完全對偶化之最佳化條件

若流量守恆限制式(2b)引入對偶變數 y_i，對節線容量限制式(2c)引入對偶變數 λ_a，令節線 a 之尾端與前端分別以節點 i 與節點 j 代表，則多商品流量問題模型(2)的完全對偶化最佳化條件如下所示：

$$x_a\left(\widetilde{c}_a - y_i + y_j\right) = 0, \quad \forall a \in A \tag{4a}$$

$$\widetilde{c}_a - y_i + y_j \geq 0, \quad \forall a \in A \tag{4b}$$

$$\lambda_a\left(x_a - u_a\right) = 0, \quad \forall a \in A \tag{4c}$$

$$x_a \leq u_a, \quad \forall a \in A \tag{4d}$$

$$\sum_{p \in P^{rs}} h_p^{rs} = q^{rs}, \quad \forall r,s \tag{4e}$$

$$x_a \geq 0, \quad \forall a \in A \tag{4f}$$

$$\lambda_a \geq 0, \quad \forall a \in A \tag{4g}$$

$$y_i \geq 0, \quad \forall i \in N \tag{4h}$$

其中一般化節線成本 $\widetilde{c}_a$ 為原節線成本 c_a 與對偶價格 λ_a 的加總：$\widetilde{c}_a = c_a + \lambda_a$，此對偶價格可視為該節線之延遲成本。因此節線的運輸成本除原成本外，尚需加入延遲成本 λ_a，其總和稱為節線的一般化成本 $\widetilde{c}_a$。互補條件(4c)與(4d)可解釋為若對偶價格為一正值時，節線流量等於容量上限。

(二)負成本迴圈之檢驗

對起迄對(r,s)之間商品 k 而言，若流量 $\mathbf{x} = \{x^{rs}\}$ 為最佳解，則商品 k 之剩餘網路(residual network)中無「負成本迴圈」。以下為利用剩餘網路檢驗網路流量是否已最佳化之簡例。

圖 10-5 為假設已得到一組可行流量解，路網中僅節線(2,5)有容量限制，其對偶變數 λ_{25} 為 2，利用剩餘網路檢查此網路是否已達最佳解。

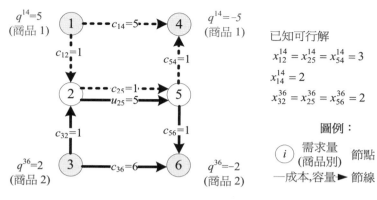

圖 10-5：原網路

　　首先計算節線成本 $\tilde{c}_a = c_a + \lambda_a$。將 λ_{25} 代入一般化節線成本中，可分別求得起迄對(1,4)間商品 1 之剩餘網路，如圖 10-6(A)所示，與起迄對(3,6)間商品 2 之剩餘網路，如圖 10-6(B)所示，兩者皆沒有負成本迴圈，故此流量解已爲最佳解。

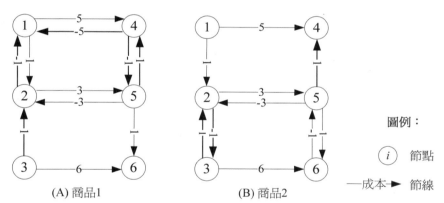

圖 10-6：(A)商品 1 之剩餘網路、(B)商品 2 之剩餘網路

二、路徑基礎數學模型之最佳化條件

　　若以路徑流量爲決策變數，則多商品流量問題模型(2)的最佳化條件如下所示：

$$h_p^{rs}\left(\tilde{c}_p^{rs} - v^{rs}\right) = 0, \quad \forall r,s,p \tag{5a}$$

$$\tilde{c}_p^{rs} - v^{rs} \ge 0, \quad \forall r,s,p \tag{5b}$$

$$\lambda_a\left(x_a - u_a\right) = 0, \quad \forall a \in A \tag{5c}$$

$$x_a \le u_a, \quad \forall a \in A \tag{5d}$$

$$\sum_{p\in P^{rs}} h_p^{rs} = q^{rs}, \quad \forall r,s \tag{5e}$$

$$x_a \geq 0, \quad \forall a \in A \tag{5f}$$

$$\lambda_a \geq 0, \quad \forall a \in A \tag{5g}$$

在互補鬆弛條件(5a)與(5b)中，v^{rs} 為起迄對(r,s)間路徑集合 $\mathbf{P}^{rs}$ 中最短路徑旅行時間，$v^{rs} = \min\{c_p^{rs} \mid p \in P^{rs}\}$。代表若起迄對$(r,s)$間路徑 p 流量為正值，則該路徑之一般化旅行成本等同於起迄對間最短路徑成本 v^{rs}。

第三節 多商品流量之求解演算法

多商品流量問題經常使用分解法(decomposition approach)進行求解，以下為多商品流量問題求解法分類：

1. 價格導向分解(price directive decomposition)：僅考量節線上的價格或收費，忽略節線容量限制，直接進行求解；例如，利用拉氏鬆弛法(Lagrangian relaxation)處理節線容量限制的路段基礎的次梯度法(sub-gradient)。

2. 資源導向分解(resource directive decomposition)：根據節線容量限制，分派各起迄對流量並求解；例如，於每回合求解過程中，皆將容量限制納入考量之路徑基礎的變數產生法(column generation)。

3. 單體基礎之求解法(simplex based approaches)：以單體法為基礎改良的多商品流量問題求解法。

以下將依序介紹路段基礎的次梯度法(subgradient method)、以及以路徑基礎的變數產生法(column generation method)。

一、次梯度求解法

本節介紹以拉氏鬆弛法為基礎的次梯度求解法，其主要概念為利用拉氏乘數鬆弛多商品流量問題中的節線容量限制式，再利用次梯度法求解無容量限制的拉氏鬆弛問題。

首先，將原模型(2)中節線容量限制以拉氏乘數(λ_a)對偶化至目標式中，產生拉氏鬆弛模型(6)：

$$\max_{\lambda} \min_{\mathbf{x}} \quad \mathscr{L} = \sum_{a\in A} c_a x_a + \sum_{a\in A} \lambda_a (x_a - u_a) \tag{6a}$$

subject to

$$\sum_{p\in P^{rs}} h_p^{rs} = q^{rs}, \quad \forall r,s \tag{6b}$$

$$x_a \geq 0, \quad \forall a \in A \tag{6c}$$

整理目標式(6a)，得到模型(7)：

$$\mathscr{L}(\lambda) = \min_{\mathbf{x}} \quad z = \sum_{a \in A} \left(c_a + \lambda_a \right) x_a - \sum_{a \in A} \lambda_a u_a \tag{7a}$$

subject to

$$\sum_{p \in P^{rs}} h_p^{rs} = q^{rs}, \quad \forall r, s \tag{7b}$$

$$x_a \geq 0, \quad \forall a \in A \tag{7c}$$

利用次梯度法求解模型(7)，即無容量限制之拉氏鬆弛問題。在拉氏鬆弛問題中，目標式內仍包含容量限制式之對偶變數 λ_a，或稱對偶價格。次梯度法屬於坡降式最佳化法，在每回合中，皆須 1.初始化，2.求得搜尋方向與 3.移動步幅，進而 4.更新流量解，直到 5.符合收斂標準為止。

多商品流量問題的求解方法除路段基礎的次梯度法外，尚有路徑基礎的變數產生法，以下將簡介路徑變數產生法的求解概念與流程。

二、路徑變數產生法

相對於以路段變數為基礎的次梯度法，路徑變數產生法是以路徑為基礎的求解演算法，主要應用於路徑變數繁多，但限制式較易處理的問題類型。由於多商品流量問題中的路徑變數非常多，但在最佳解中並非所有路徑都使用到，且多商品流量問題限制式皆為線性，因此適用於路徑變數產生法。

在應用變數產生法求解多商品流量問題時，每回合所求解的問題並非完整的主問題，而是僅包含部分變數的子問題，稱為受限主問題。令 $\mathbf{S} = \bigcup_{rs} \mathbf{S}^{rs}$，$\mathbf{S}^{rs}$ 為起迄對(r,s)間的路徑子集合且 $\mathbf{S}^{rs} \subseteq \mathbf{P}^{rs}$，則受限主問題與原數學模型(3)的差異僅在於將 $\mathbf{P}^{rs}$ 代換為路徑子集合 $\mathbf{S}^{rs}$，其餘數學式均相同。正常情況下，受限主問題的所考慮的變數個數皆小於或等於主問題的變數個數。

(一) 路徑變數產生法求解步驟

路徑變數產生法求解步驟如下：

步驟 1：初始化各起迄對之路徑變數集合 $\mathbf{S}^{rs}, \forall r, s$。

步驟 2：求解受限主問題，其中路徑變數集合為 $\mathbf{S}^{rs}$，得到路段流量解 $\mathbf{x}$。

步驟 3：檢查 $\mathbf{x}$ 是否為最佳解，若是則演算法結束，反之求得新路徑並加入 $\mathbf{S}^{rs}$ 後回步驟 2。

(二) 路徑變數產生法之收斂判斷：負成本迴圈

若對起迄對(r,s)而言，流量 $\mathbf{x}^{rs}$ 為最佳解，則起迄對(r,s)之剩餘網路中無"負成本迴圈"。以圖 10-7(A)為例，起迄對(r,s)間 p 與 p' 兩條路徑，假設目前流量解不符合最佳化條件(5a)，即路徑流量 $h_p^{rs} > 0$ 且 p' 為非最短路徑，因此路徑成本 $\tilde{c}_p^{rs} > \tilde{c}_{p'}^{rs}$。圖 10-7(B)為對應於圖 10-7(A)之剩餘網路，因為 $\tilde{c}_p^{rs} > \tilde{c}_{p'}^{rs}$，故可搜尋得到虛線所表示的負成本迴圈，成本為 $-\tilde{c}_{p'}^{rs} + \tilde{c}_p^{rs}$，所以該網路流量尚未達到最佳化狀態。

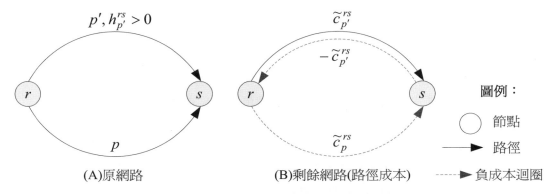

圖 10-7：(A)兩條路徑之網路、(B)負成本迴圈

假設 $p^{rs}*$ 為起迄對(r,s)間最短路徑，若 $p^{rs}* \in \mathbf{S}^{rs}, \forall r,s$，則流量解 $\mathbf{x}^{rs}$ 即為主問題之最佳解。原因為主問題與受限主問題之最佳化條件幾乎相同，差別僅在條件中的路徑集合 $\mathbf{S}^{rs}$ 與 $\mathbf{P}^{rs}$。因此，若發現最短路徑 $p^{rs}*$ 不在路徑集合 $\mathbf{S}^{rs}$ 中，便需將 $p^{rs}*$ 納入 $\mathbf{S}^{rs}$ 中，重新求解新的受限主問題。

第四節、數值範例

一、次梯度法之數值範例

圖 10-8 為包含 6 個節點與 6 條節線之測試網路。兩組起迄對$(1,4)$與$(3,6)$之需求量各為 5 單位之商品 1 與 3 單位之商品 2。其中節線$(2,5)$容量限制為 5 單位，節線$(3,2)$為 2 單位，其餘節線無容量限制。

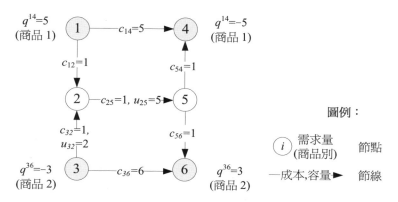

圖 10-8：次梯度法之求解範例

次梯度法求解步驟說明如下：

（一）產生初始解

首先，初始化對偶價格 $\lambda = \lambda^0 = 0$，求解拉氏鬆弛模型 $\mathscr{L}(\lambda^0)$，求得結果如圖 10-9 所示，其中流量解 $x_{12}^{14} = x_{25}^{14} = x_{54}^{14} = 5$，$x_{32}^{36} = x_{25}^{36} = x_{56}^{36} = 3$，其餘節線流量均為零。節線(2,5)總流量為 $x_{25}^{14} + x_{25}^{36} = 5 + 3 = 8$，違反容量限制式，節線(3,2)流量為 3，亦違反容量限制式。

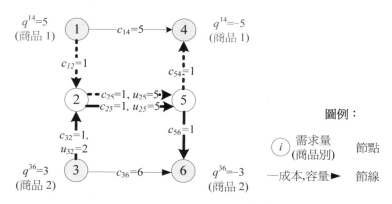

圖 10-9：拉氏鬆弛問題 $\mathscr{L}(\lambda^0)$ 最佳解

（二）決定搜尋方向

令 n 為演算法執行回合數，節線 a 總流量為所有起迄對流經此節線之流量加總：$x_a = \sum_{rs} \sum_{p \in P^{rs}} h_p^{rs} \delta_{ap}^{rs}$。定義搜尋方向為 $(\mathbf{x}\text{-}\mathbf{u})^+$，即節線容量限制式違反量，移動步幅為 θ^n，對偶變數更新法則如下：

$$\lambda_a^{n+1} = \left[\lambda_a^n + \theta^n \left(x_a - u_a \right) \right]^+ \tag{8}$$

根據模型(6)，更新範例之對偶變數：

$$\lambda_{25}^1 = \left[\lambda_{25}^0 + \theta^0(8-5)\right]^+ = 3\theta^0 \; ;$$

$$\lambda_{32}^1 = \left[\lambda_{32}^0 + \theta^0(3-2)\right]^+ = \theta^0 \; \circ$$

若固定移動步幅 $\theta^1 = 1$，則 $\lambda_{25}^1 = 3$ ，$\lambda_{32}^1 = 1$。代回拉氏鬆弛模型 $\mathscr{L}(\lambda)$，再次進行求解 $\mathscr{L}(\lambda^1)$。結果如圖 10-10 所示，其中流量 $x_{14}^{14} = 5$ 、$x_{36}^{36} = 3$，其餘流量皆爲 0。

再次根據式(6)，更新範例之對偶變數：

$$\lambda_{25}^2 = \left[\lambda_{25}^1 + \theta^1(0-5)\right]^+ = \left[3-5\theta^1\right]^+ \; ;$$

$$\lambda_{32}^2 = \left[\lambda_{32}^1 + \theta^1(0-2)\right]^+ = \left[1-2\theta^1\right]^+ \; \circ$$

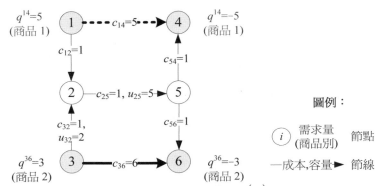

圖 10-10：拉氏鬆弛問題 $\mathscr{L}(\lambda^1)$ 最佳解

(三) 決定尋優步幅

在此處需注意的是：在每一回合該如何決定較佳的移動步幅 θ^n？過大的步幅將導致流量解上下震盪且不收斂，而過小的步幅會使得演算法無法收斂至最佳解。爲使演算法得以收斂，決定步幅的方式可依循下列兩準則：

1.　$\lim_{n \to \infty} \theta^n = 0$ 　　　　　　　　　　　　　　　　　　　　　　　　　(9a)

2.　$\sum_{n=1}^{\infty} \theta^n = \infty$ 　。　　　　　　　　　　　　　　　　　　　　　　(9b)

依上述規則，因此可令移動步幅爲回合數的倒數，$\theta^n = 1/n$，此方式類似連續平均法 (method of successive averages, MSA)之概念。

經使用次梯度法求解後，得到圖 10-8 範例最佳解爲：$x_{12}^{14} = x_{25}^{14} = x_{54}^{14} = 3$ 、$x_{14}^{14} = 2$ 、 $x_{32}^{36} = x_{25}^{36} = x_{56}^{36} = 2$ 、$x_{36}^{36} = 1$，對偶變數值：$\lim_{n \to \infty} \lambda_{32}^n = 1$ 、$\lim_{n \to \infty} \lambda_{25}^n = 2$。

次梯度法的缺點在於：即使對偶變數已經非常接近最佳解，但仍不代表路網之流量解已接近最佳解，甚至可能爲不可行解。如圖 10-11 所示，在第 n 回合時，得到對偶變數值

$\lambda_{25}^n = 2.001$、$\lambda_{32}^n = 1.001$。對照最佳解，對偶變數皆已非常接近最佳解，但流量解 $x_{14}^{14} = 5$，$x_{36}^{14} = 3$ 仍與最佳解($x_{14}^{14} = 2$，$x_{36}^{36} = 1$)有很大差距。

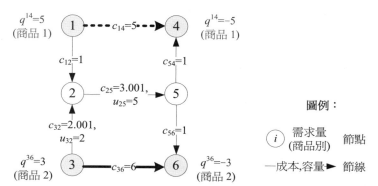

圖 10-11：次梯度求解法，對偶變數 λ 與流量變數 x 無法同時收斂

二、變數產生法之數值範例

圖 10-12 為以路徑為基礎之多商品流量問題範例，由圖中可以觀察得到起迄對(1,4)之間輸送商品 1 之路徑集合 $\mathbf{P}^{14} = \{1{\to}4, 1{\to}2{\to}4, 1{\to}2{\to}5{\to}4\}$，以及起迄對(3,6)之間輸送商品 2 之路徑集合 $\mathbf{P}^{36} = \{3{\to}6, 3{\to}2{\to}5{\to}6\}$。

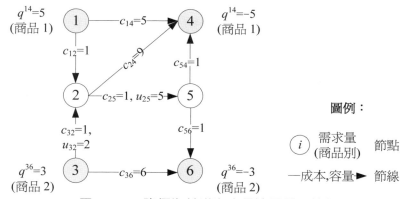

圖 10-12：路徑為基礎多商品流量問題範例

若以 $x(p)$ 表示路徑 p 之流量變數，圖 10-12 之範例可建構為一線性規劃問題如下所示：

$$\min \quad 5x(1{\to}4) + 10x(1{\to}2{\to}4) + 3x(1{\to}2{\to}5{\to}4) + 6x(3{\to}6) + 3x(3{\to}2{\to}5{\to}6) \tag{10a}$$

subject to

$$x(1{\to}4) + x(1{\to}2{\to}4) + x(1{\to}2{\to}5{\to}4) = 5 \tag{10b}$$

$$x(3{\to}6) + x(3{\to}2{\to}5{\to}6) = 3 \tag{10c}$$

$$x(1{\to}2{\to}5{\to}4) + x(3{\to}2{\to}5{\to}6) \le u_{25} = 5 \tag{10d}$$

$$x(3{\rightarrow}2{\rightarrow}5{\rightarrow}6) \le u_{32} = 2 \qquad\qquad (10\text{e})$$

$$x(p) \ge 0 \text{ for all paths } \mathbf{P} \qquad\qquad (10\text{f})$$

以上數學規劃之最佳解為：$x(1{\rightarrow}4) = 2$、$x(1{\rightarrow}2{\rightarrow}4) = 0$、$x(1{\rightarrow}2{\rightarrow}5{\rightarrow}4) = 3$、

$$x(3{\rightarrow}6) = 1 \text{、} x(3{\rightarrow}2{\rightarrow}5{\rightarrow}6) = 2 \text{。}$$

至於變數產生法求解多商品流量問題的步驟如下：

第一回合：參照圖 10-13 之多商品流量問題，以路徑模式建構對應的線性規劃模型，初始化各起迄對之路徑集合 $\mathbf{S}^k$, $k = 1,...,K$；

$$S^1 = \{1{\rightarrow}4\} \text{；} S^2 = \{3{\rightarrow}6\} \text{。}$$

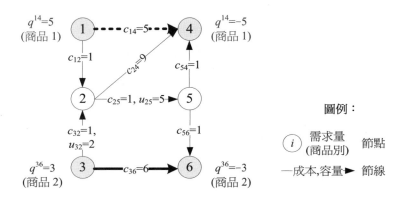

圖 10-13：變數產生法範例：受限主問題(11)

路徑成本：$c(1{\rightarrow}4) = 5$； $c(3{\rightarrow}6) = 6$。

求解受限主問題(11)：

$$\min \quad 5x(1{\rightarrow}4) + 6x(3{\rightarrow}6) \qquad\qquad (11\text{a})$$

subject to

$$x(1{\rightarrow}4) = 5 \qquad\qquad (11\text{b})$$

$$x(3{\rightarrow}6) = 3 \qquad\qquad (11\text{c})$$

$$x(p) \ge 0 \text{ for all paths } \mathbf{P} \qquad\qquad (11\text{d})$$

最佳解為：$x(1{\rightarrow}4) = 5$、$x(3{\rightarrow}6) = 3$、$\lambda_{25} = 0$、$\lambda_{32} = 0$。

搜尋得到起迄對$(1,4)$之最短路徑 $\{1{\rightarrow}2{\rightarrow}5{\rightarrow}4\}$ 與起迄對$(3,6)$之最短路徑 $\{3{\rightarrow}2{\rightarrow}5{\rightarrow}6\}$，兩條最短路徑皆未包含在路徑集合 $\mathbf{S}^{rs}$ 中，選擇將最短路徑 $\{3{\rightarrow}2{\rightarrow}5{\rightarrow}6\}$加入 $\mathbf{S}^{36}$ 後求解新的受限主問題(12)。

第二回合：

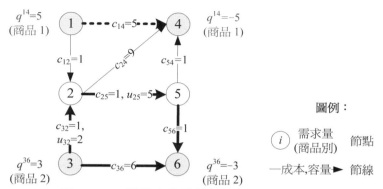

圖 10-14：變數產生法範例：受限主問題(12)

路徑成本：$c(1{\to}4) = 5$；$c(3{\to}6) = 6$；$c(3{\to}2{\to}5{\to}6) = 3$。

受限主問題(12)：

min　$5x(1{\to}4) + 6x(3{\to}6) + 3x(3{\to}2{\to}5{\to}6)$　　　　　　　(12a)

subject to

$\quad x(1{\to}4) = 5$　　　　　　　　　　　　　　　　(12b)

$\quad x(3{\to}6) + x(3{\to}2{\to}5{\to}6) = 3$　　　　　　　　　(12c)

$\quad x(3{\to}2{\to}5{\to}6) \leq u_{25} = 5$　　　　　　　　　(12d)

$\quad x(3{\to}2{\to}5{\to}6) \leq u_{32} = 2$　　　　　　　　　(12f)

$\quad x(p) \geq 0 \text{ for all paths } \mathbf{P}$　　　　　　　　(12g)

最佳解為：$x(1{\to}4) = 5$、$x(3{\to}6) = 1$、$x(3{\to}2{\to}5{\to}6) = 2$、$\lambda_{25} = 0$、$\lambda_{32} = 3$。

搜尋得到起迄對(1,4)之最短路徑{1→2→5→4}，未包含在路徑集合 $\mathbf{S}^{14}$ 中。起迄對(3,6)之兩條最短路徑：{3→6}、{3→2→5→6}皆包含於 $\mathbf{S}^{36}$ 中。選擇將最短路徑{1→2→5→4}加入路徑集合 $\mathbf{S}^{14}$ 後求解新的受限主問題(13)。

第三回合：

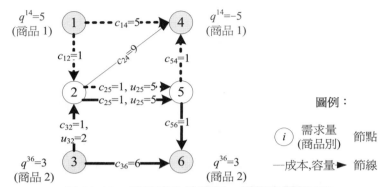

圖 10-15：變數產生法範例：受限主問題(13)

路徑成本：$c(1{\to}4) = 5$；$c(1{\to}2{\to}5{\to}4) = 3$；$c(3{\to}6) = 6$；$c(3{\to}2{\to}5{\to}6) = 3$。

受限主問題(13)：

$$\min \quad 5x(1{\to}4) + 3x(1{\to}2{\to}5{\to}4) + 6x(3{\to}6) + 3x(3{\to}2{\to}5{\to}6) \tag{13a}$$

subject to

$$x(1{\to}4) + x(1{\to}2{\to}5{\to}4) = 5 \tag{13b}$$

$$x(3{\to}6) + x(3{\to}2{\to}5{\to}6) = 3 \tag{13c}$$

$$x(1{\to}2{\to}5{\to}4) + x(3{\to}2{\to}5{\to}6) \le u_{25} = 5 \tag{13d}$$

$$x(3{\to}2{\to}5{\to}6) \le u_{32} = 2 \tag{13e}$$

$$x(p) \ge 0 \text{ for all paths } \mathbf{P} \tag{13f}$$

最佳解為：$x(1{\to}4) = 2$、$x(1{\to}2{\to}5{\to}4) = 3$、$x(3{\to}6) = 1$、$x(3{\to}2{\to}5{\to}6) = 2$、$\lambda_{25} = 2$、$\lambda_{32} = 1$。所有最短路徑皆已存在於 $\mathbf{S}^k$ 中，主問題之最佳解求得，而起迄對 (1,4) 之路徑 $(1{\to}2{\to}4)$ 流量為 0。

　　以上為變數產生法運算過程，在此方法中，每回合皆加入少量的變數，並不斷重複求解受限主問題，因此適用於變數繁多但限制式相對較少的數學規劃類型。圖 10-16 之最左邊為變數產生法初始化所需變數數量，中間部分為運算過程中新增之變數數量，最右邊的區域則表示可行解區域其他所有未考慮變數集合。

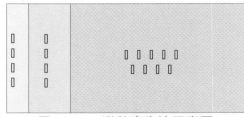

圖 10-16：變數產生法示意圖

在利用變數產生法求解時，尚有幾項因素需考慮，包括：

1. 初始變數數量；
2. 每回合所需產生變數數量；
3. 如何求解受限主問題。

以上各項因素皆會對演算法的求解效率造成影響，由於事先無法確定最佳解中所包含的變數集合，且搜尋路徑亦須耗費時間，因此初始化與每回合需產生的變數量便成為使用者需考量的重要事項，通常每回合可針對所有起迄對各搜尋一條最短路徑。此外，演算法中每回合皆必須求解受限主問題，因此受限主問題的求解效率亦是影響整體演算法收斂快慢的關鍵因素。

第五節 多商品流量問題與交通量指派問題之關係

本節將以交通量指派問題的觀點解釋多商品流量問題，交通量指派問題為運輸規劃中的核心問題，在過去的數十年間已有多方面的延伸應用與變化，相關的求解方法也已發展成熟，以下將簡介交通量指派之數學模型。

一、 交通量指派數學模型

交通量指派模型之目標式為非線性，限制式為線性。令起迄對(r,s)間交通需求量為q^{rs}，基本的交通量指派問題模型可建構為數學模型(14)：

$$\min_{\mathbf{x}} \quad z = \sum_{a \in A} \int_0^{x_a} c_a(\omega)d\omega \tag{14a}$$

subject to

$$\sum_{p \in P^{rs}} h_p^{rs} = q^{rs}, \quad \forall r, s \tag{14b}$$

$$h_p^{rs} \geq 0, \quad \forall r, s, p \tag{14c}$$

其中

$$x_a = \sum_{rs} \sum_{p \in P^{rs}} h_p^{rs} \delta_{ap}^{rs}, \quad \forall a \in A \tag{14d}$$

$$c_p^{rs} = \sum_a c_a \delta_{ap}^{rs}, \quad \forall r, s, p \tag{14e}$$

目標式(14a)為路段旅行時間積分的總和，屬於非線性函數；限制式(14b)為起迄對流量守恆限制；限制式(14c)限制流量非負。限制式(14d)與(14e)則分別為「路段-路徑」流量關係與「路段-路徑」成本關係定義限制式。

二、 最佳化條件

數學模型(14)可藉由最佳化條件了解其所代表的意涵，其最佳化條件如式(15)所示：

$$h_p^{rs}\left(c_p^{rs} - v^{rs}\right) = 0, \quad \forall r,s,p \tag{15a}$$

$$c_p^{rs} - v^{rs} \geq 0, \quad \forall r,s,p \tag{15b}$$

$$\sum_{p \in P^{rs}} h_p^{rs} = q^{rs}, \quad \forall r,s \tag{15c}$$

$$h_p^{rs} \geq 0, \quad \forall r,s,p \tag{15d}$$

最佳化條件(15a)與(15b)爲互補條件，其中 v^{rs} 爲起迄對(r,s)間最短路徑之旅行成本。代表若起迄對(r,s)間路徑 p 被使用，則此路徑成本 c_p^{rs} 等於起迄對間最短路徑成本。(15c)與(15d)則爲原模型限制式集合，以上爲用路人均衡(user-equilibrium, UE)條件。

在應用交通量指派演算法求解前，須先探討多商品流量問題與交通量指派問題的對等性。若仔細觀察多商品流量問題模型(2)與交通量指派問題模型(14)，除前者目標式爲線性(或非線性)而後者目標式爲非線性外，多商品流量問題另加入了額外的節線容量上限限制式(2c)，其餘限制式皆相同，兩模型的比較詳列如表 10-2。

表 10-2：模型特性比較表

問題型式	節點	節線	節線容量限制	節線成本函數	起迄需求量	最佳化條件
交通量指派問題	路口	道路	未必*	非線性運輸成本	車輛數	最短行駛路徑
線性(非線性)多商品流量問題	企業單位	節點間最短路徑	有	線性(非線性)通路成本	商品量	最低成本行銷通路

*傳統交通量指派問題亦有考慮容量限制式，在實際應用時不一定包含此項限制，可將容量概念隱含於節線成本當中，例如 BPR 路段成本函數。

由表 10-2 可以得知，兩模型間最大差異僅路段容量限制與目標式，若要處理額外限制式，可藉懲罰變數 **w** 將容量限制式引入目標式中，並利用懲罰法改寫目標式，得到懲罰法模型。使用懲罰法的另一好處在於可同時將線性多商品流量問題改寫爲非線性目標式，便可利用交通量指派問題的非線性規劃解法求解線性多商品流量問題。

以下爲多商品流量問題之懲罰法模型：

$$\max_{\mathbf{w}} \min_{\mathbf{x}} \quad \mathscr{L} = \sum_{a \in A} c_a x_a + \sum_{a \in A} w_a \left(\sum_{rs} \sum_{p \in P^{rs}} h_p^{rs} \delta_{ap}^{rs} - u_a \right)_+^2 \tag{16a}$$

subject to

$$\sum_{p \in P^{rs}} h_p^{rs} = q^{rs}, \quad \forall r, s \tag{16b}$$

$$h_p^{rs} \geq 0, \quad \forall r, s, p \tag{16c}$$

目標式中第二項為懲罰變數與容量限制式違反量平方項之乘積，藉由懲罰值迫使流量解符合容量限制。改寫後之懲罰法模型，其目標式為非線性，限制式皆為線性且等同於交通量指派模型，因此可使用傳統的交通量指派演算法求解此問題。在求解此問題時，可利用雙層迴圈處理原變數與對偶變數，由外迴圈更新對偶變數，內迴圈求解固定對偶變數 $\overline{\mathbf{w}}$ 情況下的最佳流量解。當內、外迴圈皆符合收斂條件，則可得到懲罰法之最佳解。在內迴圈求解的部份，可使用路段(或節線)變數為基礎或是路徑變數為基礎的演算法，以下分別以路段為基礎的連續平均法(MSA_{link})與路徑為基礎的連續平均法(MSA_{path})進行說明。

三、 P-MSA$_{\text{link}}$ 以及 P-MSA$_{\text{path}}$ 演算法求解多商品流量問題之懲罰法模型

以下將說明懲罰法結合 MSA_{link}(P-MSA$_{\text{link}}$)以及懲罰法結合 MSA_{path}(P-MSA$_{\text{path}}$)求解多商品流量問題之懲罰法模型的演算步驟。

(一) P-MSA$_{\text{link}}$ 演算法(懲罰法結合 MSA$_{\text{link}}$)

在應用 MSA_{link} 演算法求解內迴圈流量解時，需使用近似之線性子模型求解尋優方向 $\mathbf{d}$，再尋找適當的移動步幅 α 更新目前流量解，詳細的演算法說明可參閱 Sheffi(1985)。

線性子模型可利用一階泰勒展開式來得到，該模型等同於利用節線一般化成本

$c_a + 2\overline{w}_a \left(\sum_{rs} \sum_{p \in P^{rs}} h_p^{rs} \delta_{ap}^{rs} - u_a \right)_+$ 搜尋各起迄對間最短路徑。若節線流量未超過節線容量限制，

則該節線成本為原節線成本。利用最短路徑演算法並結合全有或無(all or nothing)流量指派，可求解線性化子問題，得到子問題流量解 $\mathbf{x}$，並令最佳化搜尋方向 $\mathbf{d} = \mathbf{y} - \mathbf{x}$。

得到搜尋方向後，便需決定尋優步幅 α，令 $\alpha = 1/n$，n 為演算法內迴圈執行之回合數。藉移動方向與步幅可更新目前流量解，更新方式為 $\mathbf{x}^{n+1} = \mathbf{x}^n + \alpha(\mathbf{y}^n - \mathbf{x}^n)$。利用前後回合流量解判斷內迴圈是否符合收斂標準 ε_2，若收斂則結束；反之，繼續。

在外迴圈中，每回合皆須判斷是否達到收斂並更新對偶變數，若流量解未達收斂標準，即 $\max_a |x_a - u_a| > \varepsilon_1$，則必須更新懲罰變數 $\mathbf{w}$，並進入內迴圈重新求解流量解 $\mathbf{x}$。懲罰變數更新方式為若當回合(l)中，節線 a 流量大於該節線之容量上限，則對偶變數需加重懲罰。若節線 a 流量在當回合(l)剛好等於容量限制，懲罰變數維持不變，若節線 a 流量在當回合(l)下降至小於容量限制，則需縮減懲罰變數，縮減幅度為 β_2，如下所示：

$$w_a^{l+1} = \begin{cases} w_a^l + \beta_1 \left(x_a^l - u_a^l \right), & \text{if } x_a^l \geq u_a^l \\ \beta_2 w_a^l, & \text{if } x_a^l < u_a^l \end{cases}, \quad \forall a \in A \tag{17}$$

在式(17)中，懲罰係數 β_1 與 β_2 的決定將影響求解效率，β_1 的設定範圍為 $0 \le \beta_1 \le 1$，而 β_2 需大於 0。以下為 P-MSA$_{link}$ 演算法的完整求解步驟：

步驟 0：輸入資料並初始化懲罰變數 $\mathbf{w}^l = \{0\}$ 與流量解 $\mathbf{x}^l = \{0\}$，並設定懲罰係數值 β_1 與 β_2，

        令外迴圈數為 $l = 0$，內迴圈數 $n = 1$，$\mathbf{x}^n = \mathbf{x}^l$，到步驟 1。

步驟 1：求解固定懲罰變數 $\overline{\mathbf{w}}$ 之模型(16)。

    步驟 1.1：求解線性子問題，得到流量解 $\mathbf{y}^n$。

    步驟 1.2：利用子問題流量解與步幅 $\alpha = 1/n$，更新流量解，得到 $\mathbf{x}^{n+1}$。

    步驟 1.3：若 $\max\limits_a \left| x_a^{n+1} - x_a^n \right| \le \varepsilon_2$，令 $\mathbf{x}^l = \mathbf{x}^{n+1}$，到步驟 2；反之令 $n = n + 1$，回步驟 1.1。

步驟 2：判斷流量解 $\mathbf{x}^l$ 是否收斂，若 $\max\limits_a \left| x_a^l - u_a \right| \le \varepsilon_1$，則演算法結束，最佳流量解為 $\mathbf{x}^l$。

        反之，以式(17)更新對偶變數 $\mathbf{w}$，令 $n = 1$，$\mathbf{x}^n = \mathbf{x}^l$，$l = l+1$，回到步驟 1。

(二) P-MSA$_{path}$ 演算法(懲罰法結合 MSA$_{path}$)

本節介紹利用 MSA$_{path}$ 求解懲罰法模型(11)之內迴圈，MSA$_{path}$ 是以路徑流量變數為基礎的演算法。在運算過程中，需以路徑變數的搜尋方向 $\mathbf{d}$ 與移動步幅 α 逐次更新變數值，以達到收斂。其中搜尋方向 $\mathbf{d}$ 是以目標函數對決策變數的一階微分所決定，與梯度投影法 (gradient projection method)(Jayakrishnan et al., 1994)相同，移動步幅 $1/n$，n 為演算法內迴圈執行之回合數。以下為 MSA$_{path}$ 所需使用到的符號表示：

p：非最短路徑編號。

$\hat{p}$：使用路徑集合中之最短路徑編號。

$\widetilde{c}_p^{rs}$：起迄對 (r,s) 間路徑 p 之一般化成本，$\widetilde{c}_p^{rs} = \sum\limits_a \widetilde{c}_a \delta_{ap}^{rs}$，其中一般化節線成本

    $\widetilde{c}_a = c_a + 2w_a \left(x_a - u_a \right)_+$。

$\widetilde{c}_{\hat{p}}^{rs}$：起迄對 (r,s) 間最短路徑 $\hat{p}$ 之一般化成本，$\widetilde{c}_{\hat{p}}^{rs} = \sum\limits_a \widetilde{c}_a \delta_{a\hat{p}}^{rs}$，一般化節線成本

    $\widetilde{c}_a = c_a + 2w_a \left(x_a - u_a \right)_+$。

MSA$_{path}$ 中的搜尋方向為目標函數的一階微分，假設起迄對 (r,s) 間的路徑集合為 $\mathbf{P}$，則某一條非最短路徑流量 h_p^{rs} 對目標式(16a)的一階偏微結果如下所示：

$$\frac{\partial \mathscr{L}}{\partial h_p^{rs}} = \frac{\sum\limits_{a \in A} c_a x_a + \sum\limits_{a \in A} w_a \left(\sum\limits_{k \in K} \sum\limits_{p \in P} x_a \delta_{ap}^{rs} - u_a \right)_+^2}{\partial h_p^{rs}} \tag{18}$$

$$= \widetilde{c}_p^{rs} - \widetilde{c}_{\hat{p}}^{rs} \quad \forall r, s, p \ne \hat{p}$$

由式(18)可以得到尋優方向 $\mathbf{d}$ 為非最短路徑成本與最短路徑成本相減的負方向：

$$(\text{-})\left(\widetilde{c}_p^{rs} - \widetilde{c}_{\hat{p}}^{rs}\right) \quad \forall r, s, p \neq \hat{p}$$

接著決定尋優步幅 $\alpha = 1/n$，n 為演算法內迴圈執行之回合數。根據尋優方向(18)與尋優步幅 α，可以得知在固定節線成本下，數學規劃(16)之非最短路徑流量更新方式為：

$$h_p^{rs\,n+1} = h_p^{rs\,n} - \frac{\widetilde{c}_p^{rs} - \widetilde{c}_{\hat{p}}^{rs}}{n} \quad \forall r, s, p \neq \hat{p} \tag{19}$$

路徑流量更新除考慮式(19)外，尚有非負限制式，因此非最短路徑流量更新方式可改寫為：

$$h_p^{rs\,n+1} = \max\left\{0, h_p^{rs\,n} - \frac{\widetilde{c}_p^{rs} - \widetilde{c}_{\hat{p}}^{rs}}{n}\right\} \quad \forall r, s, p \neq \hat{p} \tag{20}$$

由式(20)可求得起迄對(r,s)使用路徑集合中所有非最短路徑流量，而最短路徑流量可由流量守恆限制式推得，即起迄對需求減去所有非最短路徑流量。

以下為 P-MSA$_{\text{path}}$ 的完整求解步驟：

步驟 0：輸入資料並初始化對偶變數 $\mathbf{w}^l = \{0\}$、路徑流量解 $\mathbf{h}^l = \{0\}$、節線流量解 $\mathbf{x}^l = \{0\}$，並設定對偶係數值 β_1 與 β_2，令外迴圈數為 $l = 0$，內迴圈數 $n = 1$，到步驟 1。

步驟 1：求解固定懲罰變數 $\overline{\mathbf{w}}$ 之模型(16)。

    步驟 1.1：利用一般化節線成本 $\widetilde{c}_a$ 搜尋最短路徑 $\hat{p}$。若 $\hat{p}$ 已存在於路徑集合 $\mathbf{P}$ 中，則不做任何更改；反之，將路徑 $\hat{p}$ 加入路徑集合中。

    步驟 1.2：利用式(18)求得尋優方向 $\mathbf{d}^n$。

    步驟 1.3：令步幅 $\alpha=1/n$，更新路徑流量解 $\mathbf{h}^{n+1}$ 與路段流量解 $\mathbf{x}^{n+1}$。

    步驟 1.4：收斂判斷，若 $\max\limits_a \left| x_a^{n+1} - x_a^n \right| \leq \varepsilon_2$，令 $\mathbf{x}^l = \mathbf{x}^{n+1}$，到步驟 2；反之令 $n = n + 1$，回步驟 1.1。

步驟 2：判斷外迴圈是否收斂，若 $\max\limits_a \left| x_a^l - u_a \right| \leq \varepsilon_1$，演算法結束，最佳流量解為 $\mathbf{x}^l$；反之，以式(16)更新對偶變數 $\mathbf{w}$，令 $n = 1$，$l = l + 1$，回到步驟 1。

四、範例測試

以下範例說明 P-MSA$_{\text{link}}$ 說明以及 P-MSA$_{\text{path}}$ 求解多商品流量問題之懲罰法模型的演算步驟，範例輸入資料如圖 10-17 所示，對偶係數 β_1 與 β_2 設定為 0.5，內外迴圈收斂標準 ε_1 與 ε_2 皆為 0.001。

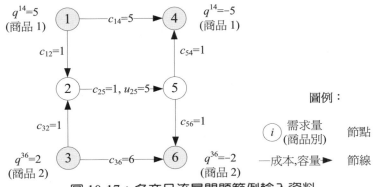

圖 10-17：多商品流量問題範例輸入資料

圖 10-18 為此問題已知之節線流量最佳解，目標值為 25。

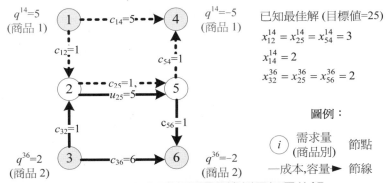

圖 10-18：多商品流量問題範例已知最佳解

利用懲罰法求解圖 10-17 範例。MSA_{link} 與 MSA_{path} 分別使用於內迴圈求解，節線流量解與最佳解比較如表 10-3 所示。

表 10-3：懲罰法結果與最佳解比較表

項目		P-MSA$_{link}$ (目標值=24.999)			P-MSA$_{path}$ (目標值=25.0003)			已知最佳解 (目標值=25)	
		節線流量	懲罰變數	誤差(%0)	節線流量	懲罰變數	誤差(%0)	節線流量	對偶變數
節線流量解	(1,2)	3.0005	0	+0.5	3.00006	0	+0.06	3	0
	(1,4)	1.9995	0	-0.5	1.99994	0	-0.06	2	0
	(2,5)	5.0005	2.00025	+0.5	4.99992	2	-0.08	5	2
	(3,2)	2	0	0	1.99986	0	-0.14	2	0
	(3,6)	0	0	0	0.000142857	0	+0.14	0	0
	(5,4)	3.0005	0	+0.5	3.00006	0	+0.06	3	0
	(5,6)	2	0	0	1.99986	0	-0.14	2	0

表 10-3 中可以觀察出 P-MSA$_{link}$ 之目標值較最佳解低，其原因是 P-MSA$_{link}$ 結果中節線 (2,5)違反了容量限制，但由於違反量極小且已達收斂標準，因此演算法仍判斷已收斂並結束，P-MSA$_{path}$ 之流量解則完全符合限制式。懲罰法可同時計算出懲罰變數 **w**，此項資訊亦有助於實際應用時的結果分析。應用懲罰法求解多商品流量問題可得到極為接近最佳解的結果。

圖 10-19 為 P-MSA$_{link}$ 與 P-MSA$_{path}$ 求解結果與最佳流量解誤差比較。

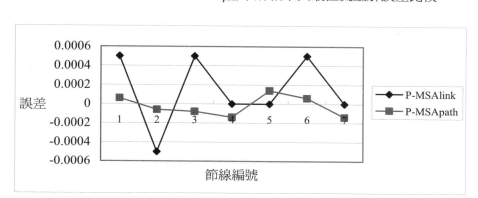

圖 10-19：流量解誤差比較圖

由圖 10-19 可以觀察出，P-MSA$_{path}$ 與最佳解較為接近，求解精度較高。其中節線編號 3 為有容量限制之節線，此節線最佳流量解為 5，等同於容量上限。由圖中可以發現，P-MSA$_{path}$ 求解之結果符合容量限制，P-MSA$_{link}$ 則違反容量限制式，但已達收斂水準。

範例測試的結果發現，懲罰法可應用於求解線性化多商品流量問題，P-MSA$_{link}$ 所得到的目標值較低，但若觀察流量解誤差，P-MSA$_{path}$ 的流量解誤差較小。

第六節 結論與建議

本章首先簡介多商品流量問題的定義、變化類型與各領域的應用情形。為方便說明與理解，在此以線性化多商品流量問題之探討為主。其後分別介紹線性化多商品流量問題的路段基礎、路徑基礎數學模型與相對應的最佳化條件。雖然多商品流量問題數學模型可依使用的變數分為兩類，但兩模型本質相同，其最佳化條件之意義也完全相同。

在求解演算法方面，分別介紹以路段變數為基礎的次梯度法與路徑變數為基礎的變數產生法，並個別以數例說明求解步驟與運算結果。

除傳統的多商品流量問題求解法，本章並探討多商品流量問題與交通量指派問題之關連性。藉由兩類問題的相關性分析，可以得知原為交通量指派問題所設計的求解法亦可應用於求解多商品流量問題。在第五節中，分別闡述了以路段為基礎的 P-MSA$_{link}$ 與以路徑為基礎的 P-MSA$_{link}$ 之應用方式，並以數例說明求解結果，證明懲罰法確實可以求解多商品流量問題。

問題研討

1. 名詞解釋：
   (1) 分割流量
   (2) 剩餘網路
   (3) 負成本迴圈
   (4) 對偶價格

2. 以 P-MSA_{link} 懲罰法結合 MSA_{link} 演算法或 P-MSA_{path} 懲罰法結合 MSA_{path} 演算法來求解多商品流量問題之優劣點各為何？

3. 試利用變數產生法求解下圖之多商品流量問題之最佳解：

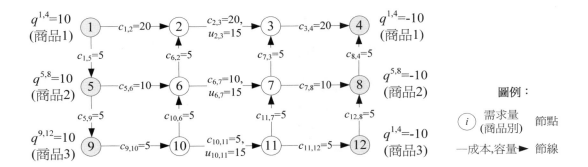

第十一章

設施區位問題

設施區位問題(facility location problem)屬於較新的研究領域，第一篇期刊論文發表於 1964 年。設施區位選擇問題可按照設施所提供服務之急迫性區分成兩大類，中心問題 (center problem)適用於緊急設施之區位選擇，中位問題(median problem)則屬於日常設施之區位選擇。若進一步考慮設施與顧客之座落位置，即在節線上(任意點)或在節點上，則設施區位問題可進一步細分為八種設施區位問題可進一步細分為八種，如表 11-1 所示。

表 11-1：設施區位問題的分類表

類別	設施區位	顧客區位	設施區位選擇標準	問題名稱
中心區位問題	節點	節點	大中取小	中心(p-中心)問題
	節點	節線(任意點)	大中取小	一般中心問題
	節線(任意點)	節點	大中取小	絕對中心問題
	節線(任意點)	節線(任意點)	大中取小	一般絕對中心問題
中位區位問題	節點	節點	最小化	中位(p-中位)問題
	節點	節線(任意點)	最小化	一般中位問題
	節線(任意點)	節點	最小化	絕對中位問題
	節線(任意點)	節線(任意點)	最小化	一般絕對中位問題

註：設施服務顧客的方式有三種：(1)設施到府服務顧客；(2)顧客前往設施處享受服務；
(3)設施顧客之間為雙向互動。

設施區位問題實例應用上也非常廣泛，如：(1)消防隊設施之區位選擇；(2)郵局設施之區位選擇；(3)拖吊車(tow truck)停駐地點之區位選擇；(4)電話交換機房之區位選擇。分述如下：

(一) 消防隊設施之區位選擇

設施區位選擇之標準為「大中取小」"minimax"，即極小化到達所有顧客之最大距離，可分成二類如下：

(1) 若設施區位一定要設置在網路的節點上，則屬於「中心」(vertex center)問題或「一般中心」(general center)問題；

(2) 但若設施位於節線上任意點，則稱之為「絕對中心」(absolute center)問題。

(二) 郵局設施之區位選擇

設施區位選擇之標準為「總距離最小」或「平均距離最小」。設施服務顧客之去程與回程各一次，依照郵局設施設置地點之不同，可分成二類如下：

(1) 節點設施服務節點顧客。

(2) 節線設施服務節點顧客。

(三) 拖吊車停駐地點之區位選擇

拖吊車(tow truck)於公路網的停駐地點之區位選擇，屬於節線上任意點(point)服務節線上任意點(point)之問題，屬於「一般絕對中心」(general absolute center)或「一般絕對中位」(general absolute median)問題。區位選擇標準可劃分成下列兩種，參見圖 11-1：

(1) 設施區位選擇標準為「大中取小」"minmax"，屬於「一般絕對中心」問題。

(2) 設施區位選擇標準為「總距離最小」，屬於「一般絕對中位」問題。

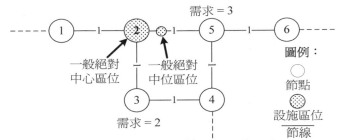

圖 11-1：公路路網之設施區位示意圖

(四) 電話交換機房之區位選擇

設置標準為電話線路的「總長度最小化」，區位選擇標準可劃分成下列兩種：

(1) 若設施限定於都市區位，屬於「一般中位」(general median)問題。

(2) 但若設施不限定於都市區位，而可在公路節線(路段)上任意點來服務節點(鄉鎮)，則屬於「絕對中位」(absolute median)問題。

以下第一節介紹四種「中心問題」及相對應之求解方法；第二節將介紹四種「中位問題」及相對應之求解方法；第三節則提出結論與建議。

第一節 中心設施區位問題

依照表 11-1 之分類，中心設施區位問題可細分為四種：即中心問題、一般中心問題、絕對中心問題、一般絕對中心問題。中心問題是指設施區位與顧客位置均必須座落於網路的節點上，一般中心問題則允許顧客散佈於節線上，絕對中心問題則允許設施區位設置於節線上的任意點，而一般絕對中心問題則是同時允許設施與顧客均位於節線上的任意點。

茲以圖解之方式說明四種中心設施區位問題之內容。今假設有一個四個節點、六條節線之混合圖形(mixed graph)，如下：

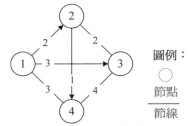

圖 11-2：4 個節點、6 條節線之混合圖形

依上圖之節點間之節線距離建構距離矩陣，如表 11-2：

表 11-2：4 個節點、6 條節線之節線距離矩陣

節點	1	2	3	4
1	0	2	3	3
2	∞	0	2	1
3	∞	2	0	4
4	3	∞	4	0

以上節線距離矩陣可利用第二章所介紹之 Floyd 演算法求解而得。茲舉四對起迄點 (4,2)、(4,3)、(2,1)、(3,1)為例，試算最短路徑距離步驟如下：

步驟 1：$(4,2) = (4,1) + (1,2) = 3 + 2 = 5 < ∞$

$\quad\quad (4,3) = (4,1) + (1,3) = 3 + 3 = 6 > 4$

步驟 2：$(2,1) = (2,4) + (4,1) = 4 < ∞$

$\quad\quad (3,1) = (3,2) + (2,4) + (4,1) = 6 < ∞$

經過演算法求解所得之多點對多點之最短路徑距離矩陣，可以整理如表 11-3。

表 11-3：4 個節點、6 條節線之最短路徑距離矩陣

節點	1	2	3	4
1	0	2	3	3
2	4	0	2	1
3	6	2	0	3
4	3	5	4	0
最大值	6	5	4	3

根據上述最短路徑矩陣，依次說明如何計算四種中心區位問題之演算過程。

一、中心設施區位問題

求解中心設施區位問題之基本觀念係先找出每一節點到達其他所有節點之最遠距離，然後將所有最長距離中具有最短距離之節點，選定為中心位置。

表 11-4：最短路徑矩陣(中心)

節點	1	2	3	4	最大值
1	0	2	3	3	3
2	4	0	2	1	4
3	6	2	0	3	6
4	3	5	4	0	5

　　由表 11-4 可知距離節點 1 之最遠距離為 3 個單位，距離節點 2 之最遠距離為 4 個單位，其餘節點 3 與節點 4 分別為 6、5 個單位。按照上述中心之定義，設施區位之最佳位置係這四個最遠距離之候選區位中，選擇最短之節點，當作設施設置之位址，即：$\min\{3,4,5,6\} = 3$，因此將選擇節點 1 為中心。

二、一般中心區位問題

　　一般中心係指設施區位必須限定在節點上，但顧客則允許散佈於節線上的任意點上，根據這項定義，我們必須計算節點 i 至節線(r,s)的距離 $d'(i,(r,s))$。茲按照節線方向性的有無，分別探討距離的計算方式如下：

1. 節線(r,s)為無方向性，參見圖 11-3。

$$d'\left(i,(r,s)\right) = \frac{d(i,r) + d(i,s) + l(r,s)}{2} \tag{1}$$

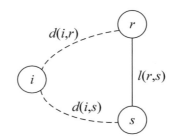

圖 11-3：節線(r,s)為無方向性

　　但假如：(1) $d(i,r) + l(r,s) < d(i,s)$，則 $d'(i,(r,s)) = d(i,r) + l(r,s)$；
　　　　　　(2) $d(i,s) + l(r,s) < d(i,r)$，則 $d'(i,(r,s)) = d(i,s) + l(r,s)$。

2. 節線(r,s)為有方向性，參見圖 11-4。

$$d'\left(i,(\overrightarrow{r,s})\right) = d(i,r) + l(\overrightarrow{r,s}) \tag{2}$$

其中 $d(i,r)$為節點 i 至節點 r 之最短路徑距離。

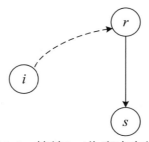

圖 11-4：節線(r,s)為有方向性

依照上述節點到節線距離的計算公式，可以計算節點 2 到有向節線 $\overrightarrow{(1,3)}$，節點 3 到無向節線(3,4)的距離如下：

$$d'\left(2, \overrightarrow{(1,3)}\right) = d(2,1) + l\overrightarrow{(1,3)} = 4 + 3 = 7$$
$$d'(3, (3,4)) = \frac{d(3,3) + d(3,4) + l(3,4)}{2}$$
$$= \frac{0 + 3 + 4}{2} = 3\frac{1}{2}$$

茲將節點至節線之最短距離矩陣 **D'**，如表 11-5 所示：

表 11-5：節點至節線之最短距離矩陣 **D'**

節點	節線					
	$\overrightarrow{(1,2)}$	$\overrightarrow{(1,3)}$	(1,4)	$\overrightarrow{(2,4)}$	(2,3)	(3,4)
1	2	3	3	3	$3\frac{1}{2}$	5
2	6	7	4	1	2	$3\frac{1}{2}$
3	8	9	6	3	2	$3\frac{1}{2}$
4	5	6	3	6	$5\frac{1}{2}$	4

根據上表可以找出每一節點到達所有節線之最遠距離，例如節點 1 到其他所有節線上最遠顧客之最短距離為 5 個單位，其他節點 2,3,4 之最遠距離分別為 7、9、6 個單位，如表 11-6 所示：

表 11-6：最短距離矩陣 **D'**(一般中心)

節點	節線						最大值
	$\overrightarrow{(1,2)}$	$\overrightarrow{(1,3)}$	(1,4)	$\overrightarrow{(2,4)}$	(2,3)	(3,4)	
1	2	3	3	3	$3\frac{1}{2}$	5	**5**
2	6	7	4	1	2	$3\frac{1}{2}$	7
3	8	9	6	3	2	$3\frac{1}{2}$	9
4	5	6	3	6	$5\frac{1}{2}$	4	6

最後將所有最遠距離中之最短距離之節點設置為中心節點，即由於 $\min\{5,7,9,6\} = 5$，因此將選擇節點 1 為一般中心。

三、絕對中心設施區位問題

絕對中心設施區位問題，係指由節線上(任意點)之設施來服務節點的問題。由於設施區位之候選位置有無限多種可能，因此求解之困難度遠高於中心問題與一般中心問題。

在有向性之節線上，只有尾端節點才有成為絕對中心之可能，如圖 11-5(A)(B)所示，其他節線上之任何中間點，都不可能成為絕對中心。

圖 11-5：有向性節線(r,s)之絕對中心

因此，絕對中心設施區位問題只須考慮在無向性節線上設置設施，即可計算無向節線 (r,s)至節點 i 之最短距離，公式如下：

$$d(f\text{-}(r,s),i)=\min\{f\cdot l(r,s)+d(r,i),(1-f)\cdot l(r,s)+d(s,i)\},\ \forall i \tag{3}$$

其中，$f\text{-}(r,s)$係指節點 r 至節線(r,s)上任意點佔 $l(r,s)$之比例： $f=\dfrac{a}{l(r,s)}$

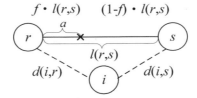

圖 11-6：無向性節線(r,s)之絕對中心

(一) 絕對中心區位之圖解法

以下將介紹絕對中心設施區位問題之求算方式：

1.　求算每條無向節線至所有節點之最短距離

茲以無向節線(3,4)為例，求其至節點 1 之最短距離 $d(f\text{-}(3,4),1)$。依照前述公式推導，最短距離 $d(f\text{-}(3,4),1)$係由下列兩式之比較後所決定。

$$\begin{cases} f\cdot l(3,4)+d(3,1)=4f+6 \\ (1-f)\cdot l(3,4)+d(4,1)=(1-f)4+3=7-4f \end{cases}$$

以上兩個函數可以標示在圖 11-7 中：

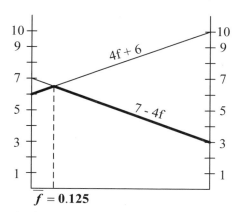

圖 11-7：無向節線(3,4)至節線 1 之最短距離圖形表示

當令上兩公式相等，求解得到 $\overline{f} = 0.125$，$\overline{f}$ 是當無向節線(3,4)上到達節點 1 之所有最短距離中，發生最長距離之位置。

我可以利用相同之公式依序計算無向節線(3,4)至其他節點 $i = 2,3,4$ 之最短距離，如圖 11-8 所示：

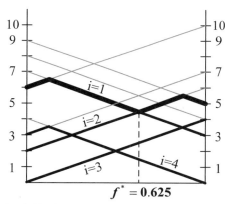

圖 11-8：無向節線(3,4)至所有節點之最短距離圖形表示

由於中心區位問題的區位選擇標準為大中取小，因此我們僅需考慮無向節線(3,4)至節點 1,2,3,4 的最短距離中之上限包絡線部分，然後在上限包絡線中找出最低值($4\frac{1}{2}$)的位置，也就是上圖中 $f^*(3,4) = 0.625$ 之位置點。換句話說，無向節線(3,4)上居於 $f^*(3,4) = 0.625$ 的位置，也就是絕對中心之最佳候選點位置，因為它可以在 $4\frac{1}{2} = 7 - 4(0.625)$ 之距離單位內服務所有的顧客節點，如圖 11-8 所示。

我們可以用同樣之方法計算其他兩條無向節線(1,4)與(2,3)的 f^*，分別為：

$f^*(1,4) = 0$ 即節點 1 為候選節點，其對應最遠的服務距離為 $d^*(f\text{-}(1,4),i) = 3$；

$f^*(2,3) = 0$ 即節點 2 為候選節點，其對應最遠的服務距離為 $d^*(f\text{-}(2,3),i) = 4$。

2.　選擇最佳的設施區位

　　此外，按照前面的說明，有向節線 $\overrightarrow{(1,2)}, \overrightarrow{(1,3)}, \overrightarrow{(2,4)}$ 的設施候選區位，一定位於節線尾端的節點 1,1,2。其最遠的服務距離分別為：

$$d^*\overrightarrow{(1,2)} = 3 \; ; \; d^*\overrightarrow{(1,3)} = 3 \; ; \; d^*\overrightarrow{(2,4)} = 3$$

　　綜合考慮無向節線(3,4),(1,4)與(2,3)以及有向節線 $\overrightarrow{(1,2)}, \overrightarrow{(1,3)}$ 與 $\overrightarrow{(2,4)}$ 的最遠服務距離，我們可以應用大中取小標準，選擇求取最佳的設施區位，由於 $\min\left\{\underbrace{4\tfrac{1}{2},3,4}_{\text{絕對中心問題}}, \underbrace{3,3,3}_{\text{中心問題}}\right\} = 3$，

意指最佳設施應位於 $f^*(1,4) = 0$ 的位置點上，所以絕對中心須設置於節點 1 的位置上。

(二) 絕對中心區位求解法之改良

　　以下將介紹求算絕對中心設施區位問題之改良方法：

1.　Larson and Odoni 的改良演算法

　　當我們求解區域絕對中心(local absolute center)時，並非所有的無向節線均須考慮設施區位座落於節線上的情況，只需針對符合下列條件之無向性節線(r,s)進行計算即可(Larson and Odoni, 1981)。

$$\frac{m(r) + m(s) - l(r,s)}{2} < m(i^*) \tag{4}$$

符號定義如下：

$$m(k) = \max_{j \in N} d(k,j)$$

$m(i^*)$：節點中心之最大距離

$m(x)$：1-中心在節線(r,s)上任意點 x 的最佳解的(最大)距離

註： $m(i^*) \geq m(x) \geq \dfrac{m(r) + m(s) - l(r,s)}{2}$

　　在特殊情況下，$m(i^*) = m(x)$，如圖 11-9(A)、(B)所示，$m(i^*) = m(x) = 1.5$。

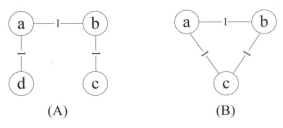

(A)　　　　　　　　　　(B)

圖 11-9：特殊情況下 $m(i^*) = m(x)$

茲以圖 11-2 之混合圖形爲例，簡單說明 Larson and Odoni 簡化求解過程之判斷式如下：

表 11-7：無向節線座落設施之可能性

無向節線(r,s)	$\dfrac{m(r)+m(s)-l(r,s)}{2}$	需要進步處理？
(1,4)	$\dfrac{3+5-3}{2}=2.5<3$	是
(2,3)	$\dfrac{4+6-2}{2}=4>3$	否
(3,4)	$\dfrac{6+5-4}{2}=3.5>3$	否

註：$m(i^*)=m(1^*)=3$

由上表可知，測試網路中的三條無向節線中，僅需針對節線(1,4)進一步考量即可，其餘兩條節線(2,3),(3,4)，可直接排除其候選區位的可能性，因此可大幅降低運算的複雜度。

2. Minieka 的改良演算法

圖 11-10 爲一個包括 10 個節點、20 條節線的測試網路。

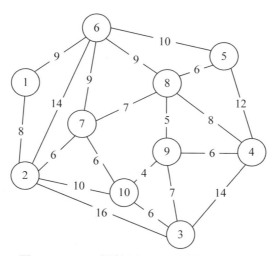

圖 11-10：10 個節點、20 條節線之圖形

Minieka 的改良演算法步驟如下：

步驟 1：找出 all-to-all 最短距離矩陣，參見圖 11-8(A)。

表 11-8(A)：節點間之最短距離矩陣

節點	1	2	3	4	5	6	7	8	9	10
1	--	--	--	--	--	--	--	--	--	--
2	--	--	--	--	--	--	--	--	--	--
3	--	--	--	--	--	--	--	--	--	--
4	--	--	--	--	--	--	--	--	--	--
5	--	--	--	--	--	--	--	--	--	--
6	--	--	--	--	--	--	--	--	--	--
7	14	6	12	15	13	9	0	7	10	6
8	18	13	12	8	6	9	7	0	5	9
9	--	--	--	--	--	--	--	--	--	--
10	--	--	--	--	--	--	--	--	--	--

步驟 2：依序找出節線(x,y)到各節點 Z_i 的最佳位置 f^*。

以節線(7,8)為例，已知節線長度 $l(7,8) = 7$。

表 11-8(B)：節線到各節點的距離

節點 Z_i	4	1	5	3	9	6	8	2	10	7	
$d(7, Z_i)$	15	14	13	12	10	9	7	6	6	0	← x
$d(8, Z_i)$	8	18	6	12	5	9	0	13	9	7	← y
2r	30	29*	38	37**	35	34	32	31	31	25	**36**
實際距離 f^*	0	0.5	6	6.5	-	-	-	-	-	-	**7**

註：$^*29 = 14 + 8 + 7$，$^{**}37 = 12 + 18 + 7$

步驟 3：依上表可知最近的距離為$14.5 = \left(\dfrac{29}{2}\right)$，其在節線(7,8)上的位置，距節點 7 為 0.5 個

距離單位。

(三) 小結

求解「絕對中心」問題的方法有四種：

(1) Hakimi 法(1964)：以繁雜之運算檢查所有節線，求解絕對中心問題運算複雜度為 $O(N^3)$。

(2) Larson and Odoni 法：任由下列條件，簡化運算 $\dfrac{m(r)+m(s)-l(r,s)}{2}<m(i^*)$。

(3) Minieka 法：以簡單之運算檢查所有節線，求解絕對中心問題運算複雜度為 $O(N \ln N)$。

(4) 結合 Larson and Odoni 與 Minieka 之演算法：兼具兩種方法之優點。

以上四種演算法中，以第四種為最有效率之演算法。

四、一般絕對中心設施區位問題

一般絕對中心設施區位問題，為節線設施(任意點)服務節線顧客(任意點)之設施區位問題，其內涵兼具一般中心與絕對中心的性質在內：

1. 設施區位的選擇：如同絕對中心區位問題，在有向節線上只有尾端節點才有可能成為設施候選區位。

2. 設施區位的求解過程：類似於絕對中心之求解方法，但必須將其求算節線至節點的最短距離的程序修正為求算節線至節線之最短距離。其公式如下：

$$d'\big(f-(r,s),(t,u)\big)=\min\left\{\overbrace{f\cdot l(r,s)+\underbrace{d'\big(r,(t,u)\big)}_{\text{一般中心問題}}}^{\text{絕對中心問題}},\,(1-f)\cdot l(r,s)+d'\big(s,(t,u)\big)\right\} \tag{5}$$

上式亦可應用上述介紹「絕對中心」的圖解法加以分析。

五、中心設施區位問題之延伸發展

中心設施區位問題在實際應用上還有下列數種延伸發展：

1. P-中心問題，$P \geq 2$。(Christofides, 1975)

2. 增設設施區位問題(2nd facility problem)，表示已有一個設施如何選擇新增設施的區位。

3. 對服務設施預設績效標準，例如限定最大服務距離，求解最少的設施區位數目，亦稱之為需求限制問題(requirements problem)。這種問題比起中心區位問題或中位區位問題均困難的多了。

4. 厭惡性設施區位問題(obnoxious FLP)。

(一) 絕對 P-中心問題

絕對 P-中心問題中心設施區位問題之延伸發展中最常見之類型，以下簡單的加以介紹。圖 11-11 為包含 6 個節點 9 條節線之測試網路。

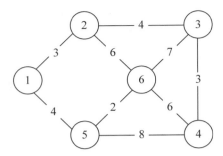

圖 11-11：5 個節點、9 條節線之圖形

在最遠距離為 $\lambda = 3.5$ 單位的限制條件下，絕對 P-中心問題之數學模型可表示為：

min $\quad z = p$ (6a)

subject to $\quad$ "最遠距離限制為 $\lambda = 3.5$ 單位" (6b)

求解絕對 P-中心問題之步驟可說明如下：

步驟 1：標記(mark)所有節線

步驟 2：

步驟 2-1：形成距離 λ 的嚴格交會點(strict intersections, SI)的兩元向量(binary vector)。例如節線(1,5)上有 5 個嚴格交會點，參見表 11-9，可進一步刪除重覆解(SI duplicates)以及消去劣解(dominated SI's)，參見表 11-10。

表 11-9：節線(1,5)上有 5 個嚴格交會點

嚴格交會點 (SI)	可到達節點					
	1	**2**	**3**	**4**	**5**	**6**
區域	1	1	0	0	0	0
點	1	1	0	0	1	0
區域	1	0	0	0	1	0
區域	1	0	0	0	1	1
區域	0	0	0	0	1	1

表 11-10：節線(1,5)上有 5 個嚴格交會點

Section	1	1	0	0	0	0	(劣解)
Point	1	1	0	0	1	0	(編號 17)
Section	1	0	0	0	1	0	(劣解)
Section	1	0	0	0	1	1	(編號 18)
Section	0	0	0	0	1	1	(劣解)

步驟 2-2：9 條節線上共有 33 個嚴格交會點(區域或點)刪除重覆 SI，剩下 18 個區域。

步驟 2-3：18 個區域進一步消去劣解後，剩下 7 個區域解，編號為 12-18，如圖 11-12 所示。

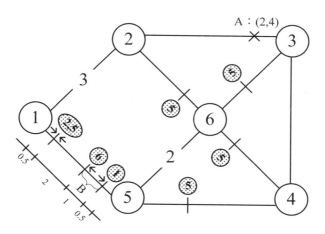

圖 11-12：5 個節點之絕對 P-中心問題示意圖

步驟 3：找出最少的統領區域集合，如圖 11-13 所示。

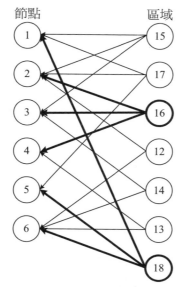

圖 11-13：中心設施位置示意圖

得到兩個中心設施位置，即節線(2,3)上的 SI➜16：(011100)以及節線(1,5)上的 SI➜18：(100011)。

步驟 4：建構求解集合涵蓋問題(set covering problem)。

n 個可能的候選設施區位點，服務 m 個顧客。

$$\min \quad z = \sum_{j=1}^{n} c_j y_j \tag{7a}$$

subject to

$$\sum_{j=1}^{n} e_{ij} y_j \geq 1, \quad \forall i \tag{7b}$$

$$y_j = \{0,1\}, \quad \forall j \tag{7c}$$

符號定義如下：

c_j：設施 j 之建置成本。

$e_{ij} = 1$，假如位於 j 點之設施可以服務顧客 i；否則 $e_{ij} = 1$。

$$\min \quad z = y_{12} + y_{13} + y_{14} + y_{15} + y_{16} + y_{17} + y_{18} \tag{8a}$$

subject to

$$y_{15} + y_{17} + y_{18} \geq 1 \ (顧客1) \tag{8b}$$

$$y_{12} + y_{15} + y_{16} + y_{17} \geq 1 \ (顧客2) \tag{8c}$$

$$y_{15} + y_{16} + y_{14} \geq 1 \ (顧客3) \tag{8d}$$

$$y_{13} + y_{16} \geq 1 \ (顧客4) \tag{8e}$$

$$y_{17} + y_{18} \geq 1 \ (顧客5) \tag{8f}$$

$$y_{12} + y_{13} + y_{14} + y_{18} \geq 1 \ (顧客6) \tag{8g}$$

$$y_i = \{0,1\}, \quad \forall j \tag{8h}$$

步驟 5：求解結果。

絕對 P-中心問題：$P = 2$，即 SI = 17,18。

一般絕對 P-中心問題：$P = 7$。

第二節　中位設施區位問題

　　依照表 11-1 之分類，中位設施區位問題可細分為四種：中位問題、一般中位問題、絕對中位問題、一般絕對中位問題。中位問題是指設施區位與顧客位置均必須座落於網路的節點上，一般中位問題則允許顧客散佈於節線上，絕對中位問題則允許設施區位設置於節線上的任意點，而一般絕對中位問題則是同時允許設施與顧客均位於節線上的任意點。

一、中位設施區位問題

　　中位設施區位問題指的是距離節點 i 總和距離中最短者，如下表 11-11 中：節點 2。

表 11-11：最短路徑矩陣

節點	1	2	3	4	總和
1	0	2	3	3	8
2	4	0	2	1	7
3	6	2	0	3	11
4	3	5	4	0	12

二、一般中位設施區位問題

一般中位設施區位問題指的是距離節點 i 距離和中最近者，如下表 11-12 中：節點 1。

表 11-12：最短距離矩陣 **D'**(一般中位)

節點	節線						總和
	$(\overrightarrow{1,2})$	$(\overrightarrow{1,3})$	$(1,4)$	$(\overrightarrow{2,4})$	$(2,3)$	$(3,4)$	
1	2	3	3	3	3 ½	5	**19**
2	6	7	4	1	2	3 ½	23 ½
3	8	9	6	3	2	3 ½	31 ½
4	5	6	3	6	5 ½	4	29 ½

三、絕對中位設施區位問題

絕對中位設施區位問題的答案會在節點上，不用加以運算(Hakimi, 1964)。

四、一般絕對中位設施區位問題

一般絕對中位設施區位問題包括一般中位區位問題與絕對中位區位問題兩個子問題在內，其求解演算法亦由兩個個別的演算法組合而成。在此不再贅述，有興趣之讀者可參考 Evans and Minieka (1992)的專書 "Optimization Algorithm for Netoworks and Graphs."

五、中位設施區位問題之延伸發展

多個中位設施區位問題分為以下兩種：(1)K-中位設施區位問題(vertex K-median problem)、(2)絕對 K-中位設施區位問題(absolute K-median problem)。

(一) K-中位設施區位問題

$$\min \quad z = \sum_i \sum_j d_{ij} a_i x_{ij} \tag{9a}$$

subject to

$$\sum_{j=1}^{n} y_j = k, \quad \forall j \tag{9b}$$

$$\sum_{j=1}^{n} x_{ij} = 1, \quad \forall j \tag{9c}$$

$$y_j = \{0,1\}, \quad \forall j \tag{9d}$$

$$x_{ij} = \{0,1\}, \quad \forall i, j \tag{9e}$$

符號定義如下：

i：顧客符號

j：設施符號

a_i：顧客 i 之權重

d_{ij}：顧客 i 到設施 j 之距離

$y_i = \begin{cases} 1 \text{，假如設施 } j \text{被選上} \\ 0 \text{，其他} \end{cases}$

x_{ij}：顧客 i 被設施 j 服務

k：設施數

(二) 絕對 K-中位設施區位問題

絕對 K-中位設施區位問題有一個答案會在節點上(Hakimi, 1964)。

第三節　結論與建議

設施區位選擇問題按照設施所提供服務之急迫性區分成兩大類，中心問題強調緊急設施之區位選擇，中位問題則適用於日常設施之區位選擇。若進一步考慮設施與顧客之座落位置是在節線上(任意點)或是在節點上，則設施區位問題可進一步細分為八種設施區位問題。本章除了探討各別區位問題之求解演算法之外，也以簡單測試例說明中心區位問題的求解步驟，另外也介紹了設施區位選擇問題之延伸發展。

從物流業者的立場觀之，設施區位選擇問題固然重要，但受到設施區位選擇影響的運輸成本也不可忽視，因此綜合考慮兩者在內的區位途程問題(combined location-routing problem)就變成一個重要的課題了。此外，值得一提的是，由於在都市內設置場站之建設成本極高，因此近年來亦有學者進行虛擬場站(virtual depot)的相關研究，即以非長期投資的方式取得某些公家或私人之設施臨時使用之權利，然後以接駁轉運(cross docking)的方式在該虛擬場站進行倉儲轉運的作業，這種營運方式可以一方面維持實質場站大部分的功能，同時又無需投入鉅大的設施成本，也逐漸成為物流業者思考如何節省營運成本與提高作業績效的重要方向之一。

問題研討

1.　名詞解釋：

　　(1)　Larson and Odoni(1985)絕對中心設施區位的改良方法

　　(2)　一般絕對中位設施區位

　　(3)　增設中位設施區位

2.　試建立下圖之距離矩陣 D 與最短距離矩陣 D'，並據以求算(1)中心，(2)一般中心，(3)絕對中心，(4)　一般絕對中心，(5)中位，與(6)絕對中位之區位。

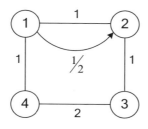

第十二章

物流技術的應用與效益

在網路資料已知的情況下，網路分析的技術可以有效的協助物流業者進行最佳化的車輛途程規劃與設施區位評選。但要如何才能迅速的取得、檢核、分析與進一步的處理網路資料？而在這同時也必須能夠將收集的空間資訊與網路分析的最終結果，以互動式之圖形介面來呈現呢？那就必須倚賴功能強大的先進之物流技術了。

先進物流技術之範疇相當廣泛，但與物流效能之提升有直接密切相關的，則包括下列四種，即：

(1) 地理資訊系統(geographic information system, GIS)；
(2) 全球定位系統(global positioning system, GPS)；
(3) 無線射頻技術(radio frequency identification, RFID)；
(4) 網路資訊與平台技術(Internet information communication and website platform)。

以下將依序介紹個別物流技術的內容與應用，最後以案例說明整合上述物流技術的應用性系統。

第一節 地理資訊系統

地理資訊系統(GIS)是由加拿大的 Tomlinson 於 1960 年在建構加拿大地理資訊系統時所用的名詞，該系統主要是提供土地利用資料登錄及維護管理使用。

GIS 發展至今已 50 餘載，所涵蓋的理論和技術來自於數個傳統的學科，包括：地理學、地圖學、測量學、數學、資訊科學等。就應用層面而言，它所涉及的領域更為廣泛，如運輸規劃、交通管理、都市和區域計畫、國土規劃、環境影響評估、生態保育、資源管理、森林經營、考古調查等。舉凡需要涉及地理因子或空間資料的問題，都可以利用 GIS 來輔助作業，因此 GIS 是決策支援上的重要工具。

近年來，GIS 與遙感探測(remote sensing)、全球定位系統(GPS)等技術相結合，相關應用急速增廣，成為資訊界不可忽視的領域。以下簡單說明 GIS 構成要素、GIS 的資料格式、關聯類別(relationship classes)、以及地理資料庫(geodatabase)的內容。

一、GIS 構成要素

GIS 這個專有名詞是由地理、資訊與系統三者結合而成。凡是與相對位置或空間分布有關的知識都是地理的範疇；將空間資料經數位化處理後，儲存於電腦資料庫中，就是資訊；將電腦硬體、操作軟體、空間資料與使用人員連結起來，就是一個系統。地理資訊系統經由軟硬體的整合，可同時解決圖面資料及屬性資料管理與輸入輸出等問題，以提供全方位之決策重要資訊。GIS 之特性是在空間資訊處理，其包括了二度空間(傳統之平面地圖)、三度空間(立體)及四度空間(加入時間向度)之資訊。

GIS 是一電腦化系統，針對空間及其屬性資訊建立資料庫，並利用(1)輸入、(2)管理、

(3)分析應用、以及(4)展示四大功能，作爲決策及管理支援。GIS 之組成架構可依狹義與廣義之系統分別說明，即系統本身或系統與其操作環境。狹義指系統本身，如資料庫、軟體、硬體。廣義指系統環境：GIS 系統軟硬體，操作員、經理、使用者、系統發展者、應用模式建立者。

　　一套完整的 GIS，藉由地理資訊系統本身四項主要功能，可儲存極爲龐大的空間資訊。不僅能迅速呈現出一幅相關地區的電子地圖，並能根據需要提供各種空間資訊。讓使用者在電腦螢幕上操作、疊合、重組或抽離，令使用者對自己的生活環境或週遭世界可以一目了然，迅速掌握。結合地圖處理、資料庫與空間分析三項技術，正是 GIS 的最大特色。

二、GIS 的資料格式

　　GIS 資料格式可分爲下列四項：

1. 向量式資料(vector data)：向量是一種利用點、線、面展示這個世界的地理現象的資料格式。特別適合用於展現不連續的地理現象、圖徵(feature)，例如建物、管線、消防栓、地籍等資料。向量資料中，點是由一對(x,y)座標所構成的。線是由一些連續的點所連成的形狀(shape)。而面則是由一群線段所形成封閉的區域。

2. 網格式資料(raster data)：影像是一種分割成規律格網單元(grid of cell)的平面資料，是一種用來展現世界的地理現象的資料格式。影像資料格式非常適用於連續性的資料儲存及分析。每一個格網單元所儲存的值，可以是分類、量測、或判釋的結果。

3. 三角不規則格網資料(triangulated irregular network data, TIN)：利用三度空間的點所形成相連的三角形網路，來展現地理現象，對於面狀資料的分析及儲存相當有效率。

4. 表格式資料(tabular data)：如同一般的表格式資料庫，將 GIS 的資料與表格式資料相互連結，如果圖徵類別或網格式資料與表格式資料有共同之屬性欄位，則表格可藉此欄位相互連結。

三、關聯類別

　　在真實世界中，物件通常彼此是有特定連結的(association)，例如供電網路中電線桿支撐著變電箱，一筆地籍資料(parcel)爲一個人或多個人共有，一棟大樓包含很多地址門牌等，這種連結在地理資料庫中稱之爲關聯(relationship)。

　　關聯可概分爲簡單關聯與複合關聯兩大類。前者又稱爲點對點關連，此表示彼此有關聯的物件各自獨立，後者的物件則彼此爲相依關係。

四、地理資料庫

　　地理資料庫是一種儲存地理空間資料的關聯式資料庫。這些被儲存的資料包括向量、影像及屬性資料都是以表格的方式儲存於資料庫中，且表格間都以特定的資料欄位進行彼此的關連。使用地理資料庫的優點有：(1)將空間及屬性資料集中管理；(2)易於建立標準資料規則；(3)資料擴充彈性大；(4)可提供多人共同編輯的環境。

　　地理資料庫主要由資料表、圖徵類別與次類別、圖徵資料集、網格資料、註解及量度圖徵類別以及地理資料庫規則等組成。運用 GIS 技術可將物流運輸的實體路網轉換爲數位式路網，亦可與其他資訊技術相結合，提供使用者完整的圖像化資訊，利於使用者判讀與決策。

第二節　全球定位系統

　　全球定位系統(GPS)的全名爲 NAVSTAR GPS (NAVigation Satellite Time And Ranging Global Positioning System)，係由美國國防部所主導，於 1970 年代爲了軍事用途而開始發展。此系統是利用距離地面約二萬多公里高空軌道上運行的人造衛星群所發射出來之訊號，並以三角測量原理計算出收訊者在地球上的位置。自 2000 年後，美國政府更取消了對非軍事用途的 GPS 服務限制，使得民用 GPS 的精度得以提高到約 10 公尺以內。

　　藉由 GPS 系統，只要擁有接收機，不論在地球的任何地方，任何人都可免費接收衛星所發射的訊號，進而得到正確的位置、速度及時間資料。除此之外，更可進一步與 GIS 系統整合，而達到導航、追蹤等功能。大多數民用系統的定位精度在 10 公尺到 100 公尺，而軍用系統其精確度可達到 1 公尺以內。

　　全球定位系統運作狀況主要分成(1)太空衛星、(2)地面監控站、(3)使用者接收器三個部分，如圖 12-1 所示：

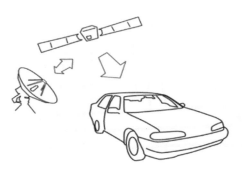

圖 12-1：GPS 架構-太空衛星、地面監控站與接收器
(資料來源：http://www.tomtom.com.tw/faq/faq01.html)

1.　太空衛星：包含 24 顆人造衛星(含 3 顆備用人造衛星)在不同的 6 個軌道上運行，提供每秒一次的定位訊號。其高度距離地面約 20,200 公里，傾角(inclination angle)約 55 度角。人造衛星在運行軌道上的安排以地球上每一地區均能同時見到 5 顆衛星爲目標，並確保衛星與地平線所形成的角度不致太大，即精度稀釋因子(position dilution of precision, PDOP)的數值維持在 6 以內。每一顆衛星同時使用 L1(1575.42 千赫)與 L2 (1227.6 千赫)兩種 L 帶頻率。L1 可同時發射精確碼(P 碼)與粗取碼(C/A 碼),L2 則僅發射 P 碼,兩種訊號均可載送導航資訊。

2. 地面監控站:在 GPS 之地面監控站中,其係由一個位於美國科羅拉多州春田市(Colorado Spring)之 Falcon 空軍基地的主控站,以及五個全球分佈於科羅拉多州、夏威夷(Hawaii)、亞森欣島(Ascension Island)、迪亞哥加西亞(Diego Garcia)及瓜加林島(Kwajalein Island)之地面監視站所共同組成。這些控制站之主要任務在追蹤所有 GPS 之訊號,以進行衛星軌道監控、預估以及上傳衛星更新資料之工作。上述有關控制單元與 GPS 衛星分佈之間可形成運作程序上之循環關係。其中的監控站收集每一顆衛星原始的 L 頻道訊號,訊號經平滑處理後傳送回主控站,主控站採用卡門(Kalman)濾波器以計算出衛星現況量之估算值(satellite-state estimates)。在主控站,這些估算值即可據以產生預估之導航資料,經由監控站的地面天線將資料上傳給衛星,進而在廣播星曆(broadcast ephemeris)中傳送新的預估導航資料給即時定位使用者。

3. 使用者接收器:主要是一個衛星訊號接收器,依照不同的目的而有不同的定位能力,基本的功能是接收 L1 載波,分離出 C/A 電碼,進行最簡單的虛擬距離定位,也是一般車輛定位所使用的機型。

    GPS 系統擁有如下多種優點:

(1) 全天候,不受任何天氣的影響;

(2) 全球覆蓋(高達 98%之覆蓋率);

(3) 三維定速定時高精度;

(4) 快速、省時、高效率;

(5) 應用廣泛、多功能;

(6) 可移動定位。

    GPS 座標位置計算原理為:每個太空衛星在運行時,任一時刻都有一個座標值來代表其位置所在(已知值),接收機所在的位置座標為未知值。太空衛星的訊息在傳送過程中,所需耗費的時間,可經由比對衛星時鐘與接收機內的時鐘計算之,將此時間差值乘以電波傳送速度(一般定為光速),就可計算出太空衛星與使用者接收機間的距離,如此就可依三角向量關係來列出一個相關的方程式。

    GPS 三角定位方式(如圖 12-2),GPS 接收裝置以測量無線電信號的傳輸時間來量測距離,以距離來判定衛星在太空中的位置,這是一種高軌道與精密定位的觀測方式。假設衛星在 11,000 英哩高處,測量車輛的距離,首先以 11,000 英哩為半徑,以此衛星為圓心畫一圓,而車輛位置正處於球面上。

    再假設第二顆衛星距離我們 12,000 英哩,而車輛正處於這二顆球所交集的圓周上。再以第三顆衛星做精密定位,假設高度 13,000 英哩,即可進一步縮小範圍到二點位置上,但其中一點非車輛所在的位置，且極有可能位於太空中，因此另一點即為車輛的確切位置。

若僅需要車輛的二維座標，可利用 3 顆衛星定位，若需三維座標定位，則需要利用 4 顆人造衛星的資料。

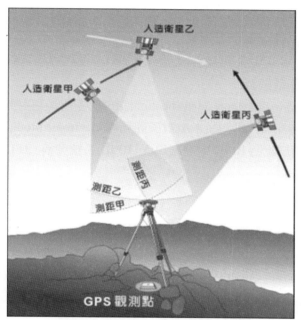

圖 12-2：GPS 三角定位方式(資料來源：張中白，2004)

為了提高定位量測資料的精密度，亦有許多新技術的應用，例如差分定位法(differential GPS, DGPS)、逆向差分法(reverse differential)等。使用 DGPS 作業時需用二台(或以上)接收器，其中之一置於已知座標之基地站，另一台置於待測座標之移動站。因基地站的座標為已知，故觀測得到之誤差可用以修正移動站之觀測值，利用這種方式取得的資料，其精密度可以達到 2 至 5 公尺。

除了美國的 GPS 系統之外，俄國在前蘇聯時代的太空計劃，亦於 1970 年代投入發展功能類似的衛星定位系統，稱為 GLONASS(GLObal NAvigation Satellite System)。而歐洲委員會(European commission, EC)於 1999 年 2 月也開始發展一套開放、獨立、完全民用，但相容於現存 GPS 與 GLONASS 系統的伽利略(Galileo)衛星定位系統。

因 GPS 定位訊號可能因車輛進入隧道或受建築物屏蔽而遭到干擾，當此狀況發生時，車輛定位仍有其他技術可進行輔助，如下所示：

1. 航位推估法(dead reckoning)：包含輪軸里程儀(wheel odometer)、加速儀(accelerometer)、磁力儀(magnetometer)、陀螺儀(gyroscope)等；

2. 無線電定位(radio location)：除 GPS 外，另有 LORAN-C、OMEGA、路邊信標柱法以

及天經衛星系統(TRANSIT)；
3. 地圖比對法(map matching)；
4. 整合式系統(integrated system)。

對運輸物流業者而言，使用 GPS 進行車隊管理，可以有效掌握貨物運送路徑與進度。若搭配 GIS 系統，更可以即時監控並導引車輛，縮短運輸時間。除此之外，亦有防盜防搶的效果，可增加運送服務的可靠度。

第三節 無線射頻辨識技術

無線射頻辨識(radio frequency identification, RFID)主要是利用無線電波來進行資料的辨識及擷取。在實際應用時，常用於承載電子商品碼(electronic product code, EPC)，藉此管理貨物或商品。以下簡單說明 RFID 的發展現況、RFID 系統架構、RFID 使用頻率以及 RFID 未來之發展。

一、RFID 的發展現況

RFID 早在 1934 年就獲得了第一個專利，在二次世界大戰時期，英軍首次將之用於區別敵我陣營所屬飛機。1950 和 1960 年代，無線電探測系統(radar system)和無線射頻通訊系統(radio frequency communication systems)更進一步的發展出防盜系統(anti-theft system)，將射頻能量(radio frequency energy)用之於辨識包裝在移動中物品的電子物品監督標籤(electronic article surveillance tags)，以確認物品是否已被購買。

RFID由於成本與售價高昂，過去一直未能廣泛使用，但由於功能較常用之條碼(bar code)為佳，具有市場潛力。因此過去七十多年來，一直持續研發當中，時至今日，已有相當之成果與應用，目前的應用現況包括：

1. 身分辨識：是目前RFID技術應用最為廣泛與成熟的領域之一。可嵌入身分證、護照、工作證等各種證件，用作人員識別。也可植入動物皮下來追蹤、研究和保護動物。美國以及許多國家已經開始嘗試給所有的蓄養動物植入標籤，加強管理和來防止狂牛症等疫情。

2. 防偽應用：將電子標籤應用在防偽的領域中具有識別快速、難偽造、成本低等優點，若再加上安全認證和加密功能，就可以使仿冒者知難而退。日本和歐洲政在嘗試在日元與歐元中嵌入電子標籤以杜絕偽造，或協助政府追蹤現金流向，還可方便鈔票處理。

3. 交通管理：公共交通管理是應用RFID技術最早的領域。可應用於電子車票、不停車收費、車輛管理、道路的自動收費。新加坡的道路電子收費系統(electronic road pricing system, ERP)是世界第一個使用RFID技術來控管交通流量的系統，在擋風玻璃上的收費標籤搭配收費系統，以事先購買的點數卡進行繳費的動作來控制市中心尖峰時段的汽車流量。

4. 航運系統：航空公司已展開測試航空行李的貼條，或透過電子RFID封條向客戶提供追蹤及確保貨櫃安全性等服務。此外，美軍在伊拉克戰爭中的後勤任務是RFID技術最好的示範應用，未來各式交通工具之使用記錄、維修記錄及性能曲線等，亦均可由RFID立即提供正確訊息。

5. 圖書管理系統：新加坡的電子圖書管理系統(electronic library materials management system, ELiMS)可加速圖書的借閱、歸還與存放，並減少借閱者和管理者搜尋資料等待的時間。

6. 醫療系統：提高人類醫療保健可信性、有效性和及時性，同時大幅減少開支、大幅縮短非醫療性行為所耗之時程；進行正確有效的醫學配藥，以及醫療效果長期追蹤；在網路的整體傳遞過程中可以獲取即時資訊、進行自動監測、應用於專案確認和追蹤、持續性護理、患者識別與定位、及標準醫療紀錄等。

7. 防盜系統：將商品的生產來源資料寫入標籤，裝置在商品、包裝材料中或作為配件銷售。而在供應鏈中商品的生產，包裝或分銷之任何一階段均可防盜、減少仿冒的損失。

除以上各應用範例外，其他較為詳細的RFID應用領域詳列表12-1。

表 12-1：RFID 多元化應用(資料來源：RFID 企業再造)

領域	RFID應用項目
身分識別	嵌入身分證、護照、工作證的各種證件中，用作人員身分辨識
防偽應用	杜絕偽鈔協助政府追蹤現金流向，偽鈔辨識，贗品水貨
門禁管制	人員及車輛出入門禁監控、管制及上下班人事管理
交通運輸	高速公路的收費系統、車輛數量追蹤管理
航運管理	航空運輸的行李識別
醫療應用	醫院的病歷系統、危險或管制之生化物品管理
防盜應用	門市、超市的防盜、圖書館或書店的防盜管理、汽車防盜器
自動控制	汽車、家電、電子業之組裝生產
倉儲物流管理	雜貨、五金、文件、服飾、製藥等大宗、錙重存貨物流之管理
物料處理	工廠的物料清點、物料控制系統
動物監控	畜牧動物管理、寵物識別、野生動物生態的追蹤
國防軍事	飛機身分識別、後勤供給系統
廢物處理	垃圾回收處理、廢棄物管控系統
聯合票證	聯合多種用途的智能型儲值卡、紅利積點卡
環保資產回收	棧板、貨櫃、台車、籠車等可回收容器管理
居家安全管理	社區老幼監視系統、車庫出入管理系統、門禁管制
博物館應用	展品管理、導覽、會員管理、門禁管理、停車場管理、實驗室管理(器材防盜)
旅館業	房間鑰匙、收費節目、餐飲消費、重要房間設備防竊

　　由表 12-1 可以得知 RFID 系統的可應用領域相當廣泛，此項技術具有很大的發展潛力。以下將簡介 RFID 的系統組成與架構、使用頻率與未來的發展。

二、RFID 系統架構

　　RFID 系統完整的詳細內容應包括：1.標籤(tag)、2.讀取器(reader)、3.天線(antenna)、4.應用系統(system application)、5.中介系統(savant)、6.EPC 資訊系統(EPC information systems)、7.物件名稱服務(object name Service, ONS)、8.產品標記語言(product markup language, PML)、9.電子商品碼(EPC)。但一般均概略分成三個部份：(1)讀取器(reader)、(2)電子標籤也就是所謂的應答器(transponder)及(3)應用程式資料庫電腦系統三個部份所組成(參見圖 12-3)，其動作原理為由讀取器發射特定頻率之無線電波能量給應答器，用以驅動應答器電路，並將內部之辨識碼(ID code)送出，此時讀卡機便依序接收解讀此辨識碼，送給應用程式資料庫系統做應用。

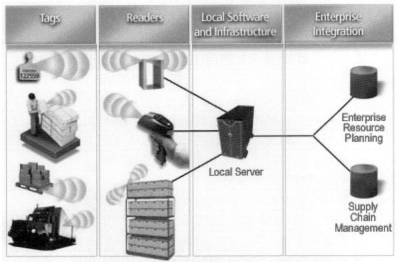

圖 12-3：RFID 系統組成架構(資料來源：新加坡政府網站)

三、RFID 使用頻率

　　RFID 系統的一項重要的要素，就是 RFID 的操作頻率。操作頻率除了決定讀取器可讀取到標籤的距離外，亦關係到資料的傳輸速率，越高的資料傳輸速率，需要越高的操作頻率。而操作頻率的選擇，主要依據讀取器與標籤之間的距離，以及各個國家法規所開放的頻帶而定。圖 12-4 說明目前最常使用的操作頻率範圍，以低頻(125~135 千赫，KHz)、高頻(13.56 兆赫，MHz)、超高頻(860~930 兆赫，MHz)、微波(2.45 千兆赫、5.8 千兆赫，GHz)為主，各有其特色和優缺點。

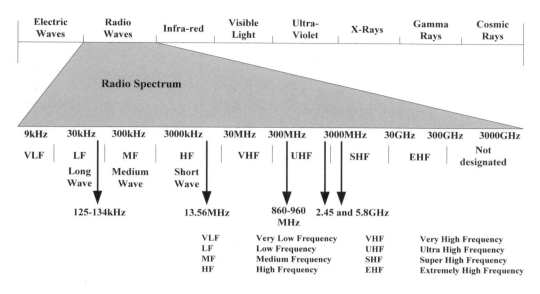

圖 12-4：RFID 頻率使用圖(資料來源：Holloway, 2006)

1. 135 千赫(KHz)以下的頻帶：使用「電磁感應」方式，電磁感應爲近似電磁鐵的原理。電磁鐵會將電力轉變成磁力，但 RFID 則是相反地將磁力轉換爲電力。其傳輸距離短約 10 公分左右，通訊速度慢。此頻段在絕大多數的國家屬於開放，不涉及法規開放和執照申請的問題，因此使用最廣，主要使用在寵物、門禁管制和防盜追蹤。

2. 13.56 兆赫(MHz)的頻帶：也是使用「電磁感應」方式，其天線的長度適中、卡片薄型化的效果最佳、磁場能量的耦合好，傳輸距離爲 1.5 公尺以下，代表性應用爲會員卡、識別證、飛機機票和建築物出入管理，通訊距離 10 公分左右的近距離非接觸式 IC 卡發展快速。

3. UHF(860MHz~930MHz)頻帶、2.45 千兆赫(GHz)頻帶：使用微波方式，它是由電波能源轉變爲電力能源，這種方式就是利用微波傳輸能量及資料，傳輸距離較長，最遠可達 10 公尺以上的傳輸距離，可大幅提升現階段的應用範圍，且通訊品質佳，適合供應鏈品項管理。目前尚有各國頻率法規不一致的問題，必須令其他器材或使用者讓出頻率，否則跨區應用會出現管理的盲點。

表 12-2 爲目前較常應用之 RFID 頻率、波長、優缺點、應用範圍與 ISO 標準，其中低頻(9-135KHz)與高頻(13.56MHz)的法規限制較少，應用範圍廣，但缺點爲讀取範圍短，約在 1.5 公尺以下。超高頻(300-1200MHz)與微波(2.45 或 5.8GHz)法規限制較多，但讀取範圍長，皆超過 1.5 公尺。

表 12-2：常應用之 RFID 頻率分類表

頻率	波長	優點	缺點	應用範圍	ISO 標準
低頻 (9-135KHz)	LF	此頻段在絕大多數的國家屬於開放，不涉及法規開放和執照申請的問題	讀取範圍受限制(在 1.5 公尺內)	1.畜牧或寵物的管理 2.門禁管理、防盜系統	ISO18000-2
高頻 (13.56MHz)	HF	1.高接受度的頻段 2.在絕大多數的環境都能正常運行	1.在金屬物品附近無法正常運作 2.讀取範圍在 1.5 公尺左右	1.圖書館管理 2.貨版追蹤 3.大樓識別證 4.航空行李標籤或電子機票	ISO1443A/B 、ISO15693、 ISO18000-3
超高頻 (300-1200MHz)	UHF	1.讀取範圍超過 1.5 公尺 2.不易受天候影響	1.此頻段在日本不允許作為商業用途 2.頻率太相近時會產生同頻干擾 3.在陰濕的環境下會影響系統運作	1.工廠的物料清點系統 2.卡車與拖車的追蹤	ISO18000-6
微波 (2.45 或 5.8GHz)	UHF	超過 1.5 公尺的取範圍	1.此頻段在某些歐洲國家不允許作為商業用途 2.複雜的系統開發流程 3.尚未被廣泛使用	1.高速公路收費系統 2.防偽 3.人員辨識	ISO18000-4

四、RFID 未來之發展

　　根據美國 Allied Business Intelligence (ABI) Inc.市場顧問公司預測資料顯示，全球 RFID 市場規模 2007 年可達 51.19 億美元，至 2011 年可達 115 億美元，2006 至 2011 年之複合成長率約為 25%，其中軟體的複合成長率高達 36%，另標籤與讀取器組件佔整體市場規模約七成(賴秋香，2007)。

　　由上述 RFID 之發展趨勢可知，RFID 之生產成本有逐年降低的趨勢，再加上應用範圍不斷擴大，因此深具市場潛力，也是我國重點輔導發展之產業之一。

第四節 網路資訊與平台技術

由於網際網路的普及化，資訊傳輸技術之應用愈形重要，一方面系統營運者可以建置網站平台提供即時之重要資訊，另一方面使用者也可以利用網路技術快速與便捷的取得所需資訊。以下為網路資訊平台在物流系統上應用的範例：

1. 貨運託運人與收貨人可利用物流業者提供的網頁與貨物編碼，查詢貨物運送進度與預訂抵達時間。

2. 利用網路資訊平台搭配 GIS 與 GPS 系統，物流業者可查詢貨運車輛運送路線與進度。若有臨時訂單，亦可及時重新規劃運送路線並利用無線傳輸通知駕駛員更新路線。

3. 託運人可利用物流業者之網站查詢是否有空車可載運貨品，網站並可搭配資料庫與數學規劃演算法媒合多個託運人，並規劃最佳行駛路線。

4. 保全公司之運鈔車可利用網路資訊與 GIS 系統監控車輛，具有防搶防盜之功能。

運籌網通公司(Toplogis Inc.)為台灣專營物流網路資訊服務平台之一家公司，該公司利用各企業的 ERP 系統與協同作業(collaborative operation)方式整合製造業與物流業。使企業可隨時查詢各地倉儲庫存狀況與原料、產品的進出口與運送過程。該網站現已快速累計包括 DHL、FedEx、UPS 等 1000 餘家物流業夥伴及供應商上線。此系統可有效降低企業的物流成本，包括文件傳遞成本、存貨成本與通信費用。

網路資訊平台系統架構應包含三項主要內容：1.網路伺服器(web server)、2.網頁設計語言(hyper text markup language, HTML)與 3.資料庫管理系統(database management system, DBMS)。

圖 12-5 為網路資訊平台與資料庫之架構與流程圖。其中包含了與系統使用者連結的網路程式語言與瀏覽器，以及處理訊息傳遞的網站伺服器與儲存資料的資料庫系統。

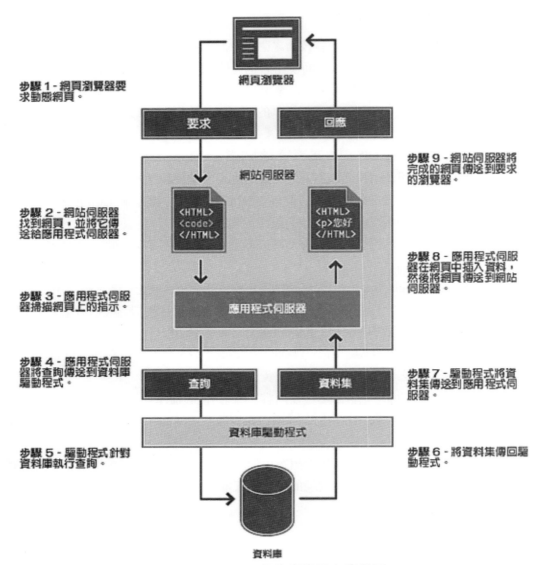

步驟 1 - 網頁瀏覽器要
求動態網頁。

步驟 2 - 網站伺服器
找到網頁，並將它傳
送給應用程式伺服器。

步驟 3 - 應用程式伺服
器掃描網頁上的指示。

步驟 4 - 應用程式伺服
器將查詢傳送到資料庫
驅動程式。

步驟 5 - 驅動程式針對
資料庫執行查詢。

步驟 9 - 網站伺服器將
完成的網頁傳送到要求
的瀏覽器。

步驟 8 - 應用程式伺服
器在網頁中插入資料，
然後將網頁傳送到網站
伺服器。

步驟 7 - 驅動程式將資
料集傳送到應用程式伺
服器。

步驟 6 - 將資料集傳回驅
動程式。

圖 12-5：網路資訊平台架構圖
(資料來源：http://livedocs.adobe.com/dreamweaver/8_tw/using/wwhelp/wwhimpl/common/
html/wwhelp.htm?context=LiveDocs_Parts&file=gs_12_u8.htm)

以下利用十個步驟說明圖 12-5 之網路資訊平台架構與訊息處理過程：

步驟 1：首先使用者透過網頁瀏覽器向伺服器提出查詢資料的要求。

步驟 2：此項請求經網站伺服器轉譯為 HTML 語言後，便傳送給應用程式伺服器。

步驟 3：應用程式伺服器掃描並接收使用者的查詢動作。

步驟 4：將查詢的要求傳送給資料庫驅動程式。

步驟 5：驅動程式從資料庫擷取資料的指示稱為資料庫查詢，而資料庫的格式通常為表格式資料。查詢是由搜尋準則所組成，這些準則是以稱為 SQL(結構化查詢語言)的資料庫語言表達，SQL 查詢會被寫入網頁的伺服器端。

應用程式伺服器無法直接與資料庫溝通，因為資料庫的專用格式會使資料變得無法辨認。應用程式伺服器只能經由資料庫驅動程式做為媒介才能與資料庫進行溝通，資料庫驅動程式的作用就像應用程式伺服器和資料庫之間的翻譯器。

驅動程式建立了連結後，便可以針對資料庫進行查詢並建立資料集。資料集是從資料庫中的一個或多個表格中擷取出的一組資料。

步驟 6：資料庫將資料集傳回驅動程式。

步驟 7：驅動程式會傳回資料集至應用程式伺服器。

步驟 8：應用程式伺服器在網頁中插入資料，並將網頁傳送到網站伺服器。

步驟 9：伺服器會使用資料並傳輸至網頁瀏覽器。

步驟 10：使用者藉由瀏覽器便可以得到所需要的資訊。

以下將分別簡介網路資訊平台中的三項組成內容：

1. 伺服器：目前在網頁設計領域最常使用的伺服器系統為 Apache。Apache 最初由伊利諾大學香檳分校的國家超級電腦應用中心(National Center for Supercomputer Applications, NCSA)開發。因為 Apache 是一開放原始碼的軟體，因此經過許多人貢獻心力維護修改後，具有高度的穩定性與多樣化擴充功能。此伺服器為免費軟體，並歡迎各類商業與非商業之應用，因此市佔率相當高，目前有將近 5 成的網頁皆是使用 Apache。除此之外，尚有微軟所開發的 IIS(Internet information services)伺服器，市佔率約為 3~4 成，因其穩定性、可調整參數以及安全性較弱，故市場上仍以 Apache 伺服器為主。

2. 網頁設計語言：早期的網頁多設計為靜態網頁，靜態網頁的功能僅限於展示資訊的功能而已，近年來網站架構的趨勢皆為動態網頁，即允許使用者與伺服器間進行資料的雙向傳遞。如此一來便可以加強網站功能與應用範圍，以下為靜態網頁與動態網頁的程式設計語言簡介：

(1) 靜態網頁：所謂靜態式的網頁就是使用 HTML(超文件標示語言)撰寫網頁檔案，讓這個網頁建立超連結(hyper-link)到其他網頁或是其他檔案，但是並不會自動更新伺服器上的資料，也不會讓使用者鍵入資訊或是使用者選擇某項設定而去更新伺服器上的設定，過去一般網站上大都屬於這種靜態式網頁。HTML 程式碼被用來結構化網頁中的信息：例如標題、段落和列等等，也可用來在一定程度上描述文字檔的外觀和語義。利用 HTML 撰寫出來的網頁，需要透過網頁瀏覽器才能讀取，而 HTML 檔案必須是用 htm 或 html 為副檔名。

(2) 動態網頁：所謂動態網頁就是使用者可以與伺服器互動式的交談，並輸入資料去更新或新增在伺服上的資料，然後再回應到使用者端。通常設計者會在網頁上設計一個表單或是一些選擇項，讓使用者利用這個表單輸入資料，然後將表單上的資料傳回伺服器，如貨物進度查詢表單等。

在動態網頁中，使用者最常使用的功能為新增、刪除、修改與查詢等。常見的動態網頁撰寫語言為 PHP、JSP、ASP 等，這些語言可連結資料庫進行處理，並可嵌入 HTML 語言中。以下為各項網頁編輯語言的比較表：

表 12-3：各項程式語言比較表

比較項目	動態網頁編輯語言		
	PHP	ASP	JSP
系統平台	跨平台	Win32	跨平台
伺服器	Apache、IIS 等	IIS	Apache、IIS 等
執行速度	中(69 秒)	慢(73 秒)	快(13 秒)
穩定性	佳	尚可	佳
開發時間	很快	很快	快
學習困難度	容易	容易	稍難

(資料來源：http://www.wasite.com/php0/ch1-1.htm)

3. 資料庫管理系統：是為管理資料庫而設計的電腦軟體系統，資料庫管理系統是一套電腦程式，負責控制資料庫的分類及數據的存取。代表性的數據管理系統有：Access, Oracle, Microsoft SQL Server 與 MySQL 等。

以上為網路資訊平台架構的基本概念介紹，在下一節中，將以範例說明如何整合並應用前幾節所描述的物流資訊技術。

第五節 案例說明

本節以兩個案例，分別為智慧型運輸系統(intelligent transportation systems, ITS)與物流管理資訊系統，說明 GIS、GPS 以及 RFID 在運輸物流上的應用，以及探討這些資訊技術對交通運輸界的影響。

一、智慧型運輸系統

智慧型運輸系統係藉由先進之電腦、資訊、電子、通訊與感測等科技的應用，透過所提供即時資訊的溝通與連結，以改善人、車、路等運輸次系統間的互動關係。進而增進運輸系統之安全、效率與舒適，同時減少交通環境衝擊之有效整合型運輸系統。

　　ITS 系統的建置牽涉即時資訊的取得及迅速無誤傳遞給用路人或管理者，因此需使用前幾節所敘述的物流資訊技術。朱松偉等人(2005)曾建構一客運監控系統，如圖 12-6 所示。

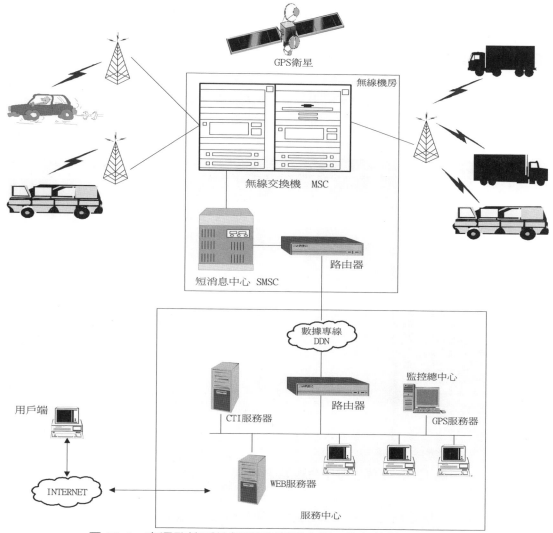

圖 12-6：客運監控系統架構圖(資料來源：朱松偉等人，2005)

　　在此客運監控系統中，定位資料由 GPS 接收後，透過客運車輛上的行車紀錄器轉發至鄰近的無線通訊基地台。基地台再由無線交換機與數據交換機連線進入網際網路，最後進入行車監控中心伺服器。監控中心經上述資訊傳輸管道，可針對行動中的車輛進行監控，同時將當日行車記錄資料建檔備份，製成報表輸出。

　　軟體架構部份，監控系統有一半的資訊處理是在現有的網際網路的 TCP/IP 的環境之下。同時對於即時的 GPS 資訊及動態可查詢的 GIS 圖資須具有整合及可開發的能力。配合專案開發時程及後續延伸應用，使用由國人自製研發之大型網際網路地圖伺服器 (SuperWebGIS)，做為後台監控客運車輛的整合平台。

　　監控的方式有單一車輛監控(如圖 12-7)及多視窗即時監控可互切換之監控模式；前者可選擇車號，進行單一客運即時位置監控，同時顯示駕駛姓名、行車速度、方向、二維座標及最新一次更新的時間。同時，地圖的瀏覽功能有放大、縮小及平移，可視需要，將監控的尺度做調整。多視窗即時監控提供四子母分割畫面的同步監控系統，只需以拖拉的方式點選欲監看的車輛即可監看四輛不同地區的客運，適合尖峰時段車輛監控調度時的監控指揮。

圖 12-7：車輛監控示意圖(資料來源：朱松偉等人，2005)

　　除監控車輛行駛過程之外，此系統亦可將車輛行駛最高速度、最低速度、平均速度、變異數與駕駛軌跡等資料自動記入監控系統資料庫中，有利後續查詢與分析之用。

二、物流管理資訊系統

　　精技電腦公司為台灣地區主要的資訊科技產品通路商之一。為有效物流管理並控制成本，精技電腦公司於 2000 年於林口自建物流中心。同時也自行擁有配送物流車隊，針對人員、流程、物品與資訊流通強調做更有效的管理，除了建置 ERP 系統，於物流中心也建置完善的倉儲管理系統。另外於物流配送環節之中也導入了衛星車隊即時貨況追蹤的資訊系統(如圖 12-8)，將物流管理走向更精緻化發展。

圖 12-8：精技電腦即時貨況管理系統架構圖(資料來源：精聯電子網頁)

　　精技電腦公司導入此套系統後，每日由管理人員派遣調度車輛，並由系統下載該班次配送訂單於手持終端機，司機領取貨物並比對訂單無誤便出車。每台運輸車上都配置安裝 GPS 衛星定位的車機系統，於每間隔時間傳輸座標資訊，後台資訊系統接收到車輛座標，對應於電子地圖中的相對位置。管理人員可隨時了解在外所有車輛的即時位置，並可遠端隨時調度與掌握車隊。當司機將貨物送至客戶端時，透過 PDA 掃瞄記錄到點時間，並可記錄送達狀態。

　　若託運人想要了解貨品是否已經順利送達客戶手上，主管或客服人員可以立即上網查詢，第一時間即可給予客戶滿意的回應。同時也結合客戶關係管理(customer relationship management, CRM)系統提供顧客個人化服務，更可以節省傳統紙筆作業所花費的時間浪費與人力成本，提升工作效率與客戶滿意度。

　　採用車隊貨況管理系統的效益包含提供企業客戶查詢貨品到貨的服務平台，加速客戶回應速度。對管理者而言，有助於管理在外車輛、機動調度能力增加、充分掌握運輸工作的資訊，協助管理者制定最佳的配送的物流策略並有效降低營運成本。對駕駛員而言，則可減少文書作業時間，並有助於了解每日工作內容與運送路線。

第六節 結論與建議

因資訊傳輸相關軟、硬體的發展與電腦的普及化，使得應用先進技術建構的整合性系統在運輸物流領域扮演越來越重要的角色。如前所述，整合性物流系統可包含地理資訊系統、定位系統、無線射頻技術與網路資訊平台技術等。應用整合系統的優點是加快資訊傳遞的速度、降低取得資訊的成本與提高資訊內容的精確度，如此便可因應瞬息萬變的現實物流作業環境。

本章介紹了四種與運輸物流作業最為相關的資訊技術，分別概述各項資訊技術的內容與發展現況，最後並舉例說明這些技術的整合應用範例。目前已經有許多整合式系統正在開發中或已建置完畢，例如：

1.　五股工業區的回頭車媒合網站：藉 GIS 系統、網路資訊平台與最佳化演算法媒合貨物託運人，提高回頭空車的使用率，並計算求解最佳的貨車路線排程。

2.　商車營運系統(commercial vehicle operations, CVO)：商車不僅包括大型與重型車輛，也包括緊急救援用車輛(如救護車、拖吊車)，以及每日運作的商用小型車(如計程車)等。商車營運系統之相關技術包括：自動車輛監視、自動車輛定位、行進間測重、電子式自動收費、商車電腦輔助調度、自動貨物辨識(automatic cargo identification, ACI)等。

3.　中央大學校車資訊查詢系統：利用 GPS 系統、資料庫技術、旅行時間預測方法與語音查詢系統，預測並告知使用者校車到站時間。使用者利用此系統，除可了解校車是否已經離站，並可減少因資訊不確定而浪費的等候時間。

4.　病死豬監控系統：環保署已規定病死豬集運車輛皆必須搭載 GPS 系統，並監控其運送路線，如此可以有效避免病死豬肉流入市面販售。

由上述可知，若欲不斷提升運輸與物流系統的效率，創造出更高的市場價值，先進科技的導入是其中非常重要的關鍵，這也是產、官、學、研各界未來必須更加努力的方向。

問題研討

1. 名詞解釋
   (1) 向量式資料(vector data)
   (2) 網格式資料(raster data)

2. 地理資訊系統(GIS)組成要素有那些？

3. 全球定位系統(GPS)運作狀況主要分成那三個部分

4. 無線射頻辨識(RFID)目前的應用範圍有那些？

5. 網路資訊平台系統架構應包含三項主要內容為何？

6. 智慧型運輸系統(ITS)的架構為何？

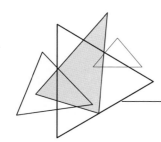

參考文獻

一、中文文獻

[1] 王元鵬(2006)，仿水流離散優化演算法，國立台灣大學工業工程學系碩士論文，台北。

[2] 王柏康(2008)，應用限制規劃方法最佳化專案資源配量問題—液晶面板模組為例，國立高雄第一科技大學資訊管理學系碩士論文，高雄。

[3] 王福聖(2008)，不精確資訊下震災路網搶修排程與民眾對搶修時間可忍受度之研究，國立中央大學土木工程學系碩士論文，中壢。

[4] 朱松偉、王韋力、陳亦廷(2005)，「智慧型商車系統車輛即時預警點自動回報監控作業」，電子商務與數位生活研討會，台北。

[5] 李俊德(2005)，以限制規劃法求解全年無休人員排班問題之研究—以護理人員排班為例，國立交通大學運輸科技與管理學系碩士論文，新竹。

[6] 何秉珊(2008)，道路緊急搶修車輛途程問題之研究，國立中央大學土木工程學系碩士論文，中壢。

[7] 周鄭義(1999)，動態號制時制最佳化之研究-雙層規劃模型之應用，國立中央大學土木工程學系碩士論文，中壢。

[8] 陳建都(1996)，校車路線指派問題之研究，大葉工學院事業經營研究所碩士論文，彰化。

[9] 陳奐宇(2008)，圖書館系統通閱移送書籍之車輛途程問題，國立中央大學土木工程學系碩士論文，中壢。

[10] 陳惠國(1992)，「車輛定位系統之發展與應用」，*遙測與地理資訊系統應用研討會論文集*，頁 531-546，國立中興大學，台中。

[11] 陳惠國、王宣(2006)，「垃圾車輛途程問題之研究」，*中華民國運輸學會第二十一屆學術論文研討會光碟*，中華大學，新竹。

[12] 陳惠國、林正章等十人合著(2001)，*運輸網路分析*，五南圖書出版公司，台北。

[13] 陳惠國、許家筠(2008)，「含時窗限制虛擬場站之車輛途程問題」，*中華民國運輸學會第二十三屆學術論文研討會光碟*，高雄第一科技大學，高雄。

[14] 陳惠國、陳思齊(2007)，「即時的時窗限制巡邏車輛節點途程問題之研究」，*中華民國運輸學會第二十二屆學術論文研討會光碟*，青年活動中心，台北。

[15] 張淑詩(2005)，通勤交通車路線問題之研究，國立交通大學運輸科技與管理學系碩士論文，新竹。

[16] 蔡佳吟(2003)，應用 CSP 規劃大學排課系統，國立高雄第一科技大學資訊管理系碩士論文碩士論文，高雄。

[17] 劉建宏(2005)，含時窗限制式卡車與拖車途程問題之研究，國立中央大學土木工程學系

　　　碩士論文，中壢。

[18] 盧明宏(2002)，以限制式滿足規劃法解決多資源產能分派問題，中原大學工業工程學
　　　系碩士論文，中壢。

[19] 賴秋香(2007)，「RFID 市場發展現況」，資策會創新應用服務研究所，台北。

二、英文文獻

[1]　Altinkemer, K. and Gavish, B. (1991), "Parallel Savings Based Heuristic for the Delivery
　　　Problem," *Operations Research*, Vol. 39, pp. 456-469.

[2]　Ball, M., Magnanti, T., Monma, C. and Nemhauser, G. (eds.) (1995), "Network Routing,"
　　　Handbooks in Operations Research and Management Science, Vol. 8, pp. 1-33.

[3]　Barták, R. (1999), "Dynamic Constraint Models for Planning and Scheduling Problems,"
　　　Lecture Notes In Computer Science, Vol. 1865, pp. 237-255.

[4]　Bazaraa, M.S., Jarvis, J.J., and Sherali, H.D. (1990), *Linear Programming and Network
　　　Flows, 2nd edition*, John Wiley and Sons, Singapore.

[5]　Bellman R. (1958), "On a Routing Problem," *Quarterly of Applied Mathematics*, Vol. 16,
　　　No. 1, pp. 87-90.

[6]　Bodin, L., Golden B., Assad, A., and Ball, M. (1983), Routing and Scheduling of Vehicles
　　　and Crews, *Special Issue of Computers and Operations Research*, Elsevier B.V., The
　　　Netherlands.

[7]　Bradley, S., Hax, A., and Magnanti, T. (1977), *Applied Mathematical Programming*,
　　　Addison-Wesley, Inc., New Jersey.

[8]　Brailsford, S.C., Potts, C.N., and Smith, B.M. (1999), "Constraint Satisfaction Problems:
　　　Algorithms and Applications," *European Journal of Operational Research*, Vol. 119, No.
　　　3, pp. 557-581.

[9]　Bräysy, O. and Gendreau, M. (2002), "Tabu Search Heuristics for the Vehicle Routing
　　　Problem with Time Windows," *TOP*, Vol. 10, No. 2, pp. 211-237.

[10] Bräysy, O. and Gendreau, M. (2005), "Vehicle Routing Problem with Time Windows Part
　　　II: Metaheuristics," *Transportation Science*, Vol. 39, No. 1, pp. 119-139.

[11] Bullnheimer, B., Hartl, R.F., and Strauss, C. (1997), "A New Rank-Based Version of the
　　　Ant System：A Computational Study," *Technical Report POM 3*, Institute of Management
　　　Science, University of Vienna, USA.

[12] Bullnheimer, B., Hartl, R.F., and Strauss, C. (1999), "An Improved Ant System for the

Vehicle Routing Problem," *Annals of Operations Research*, Vol. 89, pp. 319-328.

[13] Busacker, R.G. and Gowen, P.J. (1961), *A Procedure for Determining Minimal-cost Network Flow Patterns*, Operational Research Office, John Hopkins University, Baltimore, Maryland.

[14] Cayley, A. (1889), "A Theorem on Trees," *The Quarterly Journal of Mathematics*, Vol. 23, pp. 376-378.

[15] Charon, I. and Hudry, O. (1993), "The Noising Method: A New Method for Combinatorial Optimization," *Operations Research Letters*, Vol. 14, No. 3, pp. 133-137.

[16] Chen, H.K., Hsueh, C.F., and Chang, M.S. (2006), "The Real-time Time-dependent Vehicle Routing Problem," *Transportation Research Part E*, Vol. 42, No. 5, pp. 383-408.

[17] Chen, H.K. and Wang, C.Y. (1999), "Dynamic Capacitated User-Optimal Route Choice Problem," *Transportation Research Record*, Vol. 1667, pp. 16-24.

[18] Christofides, N. (1975), *Graph Theory: An Algorithmic Approach*, Academic Press, Burlington, London.

[19] Christofides, N. (1976), *Worst-Case Analysis of a New Heuristic for the Traveling Salesman Problem*, Report 388, Graduate School of Industrial Administration, CMU.

[20] Clark, G, and Wright, J.W. (1964), "Scheduling of Vehicles from a Central Depot to a Number of Delivery Points," *Operations Research*, Vol. 12, No. 4, pp. 568-581.

[21] Dantzig, G.B. and Ramser, J.H. (1959), "The Truck Dispatching Problem," *Management Science,* Vol. 6, No. 1, pp. 80-91.

[22] Dantzig, G.B. (1967), "All Shortest Routes in a Graph," *Theory of Graphs*, Gordan and Breach, New York, pp. 92-92.

[23] Demirhan, M., Ozdamar, L., Helvacioglu, L., and Birbil, S.I. (1999), "FRACTOP: A Geometric Partitioning Metaheuristic for Global Optimization," *Journal of Global Optimization*, Vol. 14, pp. 415-435.

[24] Desrochers, M. and Verhoog, T.W. (1989), "A Matching Based Savings Algorithm for the Vehicle Routing Problem," *Cahiers du GERAD*, Vol. 89, No. 4, pp. 16.

[25] Dijkstra, E.W. (1959), "A Note on Two Problems in Connexion with Graphs," *Numerische Mathematik*, Vol. 1, pp. 269-271.

[26] Dolan, A. and Aldous, J. (1993), *Networks and Algorithms: An Introductory Approach*, John Wiley & Sons Ltd, ChiChester.

[27] Dorigo, M., Maniezzo, V., and Colorni, A. (1991), *The Ant System: An Autocatalytic*

Optimizing Process, Technical Report, pp. 91-016 Revised, Politecnico di Milano, Italy.

[28] Dorigo, M. (1992), *Optimization, Learning and Natural Algorithms*, Ph.D. Thesis, Dipartimento di Elettronica e Informazione, Politecnico di Milano, IT.

[29] Dorigo, M., Maniezzo, V., and Colorni, A. (1996), "The Ant System: Optimization by a Colony of Cooperating Agents," *IEEE Transactions on Systems, Man, and Cybernetics Part B*, Vol. 26, No. 1, pp. 29-42.

[30] Dorigo, M. and Gambardella, L.M. (1997), "Ant Colony System: A Cooperative Learning Approach to the Traveling Salesman Problem," *IEEE Transactions on Evolutionary Computation*, Vol. 1, No. 1, pp. 53-66.

[31] Dueck, G. and Scheuer, T. (1990), "Threshold Accepting: A General Purpose Optimization Algorithm Appeared Superior to Simulated Annealing", *Journal of Computational Physics*, Vol. 90, pp. 161-175.

[32] Dueck, G. (1993), "New Optimization Heuristics: The Great Deluge Algorithm and the Record-to-Record Travel," *Journal of Computational Physics*, Vol. 104, pp. 86-92.

[33] Eberhart, R.C. and Kennedy, J. (1995), "A New Optimizer Using Particle Swarm Theory," *Proc. Sixth International Symposium on Micro Machine and Human Science*, pp. 39-43.

[34] Edmonds J. (1965), "Paths, Trees, and Flowers," *Canadian Journal of Mathematics*, Vol. 17, pp. 449-467.

[35] Edmonds, J. and Johnson, E.L. (1970), "Matching: a Well-Solved Class of Integer Linear Programs," *Combinatorial Structures and Their Applications*, Gordon and Breach, New York, pp. 89-92.

[36] Evans, J.R. and Minieka, E. (1992), *Optimization Algorithms for Networks and Graphs, 2nd ed.*, Marcel Dekker, Inc., New York, USA.

[37] Fisher, M.L. and Jaikumar, R (1981), "A Generalized Assignment Heuristic for Vehicle Routing Problems," *Networks*, Vol. 11, pp. 109-124.

[38] Fisher M.L. (1994), "Optimal Solution of Vehicle Routing Problems Using Minimum K-trees," *Operations Research*, Vol. 42, No. 4, pp. 626-642.

[39] Floyd, R.W. (1962), "Algorithm 97: Shortest Path," *Communications of the ACM*, Vol. **5,** No. 3, pp. 345.

[40] Ford, L.R., and Fulkerson, D.R. (1957), "A Primal-dual Algorithm for the Capacitated Hitchcock Problem," *Naval Research Logistics Quarterly*, Vol. 4, pp. 47-54.

[41] Ford, L.R., and Fulkerson, D.R. (1962), *Flows in Networks*, Princeton University Press,

Princeton, New Jersey.

[42] Fulkerson, D.R. (1961), "An Out-of-Kilter Method for Minimal Cost Flow Problems," *Journal of the Society for Industrial and Applied Mathematics*, Vol. 9, pp. 18- 27.

[43] Gambardella, L.M., Taillard, E., and Agazzi, G. (1999), "Ant Colonies for Vehicle Routing Problems," *New Ideas in Optimization*, McGraw-Hill, USA.

[44] Gillett, E.B. and Miller, L.R. (1974), "A Heuristic Algorithm for the Vehicle Dispatch Problem," *Operations Research*, Vol. 22, No. 2, pp. 340-349.

[45] Glover, F. (1989), "Tabu Search - Part I," *ORSA Journal on Computing*, Vol. 1, No. 3, pp. 190-206.

[46] Glover, F. (1990) "Tabu Search - Part II," *ORSA Journal on Computing*, Vol. 2, No. 1, pp. 4-32.

[47] Golden, B.L (1977), "Implement Vehicle Routing Algorithms," *Networks*, Vol. 7, No. 2, pp. 113-148.

[48] Gomory, R.E. (1958), "Outline of an Algorithm for Integer Solutions to Linear Programs," *Bulletin of the American Mathematical Society*, Vol. 64, pp. 275-278.

[49] Gould, R. (1988), *Graph Theory,* The Benjamin/Cummings Publishing Company, Inc, California, U.S.A.

[50] Garey, M.R. and Johnson, D.S. (1979), *Computers and Intractability: A Guide to the Theory of NP-Completeness*, Freeman, San Francisco, CA.

[51] Hakimi, S.L. (1964), "Optimal Location of Switching Centers and the Absolute Centers and Medians of a Graph," *Operations Research*, Vol. 12, No. 3, pp. 450-459.

[52] Holland, J.H. (1975), *Adaptation in Natural and Artificial Systems*, Ann Arbor, Univ. Michigan Press.

[53] Hsueh, C.F., Chen, H.K., and Chou, H.W. (2007), *Vehicle Routing for Relief Logistics in Natural Disasters*, Working Paper at National Central University, Jungli, Taiwan.

[54] Hu, T.C. (1963), "Multi-commodity Network Flows," *Operations Research*, Vol. 11, pp. 344-360.

[55] Iri, M. (1960), "A New Method of Solving Transportation Network Problems," *Journal of the Operations Research Society of Japan*, Vol. 3, pp. 27-87.

[56] Jayakrishnan, R., Tsai, W.K., Prashker, J.N., and Rajadhyaksha, S. (1994), "A Faster Path-Based Algorithm for Traffic Assignment," *Transportation Research Record*, Vol. 1443, pp. 75-83.

[57] Jewell, W.S. (1958), *Optimal Flow through Networks*, Technical report No. 8, Operations Research Center, MIT, Cambridge.

[58] Kindervater, G.A.P., and Savelsbergh, M.W.P. (1997), "Vehicle Routing: Handling Edge Exchanges." In: Aarts, E.H., Lenstra, J.K. (Eds.), *Local Search in Combinatorial Optimization*, Wiley, Chichester.

[59] Kirkpatrick, S., Gerlatt, C.D., and Vecchi M. P. (1983), "Optimization by Simulated Annealing," *Science*, Vol. 220, No. 4598, pp. 671-680.

[60] Klein, M. (1967), "A Primal Method for Minimum Cost Flows with Application to the Assignment and Transportation Problem," *Management Science*, Vol. 14, pp. 205-220.

[61] Knuth, D.E. (1997), *The Art of Computer Programming*, *Volume 1: Fundamental Algorithms*, Addison-Wesley, Massachusetts, USA.

[62] Kruskal, J.B. (1956), "On the Shortest Spanning Subtree of a Graph and the Traveling Salesman Problem," *Proceedings of the American Mathematical Society*, Vol. 7, pp. 48-50.

[63] Kwan, M.K. (1962), "Graphic Programming Using Odd or Even Points," *Chinese Mathematics*, Vol. 1, pp. 273-277.

[64] Land, A.H. and Doig A.G. (1960), "An Automatic Method of Solving Discrete Programming Problems," *Econometrica*, Vol. 28, No. 3, pp. 497-520.

[65] Larson, R. and Odoni, A. (1981), *Urban Operations Research*, Prentice Hall, Inc. New Jersey, USA.

[66] Lin, S. (1965), "Computer Solutions of the Traveling Salesman Problem," *The Bell System Technical Journal*, Vol. 44, pp. 2245-2269.

[67] Lin, S. and Kernighan, B.W. (1973), "An Effective Heuristic Algorithm for the Traveling-Salesman Problem," *Operations Research*, Vol. 21, pp. 498-516.

[68] Maniezzo, V. (1998), *Exact and Approximate Nondeterministic Tree-Search Procedures for the Quadratic Assignment Problem*, Technical Report CSR 1, C.L. in Scienze dell Informazione, Universita di Bologna, Sede di Cesena, Italy.

[69] Marcu, D. (1990), "Minimum Covering and Maximum Matching," *Note di Mathematica*, Vol. 10, No. 1, pp. 85-88.

[70] McAloon, K. (1996), *Constraint-Based Programming*. ACM Comput. Surv. 28(4es): 69.

[71] McMullen, P.R. (2001), "An Ant Colony Optimization Approach to Addressing a JIT Sequencing Problem with Multiple Objectives," *Artificial Intelligence in Engineering 15*, pp. 309-317.

[72] Metropolis, N., Rosenblush, A., Rosenblush, M., Teller, A., and Teller, E. (1953), "Equation of State Calculations by Fast Computing Machines," *Journal of Chemical Physics*, Vol. 21, pp. 1087-1092.

[73] Minieka, E. (1978), *Optimization Algorithms for Network and Graphs*, Marcel Dekker, Inc., New York, USA.

[74] Minty, G.J. (1960), "Monotone Networks," *Proceeding Royal Society London*, Vol. 257, pp. 194-212.

[75] Moore, E.F., (1959), "The Shortest Path Through A Maze," *Proceedings of the International Symposium on Theory of Switching*, Vol. 2, pp. 285-292.

[76] Osman, I.H. (1993), "Metastrategy Simulated Annealing and Tabu Search Algorithms for the Vehicle Routing Problem," *Annals of Operations Research*, Vol. 41, pp. 421-451.

[77] Pham, D.T. and Karaboga, D. (2000), *Intelligent Optimization Techniques: Genetic Algorithms, Tabu Search, Simulated Annealing and Neural Networks*, Springer-Verlag, London.

[78] Prim, R.C. (1957), "Shortest Connection Networks and Some Generalizations," *Bell System Technical Journal*, Vol. 36, pp. 1389-1401.

[79] Ryan, D.M., Hjorring, C., and Glover, F. (1993), "Glover Extensions of the Petal Method for Vehicle Routing," *Journal of the Operational Research Society*, Vol. 44, pp. 289-296.

[80] Sheffi, M.J. (1985), *Urban Transportation Networks: Equilibrium Analysis with Mathematical Programming Methods*, Prentice-Hall, Inc., Englewood Cliffs.

[81] Shier, D. (1974), "Computational Experience with An algorithm for Finding the K Shortest Paths in a Network," *Journal of Research of the NBS*, Vol. 78, pp. 139-164.

[82] Shier, D. (1976), "Interactive Methods for Determining the K Shortest Paths in a Network," *Networks*, Vol. 6, pp. 151-159.

[83] Solomon, M.M. (1986), "On the Worst-Case Performance of Some Heuristics for the Vehicle Routing and Scheduling Problem with Time Window Constraints," *Networks*, Vol. 16, pp. 161-174.

[84] Stützle, T. (1997), *MAX-MIN Ant System for Quadratic Assignment Problems*, Technical Report AIDA 4, Intellectics Group, Department of Computer Science, Darmstadt University of Technology, Germany.

[85] Stützle, T. and Hoos, H. (1997), "The MAX-MIN Ant System and Local Search for the Traveling Salesman Problem," *Proceeding of IEEE International Conference on*

Evolutionary Computation and Evolutionary Programming Conference, pp. 309-314.

[86] Stützle, T. and Dorigo, M. (1999), "ACO Algorithms for the Quadratic Assignment Problem," *New Ideas in Optimization*, McGraw-Hill, USA.

[87] Tabourier, Y. (1973), "All Shortest Distances in a Graph: an Improvement to Dantzig's Inductive Algorithm," *Discrete Mathematics*, Vol. 4, pp. 83-87.

[88] Taillard, E.D (1933), "Parallel Iterative Search Methods for Vehicle Routing Problems," *Networks*, Vol. 23, pp. 661-673.

[89] Taillard, E.D. and Gambardella, L.M. (1997), "Adaptive Memories for the Quadratic Assignment Problem," *Technical Report IDSIA*, pp. 87-97.

[90] Teodorovic, D. (1986), *Transportation Networks: A Quantitative Treatment*, Gordon and Breach Science Publisher, New York, USA.

[91] Thompson, P.M. and Psaraftis, H.N. (1993), "Cyclic Transfer Algorithms for Multi-Vehicle Routing and Scheduling Problems," *Operations Research*, Vol. 41, No. 5, pp. 456-469.

[92] Toth, P. and Vigo, D. (2001), *The Vehicle Routing Problem*, Society for Industrial and Applied Mathematics, Philadelphia, USA.

[93] Warshall, S. (1962) "A Theorem on Boolean Matrices," *Journal of the ACM*, Vol. **9**, pp. 11-12.

[94] White, L.J. (1967), *A Parametric Study of Matching and Coverings in Weighted Graphs*, Ph.D. Thesis, University of Michigan, USA.

[95] Winston, W.L. (2003), *Introduction to Mathematical Programming*, Thomson Learning, Inc., California, U.S.A.

[96] Yakovleva, M.A. (1959), "Problem of Minimum Transportation Expense," *Applications of Mathematics to Economics*, Moscow.

[97] Yang, F.C and Wang, Y.P. (2007), "Water Flow-Like Algorithm for Object Grouping Problems," *Journal of the Chinese Institute of Industrial Engineers*, Vol. 24, No. 6, pp. 475-488.

[98] Yen, J.Y. (1971), "Finding the K Shortest Loopless Paths in a Network," *Management Science*, Vol. 17, No. 11, pp. 712-716.

三、網站

[1] 中國信差問題之網站：

http://people.bath.ac.uk/tjs20/introduction.htm

[2]　Holloway, S. (2006), RFID: An Introduction, 網站：

　　http://msdn.microsoft.com/en-us/library/aa479355.aspx。

[3]　Bartak, R. (1998), "Constraint Satisfaction," Guide to Constraint Programming，網站：

　　http://ktiml.mff.cuni.cz/~bartak/constraints/。

[4]　新加坡政府網站，RFID-Fundamentals & Future：

　　http://www.ida.gov.sg/Infocomm%20Adoption/20061002182723.aspx。

[5]　張中白，(2004)，衛星雷達：監測地表變形的新工具，網站：

　　http://www.ss.ncu.edu.tw/~istep/project34.htm。

[6]　賴秋香，(2007)，RFID市場發展現況，網站：

　　http://www.rfid.org.tw/actfile/1_08080900.pdf。

[7]　精聯電子，物流資訊競爭決勝於分秒之間-GPS車隊管理案例，網站：

　　http://adc-utt.unitech.com.tw/solution_detail.asp?id=168。

[8]　通騰科技股份有限公司網站：

　　http://www.tomtom.com.tw/index.asp。

[9]　運籌網通公司網站：

　　http://www.toplogis.com/index.htm。

[10]　王勝雄，PHP程式設計講義網站：

　　http://www.wasite.com/php0/ch1-1.htm。

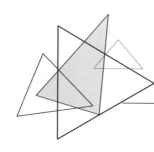

中英文對照

第一章

網路(network)

節點(node or vertex)

節線(link, arc or edge)

圖形理論(graph theory)

七橋問題(Könisberg's seven bridge problem)

最小伸展樹問題(minimum spanning tree problem)

最短路徑問題(shortest path problem)

運輸及轉運問題(transportation and transshipment problem)

指派問題(assignment problem)

最大流量問題(maximum flow problem)

最小成本流量問題(minimum cost flow problem)

多商品流量問題(multicommodity flow problem)

設施區位問題(facility location problem)

圖形(graph)

加權圖形(weighted graph)

實體網路(physical network)

抽象網路(abstract network)

網際網路封包路由(Internet packet route)

通路(channel)

網路表示法(network representation)

鏈(chain)

迴圈(cycle)

迴路(circuit)

路徑(path)

樹(tree)

前端(head)

尾端(tail)

無向性(undirected)

雙向性(bidirected)

有向性(directed)

前置點(predecessor)

後置點(successor)

指出度數(out-degree)

指入度數(in-degree)

臨接點(neighbors)

兩點相鄰(adjacent)

孤立點(isolated node)

環(loop)

平行節線(parallel links)

簡單圖(simple graph)

起點(source/original node)

迄(終)點(destination/sink/terminal node)

連通性(connected)

不連通性(disconnected)

簡單鏈(simple chain)

封閉鏈(closed chain)

迴圈狀的(cyclic)

無迴圈狀的(acyclic)

樹枝(arborescence)

伸展樹(spanning tree)

Steiner 樹(Steiner tree)

林(forest)

根(root)

中間節點(internal vertex)

分支節點(branch node)

樹葉(leaf)

端點(terminal vertex)

外部節點(external node)

有向樹(directed tree)

有根樹(rooted tree)

父代(parent)

子代(child)

父元素或前代元素(ancestor)

子元素或後代元素(descendant)

m 元樹(m-ary tree)

二元樹(binary tree)

正則 m 元樹(regular m-ary tree)

通訊/信息流葡萄藤(communication/ information flow "grapevine")

管線配置(pipeline distribution)

旅遊需求分析之最短路徑樹(skim trees for travel demand analysis)

最大伸展樹枝(maximum spanning arborescence)

最大分枝節線數(maximum branching)

最小伸展樹枝(minimum spanning arborescence)

最小伸展樹(minimum spanning tree)

最短路徑樹(skim tree)

最大伸展樹(maximum spanning tree)

加權圖(weighted graph)

窮舉法(enumeration method)

Prim 演算法(Prim algorithm)

Kruskal 演算法(Kruskal algorithm)

快速排序法(quicksort)

第二章

最短路徑問題(shortest path problem)

資料輸入格式(input data format)

三角運算(triangular operation)

一對一最短路徑(one-to-one shortest path)

一對多最短路徑(one-to-all shortest path)

多對多最短路徑(all-to-all shortest path)

用路人均衡(user equilibrium)

網路結構(network structure)

前星法(forward star)

陣列(array)

指標(pointer)

標籤設定法(label setting method)

標籤修正法(label correcting method)

標籤(label)

永久標籤(permanent label)

鄰近節點(adjacent node)

候選排序名單(sequence list)

先進先出(first-in first-out)

先進後出(first-in last-out)

雙尾等候陣列(double-ended queue)

Dijkstra 演算法(Dijkstra's algorithm)

Floyd 演算法(Floyd's algorithm)

Yen 演算法(Yen's algorithm)

正反雙向掃描演算法(double sweep algorithm)

反向掃瞄(backward sweep)

正向掃瞄(forward sweep)

用路人均衡(user equilibrium)

第三章

工作人員排班問題(crew scheduling problem)

棒球大聯盟裁判賽程安排問題(major league baseball umpire assignment)

籃球聯盟賽程安排問題(basketball conference scheduling)

匹配(matching)

加權雙分圖(weighted bipartite graph)

指派問題(assignment problem)

雙分圖(bipartite graph)

擴張路徑(augmenting path)

暴露節點(exposed vertex)

交錯路徑(alternating path)

一般圖形(general graph)

要徑法(critical path method)

最大流量問題(maximum flow problem)

多商品流問題(multicommodity flow problem)

最大節線數匹配(maximum cardinality matching)

最大權重匹配(maximum weight matching)

最小節線數匹配(minimum cardinality matching)

最小權重匹配(minimum weight matching)

匹配(matching)

指派(assignment)

加權擴張路徑(weighted augmenting path)

涵蓋(covering)

最小節線數涵蓋(minimum cardinality covering)

最小權重涵蓋(minimum weight covering)

最大節線數涵蓋(maximum cardinality covering)

最大權重涵蓋(maximum weight covering)

完美匹配(perfect matching)

第四章

中國信差問題(Chinese postman problem)

節線擴充問題(arc augmenting problem)

圖學理論(graph theory)

歐拉圖形(Euler graph)

歐拉路徑(Euler path)

歐拉迴路(Euler circuit or Euler cycle)

非歐拉圖形(non-Eulerian graph)

最佳的歐拉旅程(optimal Euler tour)

最小的歐拉旅程(minimum Euler tour)

度數(degree)

極性(polarity)

零極性(zero polarity)

奇數節點(odd vertex)

出發節點(starting vertex)

Fleury 演算法(Fleury's algorithm)

無向型中國信差問題(Chinese postman problem for undirected graphs)

死巷(dead ends or pendant nodes)

最小成本匹配問題(minimum cost perfect matching problem)

有向型中國信差問題(Chinese postman problem for directed graphs)

整數線性規劃模型(integer linear programming model)

運輸問題(transportation problem)

虛擬路徑(artificial path)

混合型中國信差問題(Chinese postman problem for mixed graphs)

子旅程(subtours)

最小成本流量問題(minimum cost flow problem)

決策法則(decision rule)

多路線中國信差問題(M-Chinese postman problem)

先路線後群組(route-first cluster-second)

先群組後路線 (cluster-first route-second)

節線排程問題(arc routing problem)

節線排序問題(arc sequencing problem)

最遠/最近插入法(farthest/nearest insertion method)

節省法(savings method)

貪婪法(greedy algorithm)

鄰近搜尋法(local search)

巨集式啓發式解法(meta heuristics)

節線交換(link exchange)

節點交換(node exchange)

正確解法(exact solution algorithm)

近似解法(heuristics)

最小可能路徑長度(minimum possible tour length)

時間限制的 TSP(time-constrained TSP)

車輛途程問題(vehicle routing problem)

循序送貨問題(sequential ordering problem)

鬆弛 TSP(relaxed traveling salesman problem)

節點擴充問題(node augmenting problem)

第六章

車輛途程問題(vehicle routing problem)

容量限制(capacity constraint)

組合最佳化問題(combinatorial optimization problem)

路線長度限制(route length constraint)

運輸(transportation)

配銷(distribution)

物流(logistics)

分枝切割法(branch and cut method)

動態規劃法(dynamic programming method)

變數產生法(column generation method)

班德式分解法(Benders' decomposition method)

多項式時間(polynomial time)

巨集啓發式解法(meta-heuristics)

兩階段(two stage)

構造法(constructive methods)

兩相位演算法(2-phase algorithm)

匹配基礎法(matching based method)

多路線改善近似解法(multi-route improvement heuristics)

先分群後路線(cluster-first route-second)

先路線後分群(route-first cluster-second)

一般化指派問題(generalized assignment problem)

掃描法(sweep algorithm)

階層式方法(hierarchical approach)

分割(split)

後優化階段(post-optimization phase)

花瓣法(petal algorithm)

Taillard 演算法(Taillard's algorithm)

集合分割問題(set partitioning problem)

每一扇形之同心區域(concentric regions within each sector)

非平面(non-planar)

最短伸展樹枝(shortest spanning arborescence)

超大 TSP 路線(giant TSP tour)

超大路線近似解法(giant tour heuristic)

區域搜尋法(local search)

節點交換法(node exchange method)

節線交換法(link exchange method)

最先選擇策略(first accept strategy)

接受準則(acceptance criterion)

鄰近解(neighbor)

最優選擇策略(best accept strategy)

正向剩餘容量(forward residual capacity)

反向剩餘容量(backward residual capacity)

剩餘網路(residual network)

擴增路徑(augmenting path)

切割容量(cut capacity)

基變數(basic variable)

非基變數(nonbasic variable)

縮減成本(reduced cost)

入基變數(entering variable)

離基變數(leaving variable)

Ford-Fulkerson 演算法(Ford-Fulkerson algorithm)

切割對偶理論(cut duality theory)

最大流量最小切割理論(max flow min cut theorem)

弱對偶(weak duality)

指派問題(assignment problem)

運輸問題(transportation problem)

網路表達方式(network representation)

網路單體法(network simplex method)

Out-of-Kilter 演算法(Out-of-Kilter algorithm)

消除迴圈演算法(cycle-canceling algorithm)

連續最短路徑法(successive shortest path algorithm)

原始對偶演算法(primal-dual algorithm)

變數產生法(column generation method)

鬆弛演算法(relaxation algorithm)

Dantzig-Wolfe 分解法(Dantzig-Wolfe decomposition method)

拉氏函數(Lagrangian function)

旋轉(pivoting)

可行基解(feasible basic solution)

人工解(artificial solutions)

對偶價格(dual price)

流量擴增鏈(flow augmenting chain)

要徑法(critical path method)

第十章

多商品流量問題(multicommodity flow problem)

電信通訊網路設計(telecommunication network design)

多元化運具的貨物運輸(multimodal transportation)

多商品物流輸配送(multicommodity logistics/distribution)

路段基礎定式(link based formulation)

路徑基礎定式(path based formulation)

互補鬆弛條件(complementary slackness conditions)

負成本迴圈(negative cycle)

完全對偶化(full dualization)

剩餘網路(residual network)

分解法(decomposition approach)

價格導向分解(price directive decomposition)

拉氏鬆弛法(Lagrangian relaxation)

次梯度法(sub-gradient)

資源導向分解(resource directive decomposition)

變數產生法(column generation method)

單體基礎之求解法(simplex based approaches)

連續平均法(method of successive averages)

用路人均衡(user equilibrium)

路段為基礎的連續平均法(MSA$_{link}$)

路徑為基礎的連續平均法(MSA$_{path}$)

法蘭克沃夫演算法(Frank and Wolfe method)

梯度投影法(gradient projection method)

線性搜尋(line search)

第十一章

設施區位問題(facility location problem)

中心問題(center problem)

中位問題(median problem)

中心(vertex center)

一般中心(general center)

絕對中心(absolute center)

一般絕對中心(general absolute center)

一般絕對中位(general absolute median)

一般中位(general median)

絕對中位(absolute median)

混合圖形(mixed graph)

區域絕對中心(local absolute center)

需求限制問題(requirements problem)

厭惡性設施區位問題(obnoxious facility location problem)

集合涵蓋問題(set covering problem)

K-中位設施區位問題(vertex K-median problem)

絕對 K-中位設施區位問題(absolute K-median problem)

第十二章

地理資訊系統(geographic information system)

全球定位系統(global positioning system)

無線射頻技術(radio frequency identification)

網路資訊與平台技術(Internet information communication and website platform)

遙感探測(remote sensing)

關聯類別(relationship classes)

地理資料庫(geodatabase)

向量式資料(vector data)

圖徵(feature)

網格式資料(raster data)

格網單元(grid of cell)

三角不規則格網資料(triangulated irregular network data)

表格式資料(tabular data)

地籍資料(parcel)

關聯(relationship)

全球定位系統 (NAVigation Satellite Time And Ranging Global Positioning System, NAVSTAR GPS)

傾角(inclination angle)

精度稀釋因子(position dilution of precision)

廣播星曆(broadcast ephemeris)

差分定位法(differential GPS)

逆向差分法(reverse differential)

蘇聯時代的衛星定位系統(GLObal NAvigation Satellite System, GLONASS)

航位推估法(dead reckoning)

輪軸里程儀(wheel odometer)

加速儀(accelerometer)

磁力儀(magnetometer)

陀螺儀(gyroscope)

無線電定位(radio location)

天經衛星系統(TRANSIT)

地圖比對法(map matching)

整合式系統(integrated system)

無線射頻辨識(radio frequency identification)

電子商品碼(electronic product code)

無線電探測系統(radar system)

無線射頻通訊系統(radio frequency communication systems)

防盜系統(anti-theft system)

射頻能量(radio frequency energy)

電子物品監督標籤(electronic article surveillance tags)

條碼(bar code)

道路電子收費系統(electronic road pricing system)

電子圖書管理系統(electronic library materials management system)

讀取器(reader)

天線(antenna)

應用系統(system application)

中介系統(savant)

EPC 資訊系統(EPC information systems)

物件名稱服務(object name service)

產品標記語言(product markup language)

電子標籤\應答器(transponder)

辨識碼(ID code)

千赫(KHz)

兆赫(MHz)

千兆赫(GHz)

協同作業(collaborative operation)

網路伺服器(web server)

網頁設計語言(hyper text markup language)

資料庫管理系統(database management system)

國家超級電腦應用中心(National Center for Supercomputer Applications)

網路資訊服務(Internet information services)

超連結(hyper-Link)

智慧型運輸系統(intelligent transportation systems)

客戶關係管理(customer relationship management)

商車營運系統(commercial vehicle operations)

自動貨物辨識(automatic cargo identification)

國家圖書館出版品預行編目資料

網路與物流分析＝Netword and logistics
／陳惠國作. －－－版.－－臺北市：五南，
2009.09
　　面；　公分
參考書目：面
ISBN 978-957-11-5769-6（平裝）
1.網路　2.物流管理
312.1653　　　　　　　　　98015735

5G23

網路與物流分析
Network Analysis and Logistics

作　　　者 — 陳惠國（259.6）

助理編輯 — 王宣　吳宗昀

發 行 人 — 楊榮川

總 編 輯 — 龐君豪

主　　編 — 穆文娟

責任編輯 — 陳俐穎

封面設計 — 郭佳慈

出 版 者 — 五南圖書出版股份有限公司

地　　　址：106台北市大安區和平東路二段339號4樓

電　　　話：(02)2705-5066　　傳　　　真：(02)2706-6100

網　　　址：http://www.wunan.com.tw

電子郵件：wunan@wunan.com.tw

劃撥帳號：01068953

戶　　　名：五南圖書出版股份有限公司

台中市駐區辦公室/台中市中區中山路6號

電　　　話：(04)2223-0891　　傳　　　真：(04)2223-3549

高雄市駐區辦公室/高雄市新興區中山一路290號

電　　　話：(07)2358-702　　傳　　　真：(07)2350-236

法律顧問　元貞聯合法律事務所　張澤平律師

出版日期　2009年9月一版一刷

定　　　價　新臺幣450元